国家出版基金项目
NATIONAL PUBLICATION FOUNDATION

国家"十二五"重点图书出版规划项目

城市地下空间出版工程·规划与设计系列

城市地下空间环境艺术设计

束 昱 编著

同济大学 出版社
TONGJI UNIVERSITY PRESS

上海市高校服务国家重大战略出版工程入选项目

图书在版编目(CIP)数据

城市地下空间环境艺术设计/束昱编著.—上海:同济大学出版社,
2015.12
(城市地下空间出版工程/钱七虎主编.规划与设计系列)
ISBN 978-7-5608-6166-1

Ⅰ.①城…　Ⅱ.①束…　Ⅲ.①城市空间—地下工程—环境设计—研
究　Ⅳ.①TU-856

中国版本图书馆 CIP 数据核字(2015)第 318770 号

城市地下空间出版工程·规划与设计系列

城市地下空间环境艺术设计

束　昱　编著

出 品 人：支文军
策　　划：杨宁霞　季　慧　胡　毅
责任编辑：吕　炜
责任校对：徐春莲
封面设计：陈益平

出版发行　　同济大学出版社　www.tongjipress.com.cn
　　　　　　(上海市四平路1239号　邮编:200092　电话:021-65985622)
经　　销　　全国各地新华书店、建筑书店、网络书店
排版制作　　南京新翰博图文制作有限公司
印　　刷　　上海中华商务联合印刷有限公司
开　　本　　787mm×1092mm　1/16
印　　张　　17.25
字　　数　　431 000
版　　次　　2015 年 12 月第 1 版　　2015 年 12 月第 1 次印刷
书　　号　　ISBN 978-7-5608-6166-1
定　　价　　148.00 元

内 容 提 要

本书为国家"十二五"重点图书出版规划项目、国家出版基金资助项目。

城市地下空间美学与环境艺术的兴起,是21世纪美学发展中的一条新路,20世纪后半叶欧美日等国学者对此作出了巨大贡献。随着中国城市地下空间资源大规模的开发利用,国人的城市生活正越来越多地潜入地下,具有中国特色地下空间美学与环境艺术的创建和应用实践,同样引发了国际上对"非西方美学"智慧的普遍关注。

本书作者40余年来潜心研究地下空间,研究人与地下空间环境的相互作用理论,探究人在地下空间环境中的生理和心理反映,在城市地下空间人文环境艺术方面积累了大量调研成果。本书收纳了作者多年收集、整理、拍摄的部分地下空间环境艺术设计案例,精心设计和编辑,力求图文并茂,科学性与艺术性兼顾,是国内第一部城市地下空间美学与环境艺术方面的著作,具有独创性。书中文字深入浅出,专业性表述与美学表达俱佳;摄影作品丰富多彩,是极为珍贵的第一手资料。

本书适合从事城市地下空间规划设计与建设管理,轨道交通、道路隧道、民防工程、地下综合体及地下公共服务设施等各类地下空间的建筑设计与装饰装修、室内环境科学与美学研究及实践的专家学者和科技管理人员参考。

《城市地下空间出版工程·规划与设计系列》编委会

作者简介

束　昱　同济大学地下建筑与工程系教授,上海市城市科学研究会副理事长兼城市建设与地下空间委员会主任,中国岩石力学与工程学会地下空间分会资深理事,城市地下空间产学研联盟理事长,曾任同济大学地下空间研究中心副主任、博士生导师、中国土木工程学会隧道与地下工程分会地下空间专业委员会副主任兼秘书长、日本东京工业大学和立命馆大学客座研究员、日本都市地下空间活用研究会特约研究员、英国皇家建造师协会建造师、国际地下空间联合研究中心(ACUUS)特约研究员、上海市防灾救灾研究所地下空间研究室主任和上海市城市地下空间研究发展中心副主任等职。40余年从事城市地下空间规划设计理论与方法、地下空间环境与人体生理心理影响、地下空间使用安全与风险管控、地下空间管理法规等方面教学、科研与社会服务工作。先后主持国家人民防空办公室与住房和城乡建设部等课题8项,北京、上海、天津、浙江、广州、深圳、兰州等40余省市的100余项地下空间和人防工程规划设计与安全防灾研究及编制项目,参与《城市地下空间规划导则》《地下设施安全使用技术规程》等国家标准研究与主编。发表各类学术论文250余篇,出版著作5部,科研成果获国家科技进步二等奖和教育部科技进步一等奖各1项,省市级二、三等奖20余项。1984年开始与美国宾夕法尼亚大学格兰尼教授合作开展地下空间环境对人体生理与心理影响研究;1985年在同济大学率研究团队首次进行了"地下空间环境对人体生理心理影响实验研究";1989年在日本东京工业大学与美国、日本专家联合开展"中日美人群对地下空间的潜意识研究";1990年与日本地下空间协会东方洋雄理事长联合开展地下居住建筑对人群心理影响研究;2006年承担了上海世博会配套科研项目——"地下空间环境心理舒适性研究",是我国最早从事城市地下空间环境对人体生理心理影响研究的代表学者。1991年在东京国际地下空间会议上作为中国代表参与《东京地下空间宣言》的起草与签署。

总 序

PREFACE

国际隧道与地下空间协会指出,21世纪是人类走向地下空间的世纪。科学技术的飞速发展,城市居住人口迅猛增长,随之而来的城市中心可利用土地资源有限、能源紧缺、环境污染、交通拥堵等诸多影响城市可持续发展的问题,都使我国城市未来的发展趋向于对城市地下空间的开发利用。地下空间的开发利用是城市发展到一定阶段的产物,国外开发地下空间起步较早,自1863年伦敦地铁开通到现在已有150年。中国的城市地下空间开发利用源于20世纪五十年代的人防工程,目前已步入快速发展阶段。当前,我国正处在城市化发展时期,城市的加速发展迫使人们对城市地下空间的开发利用步伐加快。无疑21世纪将是我国城市向纵深方向发展的时代,今后20年乃至更长的时间,将是中国城市地下空间开发建设和利用的高峰期。

地下空间是城市十分巨大而丰富的空间资源。它包含土地多重化利用的城市各种地下商业、停车库、地下仓储物流及人防工程,包含能大力缓解城市交通拥挤和减少环境污染的城市地下轨道交通和城市地下快速路隧道,包含作为城市生命线的各类管线和市政隧道,如城市防洪的地下水道、供水及电缆隧道等地下建筑空间。可以看到,城市地下空间的开发利用对城市紧缺土地的多重利用、有效改善地面交通、节约能源及改善环境污染起着重要作用。通过对地下空间的开发利用,人类能够享受到更多的蓝天白云、清新的空气和明媚的阳光,逐渐达到人与自然的和谐。

尽管地下空间具有恒温性、恒湿性、隐蔽性、隔热性等特点,但相对于地上空间,地下空间的开发和利用一般周期比较长、建设成本比较高、建成后其改造或改建的可能性比较小,因此对地下空间的开发利用在多方论证、谨慎决策的同时,必须要有完整的技术理论体系给予支持。同时,由于地下空间是修建在土体或岩石中的地下构筑物,具有隐蔽性特点,与地面联络通道有限,且其周围临近很多具有敏感性的各类建(构)筑物(如地铁、房屋、道路、管线等)。这些特点使得地下空间在开发和利用中,在缺乏充分的地质勘察、不当的设计和施工条件下,所引起的重大灾害事故时有发生。近年来,国内外在地下空间建设中的灾害事故(2004年新加坡地铁施工事故、2009年德国科隆地铁塌方、2003年上海地铁4号线建设事故、2008年杭州地铁建设事故等),以及运营中的火灾(2003年韩国大邱地铁火灾、2006年美国芝加哥地铁事故等)、断电(2011年上海地铁10号线追尾事故等)等造成的影响至今仍给社会带来极大的负面效应。因此,在开发利用地下空间的过程中需要有深入的专业理论和技术方法来指导。在我国城市地下空间开发建设步入"快车道"的背景下,目前市场上的书籍还远远不能满足现阶段这方面的迫切需要,系统的、具有引领性的技术类丛书更感匮乏。

目前,城市地下空间开发亟待建立科学的风险控制体系和有针对性的监管办法,《城市地下空间出版工程》这套丛书着眼于国家未来的发展方向,按照城市地下空间资源安全开发利用与维护管理的全过程进行规划,借鉴国际、国内城市地下空间开发的研究成果并结合实际案例,以城市地下交通、地下市政公用、地下公共服务、地下防空防灾、地下仓储物流、地下工业生产、地下能源环保、地下文物保护等设施为对象,分别从地下空间开发利用的管理法规与投融资、资源评估与开发利用规划、城市地下空间设计、城市地下空间施工和城市地下空间的安全防灾与运营管理等多个方面进行组织策划,这些内容分而有深度、合而成系统,涵盖了目前地下空间开发利用的全套知识体系,其中不乏反映发达国家在这一领域的科研及工程应用成果,涉及国家相关法律法规的解读,设计施工理论和方法,灾害风险评估与预警以及智能化、综合信息等,以期成为对我国未来开发利用地下空间较为完整的理论指导体系。综上所述,丛书具有学术上、技术上的前瞻性和重大的工程实践意义。

本套丛书被列为"十二五"时期国家重点图书出版规划项目。丛书的理论研究成果来自国家重点基础研究发展计划(973 计划)、国家高技术研究发展计划(863 计划)、"十一五"国家科技支撑计划、"十二五"国家科技支撑计划、国家自然科学基金项目、上海市科委科技攻关项目、上海市科委科技创新行动计划等科研项目。同时,丛书的出版得到了国家出版基金的支持。

由于地下空间开发利用在我国的许多城市已经开始,而开发建设中的新情况、新问题也在不断出现,本丛书难以在有限时间内涵盖所有新情况与新问题,书中疏漏、不当之处难免,恳请广大读者不吝指正。

钱七虎

2014 年 6 月

前 言

FOREWORD

　　近代地下空间利用,若以1863年英国伦敦建成的第一条地铁作为人类交通方式的一大进展,那么1957年日本地下街的诞生,则标志着人类城市生活方式的巨大变革。2015年上海城市地下空间开发利用总量已经超过7 000万 m^2 ,每天出入各类地下空间的总人数已超过1 000万次。它们的共同特征是:人群活动正被引入地下。于是,地面以下不再仅仅是土和岩石的实体,还有与人类活动相关的各种各样、各式用途的空间,为人类的生活和工作提供了新天地。现代科学技术和社会经济的发展,为城市地下空间的大规模开发奠定了物质基础,技术和经济将不再是制约地下空间利用的主要问题。据预测,21世纪将是人类进一步潜入地下的新世纪。生存环境受到的威胁和回归大地母亲怀抱的精神需求是影响人类地下化进程的主要动因。

　　笔者自20世纪70年代末开始,一直专注于城市地下空间开发利用的规划设计、地下空间环境与人体舒适性及安全防灾研究。20世纪80年代侧重于地下空间环境对人体的生理影响研究,1989—1991年在日本留学期间开始关注地下空间环境对人体心理影响研究,并与日本和美国学者联合开展了"中日美地下空间环境对人群心理潜意识调查研究"。21世纪初侧重于地下空间环境使用安全研究。至今已经访问过日本、美国、加拿大、法国、英国、俄罗斯、新加坡、韩国等国家及香港、台湾地区,现场参观考察多类地下空间设施,收集了大量文字资料并拍摄了数万张现状照片。在国内曾经参与和承担了北京地铁天安门东西站装饰设计,天津地铁、上海地铁和深圳地铁等车站诱导标识设计,上海市黄浦江观光隧道景观装饰设计,以及国内70座城市(新城、新区)地下空间开发利用规划设计,10余座地下商业街(综合体)概念规划设计,上海世博地下空间生态环境和防灾诱导标识设计及上海人民广场地下综合体诱导指示标识改造等设计研究项目。同时,作者充分利用各种机会参观考察了全国大多数城市的各类代表性地下空间设施,参与百余项地下空间设施的规划设计论证与评审,积累了大量研究成果和实践案例。

　　写作本书的主要意图是在汇集本人及团队科研成果的同时,通过采集剖析国内外最新研究成果和成功案例,探索性地创建一套城市地下空间环境艺术设计内容、方法及技艺表现的体系,并精选国内外典型案例予以佐证。

　　城市地下空间环境艺术设计涉及多专业交叉融合,这方面研究和实践在国内外都处于探索阶段。本书是作者对城市地下空间环境艺术的初次系统探索,旨在抛砖引玉,期待更多的专业技术与环境艺术工作者参与,共同创造融入现代文化与中国特色的城市地下空间环境艺术新视界。

束　昱

2015 年 11 月于上海

目 录

CONTENTS

1　城市地下空间环境舒适性概述

1.1 城市地下空间

19世纪是桥梁的世纪,20世纪是地上建筑发展的世纪,21世纪是地下空间的世纪。相对于宇宙和海洋来说,开发地下空间是较为现实可行的途径。作为人类最早的居所,地下空间伴随着人类社会的发展走过了漫长的历程——从原始社会的穴居到奴隶社会的地下排水设施,从封建社会的石窟陵墓到工业革命时期的地下铁道,从20世纪战争年代的地下工事到现代社会的地下街和地下综合体——地下空间开发利用的内容和规模都不断演进并日趋完善。综合世界发达国家和我国城市建设的现状,向地下要空间、要土地、要资源是现代化发展的必然趋势。

城市的发展经历了三个阶段:

1)"摊大饼"式的发展

城市自诞生之日起,就走上了"摊大饼"式的发展之路。这种"摊大饼"模式使得城市在二维方向的规模日益扩大,在旧的城市问题得到缓解的同时,又产生了一系列新的城市问题。

2)向高空发展

"摊大饼"式的发展模式促使城市的用地规模增大与城市效率降低的矛盾日益突出。当人类认识到这一点的时候,一方面是城市发展的自身需要,另一方面是生产力和建筑科学技术的进步使得人类有必要也有能力向高空发展。

3)高空、地下协调向三维发展

随着城市问题的进一步恶化以及城市向高空发展受到限制,人类发现大规模开发利用城市地下空间能使许多的城市问题得到缓解,也可使城市生活变得高效快捷,同时科学技术的进步也为地下空间的开发利用提供了必要的技术条件。近几十年来,世界各国都将地下空间视为城市空间资源的一部分,加以研究、开发和利用,在世界范围内掀起了一股城市地下空间开发利用的热潮。

当前城市发展面临着严峻的挑战,如土地资源紧张、绿地面积减少、城市人口激增、交通拥堵、能源消耗增大、环境污染、房价上涨等,解决这些问题的办法之一就是开发利用地下空间。城市是国家和地区政治、经济、文化的中心,是代表一个国家经济发展水平和社会文明的重要标志,城市地下空间是实施社会经济可持续发展的重要资源,充分开发利用地下空间已经成为提高城市容量、缓解城市交通、改善城市环境的重要措施,开发利用地下空间完全符合我国提出的建设资源节约型、环境友好型和谐社会的要求,城市开发向地下发展延伸,是城市现代化建设的鲜明特征之一。

1.2 地下空间环境

1.2.1 地下空间环境的定义

地下空间泛指地表以下的空间,通过自然形成或人工挖掘而成。城市地下空间的开发利用大都是为了实现某种城市功能需求通过挖掘方式形成的建筑空间,如地铁、地下街、地下综合体、地下车库、地下道路、综合管廊、民防工程、水下隧道等。

《辞海》中,对环境的定义是:"围绕着人类的外部世界。是人类赖以生存和发展的社会和物质条件的综合体,可以分为自然环境和社会环境;自然环境中,按组成要素又可以分为大气环境、水环境、土壤环境和生物环境等。"而地下空间环境就是人们所能看到的,一个由长度、宽度、高度所形成的空间区域,包括空间的本体和空间内所包含的一切物质组合成的环境。

1.2.2　地下空间环境对人的心理和生理影响

近几十年来,随着城市大规模开发利用地下空间,地下空间环境正逐步引起人们的重视。与地面环境相比,地下空间环境有着明显的缺点:比较封闭,缺乏阳光、植物和水,空气流通较差等。可以说地下空间的内部环境主要依靠人工控制,在很大程度上是一种人工环境,它对人的心理和生理都有一定的正负面影响。

1. 地上与地下环境的区别

1)虚实

地面建筑对外部空间来说是实体,内部是虚体,即外实内虚,而地下空间对外部空间来说是虚体,内部也是虚体,即内外皆虚。这种虚实之别,导致空间创造上的关系处理与组合方式与地面建筑产生较大的差异。

2)环境

地面建筑的外部和大自然直接产生关系,如天空、太阳、山水、树木花草。而地下空间主要和人工因素产生关系,如顶棚、地板、地面、家具、灯光、陈设、空调以及岩土、地下水等。这种内外环境的差异,加重了人体适应地下环境的负担。

3)视觉

室外是无限的,地下是有限的,地下空间的围护空间无论大小都有限定性,视距、视角、方位等方面有一定限制。室内外光线在性质上、照度上也很不一样,室外是直射阳光,具有较强的阴暗对比,地下大部分是人工照明,没有强的明暗对比,光线比室外要弱。因此,同样一个物体,在室外显得小,地下显得大,室外色彩显得鲜明,地下显得灰暗,这在考虑物体的尺度、色彩时需要引起重视。由于视觉坏境的差异,将会引起人的各种心理反应。

4)表里

暴露于外的表面,受到自然的侵袭、腐蚀是不可避免,观察自然界的一切生物,为了适应自然,一般表现出外部粗糙、坚硬,内部光滑柔软的特点。从仿生学观点来看,在使用材料上,地上地下、室内室外应该具有明显的区别。

5)形象

地下空间的室内空间形象是通过空间的形态组织和空间序列反映出来的,并通过照明、色彩、装修、家具陈设等多种因素进一步强化,无外景可以借用,空间形象设计上比地面建筑要复杂困难得多。

6）湿热

与地面建筑相比，由于岩土体的热阻大，地下环境中的温度变化不太明显。"冬暖夏凉"是地下环境的主要优点之一。然而冬天干燥、夏天潮湿、风速无变化，夏天壁面冷辐射强、梯度大等特点又是地下环境的主要缺陷。

7）洁净

由于地下环境较封闭，人与环境交换时产生的各种有害物质不能直接扩散到地面空间。因此，与地面环境相比，地下空间的环境质量要差得多。

8）声音

由于空间形体的特殊性，同一级别的噪声源往往在地下空间内会增强 4～8 dB。由此产生的问题，尤其对人体的不利影响越趋明朗化和深刻化。

2. 地下空间环境对人的心理影响

地下的空间相对比较狭小，在嘈杂、拥挤的环境中停留，缺乏熟悉的环境、声音、光线及自然景观，会使人心中对陌生和单一的环境产生恐惧和反感，并有烦躁、黑暗及感觉与世隔绝等不安反应。受到不同的生活、文化背景的影响，以及对地下空间的认知不足，不少人可能会产生幽闭恐惧症。

在地下空间中，一般采用人工的照明设施，虽然能满足日常的生活和工作的需要，但是无法代替自然光线给人们的愉悦感，人长时间在人工照明中生活和工作，会反感和疲劳，从而影响生活情绪和工作效率。

3. 地下空间环境对人的生理影响

地下空间环境对生理因素的影响是很复杂的，生理因素与心理因素有着息息相关的联系。人们在地下空间环境中，心里的不安会被放大，从而在生理方面体现出来。

地下空间的环境缺少地面的自然环境要素，如天然光线不足、空气流通性差、湿度较大、空气污染等。天然光线不足是一项影响生理环境的重要因素，因外界可见光与非可见光的某些成分对生物体的健康是必不可少的。天然光线照在我们的皮肤上，会使皮下血管扩张，新陈代谢加快，增加人体对有毒物质的排泄和抵抗力，紫外线还具有杀菌、消毒的作用。

在地下空间中，由于环境封闭、空气流通性差，新鲜空气不足，空气中各种气味混杂会产生污染。与地面环境相比，排除空气污染就更加困难了，而且湿度很大，容易滋生细菌，促进霉菌的生长，致使人体汗液不易排出，出汗后不易被蒸发掉。在这种环境中滞留过久，人容易出现头晕、胸闷、心慌、疲倦、烦躁等不适反应。

环境心理与生理的相互作用，相互影响，会使得人们在地面建筑空间中感觉不到的生理影响被夸大，而这反过来又会加重人们在地下的不良心理反应。因此，设计地下空间环境需考虑多方面的因素，减少人们的不适感，降低地下空间对人们产生的负面的心理影响，最大程度上把自然光线与自然空气带入地下空间，改善地下空间环境，加强地下空间环境的吸引力，创造舒适宜人、让人安心的地下室内环境。

1.3 地下空间环境的心理舒适性研究

地下空间环境的特殊性,其本身所固有的一些难以消除的缺点,会对人体生理和心理产生一些不利的影响,而且生理上的不适反应与心理上的不适反应是相互影响的。国内对这些问题认识尚不够全面,认为地下空间环境对人体心理产生的一些不利影响主要是物理环境差造成的,只要把设计标准提高,改善地下空间物理环境,这些不利的心理影响就会得到解决,由此忽视了地下空间环境对人体心理舒适性产生影响的深层次原因。

1. 国外地下空间环境心理舒适性因素研究

近几十年来,国外许多学者做了大量的调查研究工作,产生了很多重要的研究成果,总结概括出一些影响地下空间心理舒适性的主要因素,为改善地下空间环境品质,营造地下空间环境艺术提供了必要的理论支撑。

1) 日本地下空间舒适性因素研究

(1) 为了更多地了解在地下空间工作和从事其他活动的人的心理和生理方面的情况,日本国家土地政策学会地下空间利用委员会在 1986 年 8 月—10 月进行了一次问卷调查,收到答卷 1 226 份,其中在地面以上环境中工作的答卷者为 547 人,在地下环境中工作的答卷者为 679 人。调查项目共 16 个问题,包括 6 大方面:

① 地下环境印象,如光线、声音、温度、封闭程度、单调程度、方便程度、舒适感、安全感、健康性等;

② 灾害防御与安全;

③ 内部空间,主要是指对人的健康影响的调查;

④ 心理效果,主要调查内部空间是否封闭,是否缺乏外界景观和自然光线,是否有心理压力;

⑤ 在地下空间工作是否有什么麻烦,如光线的舒适度和亮度、人群聚集的影响等;

⑥ 是否愿意在地下环境工作。

委员会随后用了半年的时间用于资料整理,结果表明:

① 地上、地下环境中工作的人群对灾害防治和安全的看法差别不大;

② 在地面以上环境工作的人,无论从人数还是程度上都比在地下空间工作的人对地下空间的负面印象要严重,有 50% 以上的地上环境工作人员认为,地下工作环境肯定不好,另外 50% 的人认为可能如此;

③ 许多在地下环境工作的人表示,有时他们会感到是由于在地下环境工作而产生了负面心理压力,几乎近一半的地上环境的工作人员表示,如果他们在地下环境工作,他们会产生极大的心理负担,其他的一半人表示可能如此。

(2) 1988 年,日本对关东地区 4 个地下街的内部环境进行了综合的调查评价,问卷调查的对象是一般顾客。结果表明:日本地下街总体上能够满足人们短时间停留的生理环境的要求,分项调查表明:夏季偏热、偏湿,冬季偏冷、偏干的现象较为普遍,同时空气的清洁度较差。

（3）1988年，日本学者羽根羲博士等人在他们的专著《地下、光、空间与人类》一书中认为，"无意识"的观点对研究地下空间心理环境有重要的意义。地下环境具有双重性，其一给人一种回到大自然母亲怀抱的安全感，另一方面却给人一种黑暗的恐惧感。作者尝试以"精神分析学派"的无意识理论作为一种研究方法，对地下环境中人的行为的心理渊源进行提示，这是力图反映地下心理环境实质的一种尝试。

（4）1989年，日本组织了在地下环境中工作人员的心理反应调查。调查方式采用的是选择式问卷调查，调查结果见表1-1。调查结果显示，多数人员对地下环境的空气质量不满，对由于与外界隔绝而产生的不良心理反应也比较强烈。在问到地下环境中工作需要哪些条件时，多数回答要求改善生理环境，希望地下空间尽可能敞开，希望能有良好的通风和阳光，尽量布置更多的绿色植物。

表1-1　　　　　　　　　日本对地下环境中工作人员的心理反应调查结果

比例　　工作地点　　评价内容	办公室	地铁车站	地下街	安全中心
空气不好	72%	91%	70%	60%
不了解外面天气情况	84%	72%	74%	75%
有压抑感	72%	59%	44%	47%
室内净高较小	40%	45%	28%	26%
看不到外面景观	50%	32%	25%	32%
有噪声	30%	58%	10%	10%
有疲劳感	13%	12%	13%	8%
工作效率低	13%	13%	4%	
容易集中精力工作	12%	4%	14%	20%
环境安静	3%	3%	7%	22%
舒适、没有压抑感	7%	5%	16%	25%
没有不良反应	3%	7%	7%	
没有优越性	71%	78%	44%	45%

（5）1995年，日本学者经调查发现，在地下工作的人对地下空间环境的评价明显比在地面工作的人要积极。据此，他们认为，一般人对地下的印象不是以经验为基础，而是由对地下联想得到的印象，也就是来自深层次的意识。日本学者还对人们在地下空间的心理生理环境进行了问卷调查，评价分为7个等级；被访者共19人，其中从事地下领域规划、设计的专家9人，一般学生及与环境设计无关的人员10人。从收集到的数据进行因子分析后得出结论：将容易形成具有封闭感的阴暗空间、地下空间建设成为具有休闲感、安定感和清洁感的空间是十分必

要的。

2）欧美地下空间舒适性因素研究

（1）1979 年，临床心理学博士，Hollon 和 Kendall 与其他地下空间专家合作，研究了人们对地下空间环境的心理态度和偏见，以及它们如何影响人们的情绪状态的问题。他们选择了四处研究地点，第一个地点是完全的地下空间环境，第二是地下室，第三是无窗的地面建筑，第四是有窗的地面建筑。被试者是在其中工作时间较长的人员，每处地点的被试人员为 15～19 人。主要采用问卷调查方法收集数据，以 7 等级予以评定，除对所得数据进行一般的统计处理外，还采用了因子分析法。结果表明，人们在地下空间环境中，更多关注的是他们对环境的心理反应和环境的物理特征，即使其他环境有类似的负面的物理特征，人们还是对完全的地下空间的环境评价最低，主要的评价是：不安、不快、消沉、孤立、黑暗、缺乏吸引力、不开阔、缺乏刺激、紧张、气闷等。

（2）1981 年 6 月，在美国 Missouri 和 Kansas 召开了有关覆土建筑和地下空间的国际性会议。美国自 1973 年能源危机以来，已经建造了一大批覆土建筑和其他类型的地下建筑，有了一定的使用和设计经验。在会上，R. Randall Vosbeck 经过总结后认为，人们对地下空间的开发利用存在着传统偏见，但良好的设计可以起到改变这些偏见的作用。

（3）1981 年，Sterlling 出版了《覆土房屋：规范，区域规划和筹资问题》，书中提到，有些人一听到有关覆土建筑或部分地下的建筑，就持不赞成的态度，这些人往往没有见过类似的建筑，只是潜意识中持消极观点。

作者认为造成这种现象的原因主要可以归为以下几点：第一是人们把地下空间与死亡和埋葬联系在一起；第二是人们害怕坍塌和陷入；第三是人们把地下空间和设计通风不良的地下室联系在一起，这些地下室通常是潮湿和令人不快的；第四是人们的幽闭恐惧症。

（4）1983 年，美国的 Gideon S. Golany 在 *Earth-sheltered Habitat-History*，*Architecture and Urban Design* 一书中，谈到了地下房屋设计中人的心理障碍问题。

作者认为，导致这种障碍产生的主要原因是个人的偏见、有些人患有幽闭恐惧症、建筑的形象以及人们的生活方式等。为了处理好心理上的这个问题，作者在书中提出了一些基本的设计建议。

（5）1987 年，美国学者 J. 卡莫迪博士等指出，使人在地下空间产生消极心理的因素，是因为地下空间环境中自然光线不足；向外观景受到限制；由于狭小的空间，低矮的天花板以及窄小黑暗的向下楼梯等所引起的幽闭感；害怕结构倒塌、火灾、洪水；认为地下建筑的安全出口受到限制，以及把地下空间和死亡埋葬联系在一起的恐惧感；由于空间封闭而产生的感知作用的减少；空间方向感的削弱；对温湿调节不良、通风不足和气闷感到不满等。总之，他们认为在地下空间中影响心理感觉的因素主要是空间设计技术，因而完全可以通过对地下建筑的内部空间进行设计来消除。

（6）1991 年，Boivin 对 1984 年和 1988 年完成的两份调查问卷进行了系统的总结。对象是蒙特利尔市中心区的已建地下步行通道，这个步行通道网连接了 44 个建筑物和 9 个地铁车站,总计长度有 14 km。调查的主要内容包括：

① 空间的描述,包括天花板高度、走廊宽度、坡道坡度、障碍物、入口位置、防火出口等；

② 空间的利用,包括没有占用的空间、旅馆、零售店、影剧院、办公室等；

③ 环境(气氛),包括光线、色彩、装饰、地图、指示牌、植物、喷水池、犯罪行为等。

调查内容比较丰富,其中存在的主要问题是天花板高度太低(2.1～2.5 m)、一些地方缺乏装饰、某些区域有令人不快的气味和高的噪声水平。

(7) 1993 年,Sterling 和 Carmody 联合出版了专著《地下空间设计》,书中第五章专门讨论地下空间对人的心理和生理的影响。作者从历史、文化、语言、可能的潜意识的角度,以及从人们在地下空间或其他类似封闭空间环境的实际经验的角度出发,分析了人们形成地下空间印象的原因。作者发现,人们对地下空间许多潜在的负面印象都至少和地下建筑的三个基本的物理特性中的一个有关：

① 缺乏对外界的可视性,使人们缺乏对环境的清楚了解,不易找到出口,同时,使人们对地下建筑的整体布局也不易了解,造成人们在地下空间中的定向较为困难。

② 缺乏窗户,这会使人们觉得环境封闭、缺乏刺激和外界的联系,同时还使得阳光缺乏；另外,缺乏窗户也会使人们在地下空间环境中的定位和定向能力降低,同时这也会使人担心一旦发生意外能否逃离的问题。

③ 在地下的意识往往会引起人们的联想,如黑暗、寒冷、潮湿、差的空气质量、较低的社会地位、害怕坍塌和陷入等。

(8) 1995 年 9 月法国巴黎召开了议题为"地下空间与城市规划"的第六届国际地下空间学术会议,在会议上,日本学者 Nahoko Mochiauki 提交了题为 *The Relation Between Preferred Light and Behavior in Underground Spaces：Problems and Possibilities of Task-Ambient Lighting* 的论文,介绍了他研究地下空间照明与人的行为之间关系的方法和所得结论。作者着重研究了 TAL(Task-Ambient Lighting)系统,他的测试实验持续了 40 天,测试人群为 14 人,每 10 天采用同一照度对被试者进行读写、会议、创造性工作及休闲等六种行为的满意测试。研究结论表明：人的行为与 TAL 照度密切相关。如当 TAL 的照度为 200 lx 时,对创造性工作最为有效,因为这种照度使人的思维更趋集中；另外,单一的 TAL 系统对地下空间的光环境并不最有效,但如果 TAL 系统的照度或色温能够变化时,地下空间的光环境将大大改善。

(9) 1996 年,瑞典的 Rikard Kuller 对地下工作环境和地面以上工作环境进行了分析比较,目的是调查地下工作环境对人体健康可能的不利影响,为此重点是研究由于缺乏自然光对人体生物钟的影响以及由此减少的感官刺激对唤醒的影响。被试者是三个地下军用计算中心(实验组)和地上两个团(控制组)中的志愿人员,研究时间为一年。地上地下工作类型相似,以保证两组有高度的对比性。在实验期间,实测了光线强度、噪声强度、温度、人体中皮质醇水平的变化、抗黑色素量的变化等。最终统计分析结果表明：人们认为地下环境较封闭,光线较暗,愉快感较缺乏,且噪声较大,还有人抱怨视觉疲劳；地上地下环境工作人员,其体内的皮质醇水平和抗黑色素量的变化不一样;地下环境工作人员比地上环境工作人员每晚多睡半小时;至于疾病,总体而言无大的区别,如一年之中地上地下的发病率无明显区别,但发病时间长短有所不同。

(10) 1996 年,Gideon S. Golany 和 Toshio Ojima 发表文章认为,借助现代技术、新颖的设计和管理,结构上的设计问题是能够解决的,而且能够满足现代人的需要,但是许多与地下居住有关的问题并不是技术上的问题,而是与社会对居住地下观念的接受程度和个人对空间的感受有关,即主要是人们的心理问题。他们指出,与地下环境有关的心理问题主要有三大方面,即偏见、幽闭恐惧和自我意识。他们进一步指出,偏见对全世界所有的社会经济阶层来说是普遍现象,偏见是在人类的文明进程中由地下居住者所经历的实际环境发展而来的,以至直到今天,大多数人对地下居住环境已经形成了负面的印象,诸如黑暗、潮湿、疾病、孤独、贫穷和落后等,但这种人大多并没有居住在地下环境的经历;在地下空间环境中,老人、孩子和妇女较易出现这种现象;地下空间的历史发展已经使固有的居住者对此环境形成了较低的评价。为此,他们在研究中提出了许多减轻人们在地下空间环境中心理问题的建议和措施。

2. 国内学者对地下空间环境心理舒适性因素研究

我国由于经济水平较发达国家有不小差距,而且地下空间开发利用起步比较晚,所以地下空间环境品质普遍较差。虽然人们对地下空间心理舒适性问题的研究已经有很长的历史了,但迄今为止,这个问题仍没能得到很好的解决,以至于地下空间心理舒适性问题成了地下空间进一步开发利用的障碍。以下是国内研究的主要成果:

(1) 1982 年 7 月—1987 年 5 月,在 5 年时间里,同济大学地下空间研究中心侯学渊、束昱对人在地下环境中的主观心理感觉进行了千余人次的调查和 40 余人的环境模拟测试。调研和测试的结果表明:地面环境和地下环境在人体主观心理感觉上有一个突变现象,环境条件的突变导致了人们心理上的连锁反应;地下空间单调、狭窄、封闭的视觉环境是造成人们易疲倦的主要因素之一;环境中空气质量的恶化是加速人体主观感觉逐渐变坏的主要因素之一。

(2) 1988 年,高宝洋等对人们在地下空间环境中的工作和生活时的心理和生理状态进行了研究。他们选择了黑龙江 7 处不同的地下工程作为调查研究对象。调查方法采用专家非正式讨论、个人陈述和填表,个别地下空间还对工作人员的健康进行了检查。他们对 182 名地下空间的工作人员进行了心理状态调查,调查项目有 12 条;对 210 名被试者进行了心理状态调查,调查项目有 8 条。结果表明,主要的心理反应为不通气、潮湿、有异味、感到疲劳;主要的生理反应为风湿症、视力降低、腿痛、头晕等。

(3) 1990 年,束昱在日本东京工业大学研究工作期间,与日本地下空间协会东方洋雄理事长联合,通过问卷调查方式,收集了 24 位被试者对 4 处地下室在进入之前和进入之后的环境印象变化数据。问卷共包括 25 个问题,采用 5 等级给予评定。统计分析得出了一些有益的结果:对其中的 14 个项目的印象,总体而言,进入后的评价好于进入前的评价;依据人们的性别、年龄、个人是否有地下环境的经验等的不同,人们对地下室的评价也各不一样。

(4) 1990 年,为了找出人们在地下环境中的心理障碍,束昱、彭方乐采用选择式问卷的方式将某市平战结合较好的 6 个地下工程作为调查现场,调查对象为在其中长期工作的人员。选择式问题分为三类,每一类各提 10 个问题让被试者回答。统计分析表明,对地下空间环境的消极评价多于积极评价,使人产生负面心理作用的原因主要归结于习惯与非习惯空间设计的差异和"无意识"的作用。据此,他们在调研报告中提出了消除人的心理障碍的一些具体设计对策。

（5）1993 年,李伟宏总结分析了城市地下空间开发利用比较发达的几个国家的情况,提出了影响城市地下空间开发利用的主要因素。他认为人的心理因素、地下空间环境及政策等是十分重要的影响因素,并进一步提出,由于地下空间环境对人们生理的影响,导致人们本能的心理反应。对按联想法则推导的地下空间产生的负面影响如图 1-1 所示。

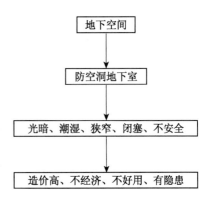

图 1-1 按联想法则推导的地下空间环境产生的负面影响

李伟宏认为,人们对地下空间环境的这种印象,使大多数人对地下空间的利用持回避态度,反映了利用地下空间的社会基础不广泛,面临着社会阻力。

（6）1994 年,童林旭出版了专著《地下建筑学》,该书从城市地下空间的开发利用,常见各类单体建筑的规划设计问题以及涉及地下空间利用和地下建筑设计的一些特殊技术问题三大部分进行了阐述。它在对国内外大量实践经验加以介绍的基础上,从理论上进行了一定的分析与概括。该书的第三部分涉及地下空间的心理环境问题,并提出了一些改善地下建筑心理环境的途径。作者明确指出,地下环境本身的特点和由于这些特点引起的一些消极心理反应,如幽闭、压抑、担心自己的健康等,因长期以来没有得到根本改善,易形成一种心理障碍,对进一步开发利用地下空间是一个不利因素。这一问题已经普遍引起建筑学、医学、心理学等领域中专家的重视,并开始组织跨学科的研究工作。

（7）1996 年,李武英选择了"地下空间心理及环境创造"作为研究方向,论文中引用了几个来自日本未来工学研究所的调查报告书中的实例,反映了人们对地下空间心理环境的一些观点:

① 对办公室、地铁、地下街和防卫保安处四个典型职业做的不安全感调查中,合计有 92% 的人在地下有不安全感;

② 人们常有一些心理、生理需求,如有近 85% 的人想回到地面,73% 的人想远眺,74% 的人想活动身体等,这也说明,在这些方面,人的心理、生理要求没有得到较好的满足;

③ 75% 以上的人对空气及不能感知外界气候变化表示不满等。

（8）1997 年,乔晓虹运用行为科学和相关学科的研究成果和方法,研究了地下商业步行街的空间环境对人的行为与心理的影响(提出了 18 个与建筑设计相关的问题,收回有效问卷 91 份),得到了消费者对于名店街的总体评价,即人们对名店街的环境较为满意,但也存在不足之处,如缺乏免费休息的公共空间,商店位置的标示有待改善,自然光线不足,外界景观缺乏等。

(9) 1997年,陈立道等出版了专著《城市地下空间规划理论与实践》,作者通过对同济大学地下空间研究中心多年来的研究、咨询和教学成果归纳总结,在参照国内外有关资料的基础上编写而成,该书的出版是20世纪末我国城市地下空间开发利用研究水平的反映。在书中,对地下空间的心理障碍问题也进行了专门分析。作者指出,造成地下空间负面影响的主要原因有以下几方面:

① 没有阳光和水,无外部景观,人的时间观念差,感到不安;

② 没有外界人们熟悉的环境声,没有鸟语花香,无自然风感等,人们感到枯燥乏味,拥挤隔绝;

③ 对地下空间"无意识"的作用,由此不少人可能产生一些消极的联想;

④ 人们身在地下,担心水灾、火灾、断电等,时时有种恐惧心理;

⑤ 人们心理上的偏见,特别容易把地下居住与贫困相联系。

(10) 1998年,华成等指出,随着地下空间利用层次不断提高,许多人们未曾碰到的问题不断出现,人在地下空间的心理和生理因素就是其中的一个突出问题,习惯于地面生活的人在进入地下环境时,容易产生压抑、闭塞、阴暗感觉,心情紧张、焦虑,相对于地面环境,易产生头昏、气闷、疲劳、记忆力衰退、工作效率降低等不适应反应,这种心理和生理问题已经成为影响地下空间发展的主要原因之一。

(11) 1998年,俞泳博士在卢济威和束昱指导下,经调研分析总结后认为,地下公共空间利用的最大阻力在于人们对地下空间的心理障碍,而心理障碍的形成主要有如下两个方面。

一方面源于地下空间客观环境上的不利特点,概括起来,地下公共空间环境的不利点主要有三点:

① 功能性方面,如方向感差,与外界连接点有限,出入口高差太大,狭窄等;

② 舒适性方面,如噪声,不安全感,缺乏外景,缺乏自然,封闭感,压迫感,无家可归者聚集等;

③ 安全性方面,如排烟困难,灾时疏散迷路等。

另一方面是潜意识的不良联想,一般人对地下空间的印象来自于从明亮的外部看地下时由于阴暗而产生的不良联想。

(12) 1999年,霍小平通过调查发现,居住在地下室的住户心理或多或少有种失衡感,这种感觉归纳起来主要是空间的封闭感、空气的潮闷感、光线的昏暗感和心理的自卑感。作者以环境心理学为手段,分析了地下室住宅心理环境特征,并提出了改善措施。

(13) 2000年,束昱教授和王保勇博士,通过问卷调查方式对上海人民广场地下商场的心理环境进行了调查,并且发表了题为《上海人民广场地下商场心理环境调查分析》的论文。他们通过多种方法对问卷的信度进行了考证,然后采用因子分析的方法对问卷数据进行了统计分析,总结确定出9个影响人群心理舒适性的因子,并提出了改善心理环境的一些具体可行的建议。这种对已建地下空间心理环境的调研分析,为今后地下空间心理环境的改善提供了宝贵的经验。

3. 地下空间环境心理舒适性因素研究归纳

通过对近20年来国内外对于地下空间心理舒适性因素的分析总结,可以得到如下结论:

(1) 主观背景不同会对人们关于地下空间的看法产生很大的影响。不同的性别、年龄以及是否有地下环境的经历等都会对人们对于地下空间的主观看法产生不同程度的影响。长时间在地下工作的人对地下环境的评价明显好于地面上人的评价。而同样是长时间在地面以上工作的人,在进入地下空间前后的评价也不同,具体来说是进入以后的评价好于进入以前的评价。

(2) 地下空间各种物理环境要素是影响人的生理舒适感的主要因素,同时是影响人的心理舒适感的直接或间接要素,且影响程度很大。如空气质量不好、有异味、缺少自然光等都是影响人的心理舒适感的主要因素。因此,在研究地下空间心理舒适性的影响因素时,必须充分结合生理环境的影响因素,找出它们之间的深层次的相互联系,这样才能更科学、有效、合理地解决人的心理环境影响因素问题。

(3) 促进新的交叉学科的产生。影响地下空间心理舒适性的因素具有多样性的特点,涉及很多方面的知识,如建筑学、医学、心理学等。所以,在综合运用这些学科的知识进行地下空间心理舒适性的设计研究时,就促进了这些学科之间的相互融合,从而促使一些新的交叉学科的产生。例如,1990年束昱、彭方乐在对地下空间的研究中,运用环境心理学的理论,结合实际的研究成果,在理论和实践的基础上提出了一门新的学科——地下环境心理学,它把地下环境和人的心理看成一个统一整体,它研究的不仅包括人们在地下环境中的现实行为,也包括开拓性地探讨了潜伏着的一种"无意识"的诱因。

1.4 地下空间环境心理舒适性与人文艺术设计

从上述研究成果中可以看出,影响地下空间心理舒适性的因素是多样的,笔者认为影响人体心理舒适性的地下空间环境因素主要包括空间形态、光影、色彩、纹理、设施、陈设、绿化、标识等。而地下空间环境心理舒适感主要表现在方向感、安全感和环境舒适感。其中方向感和安全感不难理解,而环境舒适感的含义则比较广泛,主要包括方便感、美感、宁静感、拥挤感、生机感等诸方面。这些环境因素是营造地下空间环境艺术的重要依据,也是地下空间环境艺术设计的重要内容。

1.4.1 地下空间环境心理舒适性营造对象

1. 空间形态

地下空间是由实体(墙、地、棚、柱等)围合、扩展,并通过视知觉的推理、联想和"完形化"形成的三度虚体。地下空间形体由空间形态和空间类型构成,形式、尺度、比例及功能是其构成的要素。地下空间形态的典型模式主要有:共享空间、地下街、出入口、下沉广场、地铁车站。

合理规划地下空间形态可以改善地下空间环境，创造人性化、高感度的地下空间环境。

2. 光影

地下空间环境内的光影主要依靠灯光效果产生，也可以通过自然光引入。不同的光影效果可以给人带来不同的心理效果，好的光影效果不仅可以突出空间的功能性，还可以消除地下空间带给人的封闭感和压抑感等不良感受。

3. 色彩

色彩构成有色相、明度和纯度三个要素。色相是色彩相貌，是一种颜色明显区别于另种颜色的表象特征。明度是色彩的明暗程度，是由色彩反射光线的能力决定的。纯度是纯净程度，或称彩度、饱和度，反映出本身有色成分的比例。

根据实验心理学研究，人们在色彩心理学方面存在着共同的感应，主要表现在色彩的冷与暖、轻与重、强与弱、软与硬、兴奋与沉静感、舒适与疲劳感等多个方面。感官刺激的强与弱可决定色彩的舒适感和疲劳感。色相的红、橙、黄色具有兴奋感，青、蓝、蓝紫色具有沉静感，绿色与紫色为中性。色彩的舒适感与疲劳感实际上是色彩通过刺激视觉的生理和心理所起的综合反应。红色的刺激最大，既兴奋又易疲劳；绿色是视觉中最为舒适的色彩，既舒适又愉悦。根据色彩设计学原理，蓝底白字和绿底白字都利用了易与环境对比和区分的底色，白色具有扩张而醒目的特性，对比强烈，易见度高，且容易记忆，并且蓝色、绿色和白色都是视觉中耐久之色。在公共交通导向系统设计中，采用易见度高的色彩搭配不仅能提高视觉传播的速度，还能利用其较高的记忆率，增强导向系统的导向功能。

4. 纹理

纹理主要通过视觉、知觉及触觉等给人们带来综合的心理感受，具体如下：

（1）纹理尺度感对改善空间尺度、视觉重量感、扩张感都具有一定影响，纹理的尺度大小、视距远近会影响空间判断；

（2）纹理感知感是对视觉物体的形状、大小、色彩及明暗的感知，通过接触材料表面对皮肤的刺激产生极限反应和感受；

（3）纹理温度感通过触觉感知纹理材料的冷热变化，物体的形状、大小、轻重、光滑、粗糙与软硬；

（4）纹理质感通过人的视觉、触觉感受材质的软与硬、冷与暖、细腻与粗糙，反映出质感的柔软、光滑或坚硬，达到心理联想和象征意义。

5. 设施

地下空间设施以服务设施为主，由公共设施、信息设施、无障碍设施等要素构成。其作用除了为地下空间提供舒适的空间环境外（使用功能），其形态也对地下空间起着装饰作用，二者都对人的心理感受起着一定作用。

6. 陈设

陈设指的是地下空间内的装饰，一般由雕塑、织物、壁画、盆景、字画等元素构成。是营造地下空间环境的重要组成部分，直接决定了地下空间带给人们的心理感受。

7. 绿化

绿化由植物、水及景石等元素构成。随着地下空间的发展,地下商业、交通的增多,越来越多的人停留在地下空间,人们更渴望拥有绿色地下空间,满足高质量的环境,提高舒适度。

8. 标识

地下空间标识的效应通过功能传达体现。具体如下:

(1)地下空间中标识具有社会功能,直观地向大众提供清晰准确信息,增强地下空间环境的方位感;

(2)地下空间中标识传达一定的信息指令,提供人群快速、安全完成交通行为,满足人群的心理安全感;

(3)语音、电子及多媒体,提供多种信息语言交换更替的导向,如声音的传播、手的触摸和视觉信息等方面,展示、观看相关的资讯,改善封闭、无安全感的地下空间环境;

(4)标识系统创造地下空间环境的方向感、安全感,满足视觉传达功能可达性、方向性。

1.4.2 地下空间环境心理舒适感营造效果

1. 方向感

方向感就是通常所说的"方向辨知能力"。在地面上我们可以通过各种参照物进行方向的辨别,在地下空间中没有地面上那么多参照物,主要利用标识系统来进行地下空间方向的引导。除此还可利用空间、色彩、明暗的引导性来增强地下空间的方向感。一个信息不明、方向感混乱的环境往往会使人产生很大的精神压抑感和不安定感,严重时还会产生恐慌的心理感受;一个易于识别的环境则有助于人们形成清晰的感知和记忆,给人带来积极的心理感受。

2. 安全感

安全感是一种感觉,具体来说是一种让人可以放心、可以舒心的心理感受。地下空间让人产生的不安全的感觉主要来自人们对地下潮湿、阴暗、狭小、幽闭等不良印象和地下空间带给人的不良心理体验。好的地下空间环境设计会使人变得安心,丝毫感受不到身处地下,更不会觉得不安。

3. 环境舒适感

环境舒适感其实可以认为是良好的空间环境与人文艺术带给人的积极心理感受,可以是宁静、安详,也可以是欢快、愉悦。地下空间环境心理舒适性营造其实就是要营造这种让人感觉到舒适的环境氛围。人文艺术设计就是营造地下空间环境心理舒适性的最有效途径。

2　城市地下空间环境与人文艺术

城市地下空间开发利用虽然历经百余年,但对于地下空间环境的认知,人们还是存在种种偏见,总认为地下空间是一个密不透风、不见阳光、潮湿阴暗的环境。随着经济社会发展和科学技术、施工工艺的进步,如今人们对于地下空间环境营造,除了满足正常功能及生理舒适性需求外,还需要融入人文环境艺术设计,以满足人们对景观艺术和人文气息的需求。这种需求具体表现在对地下空间环境的色彩与光影、动态与活力、标志与细部等艺术效果的追求和塑造,以及对城市文脉和地域特征的传承和体现。很多以人为主要服务对象的地下空间环境设计都兼顾了功能与美观等各项需求,都需要进行地下空间环境的人文艺术设计。

2.1 城市地下空间环境艺术设计的重点领域

综合考量国内外城市地下空间环境艺术营造的对象与效果,结合我国城市地下空间开发利用趋势与环境艺术营造的需求特点,本书从以下 3 方面进行论述。

2.1.1 地下空间环境的整体营造

地下空间环境的整体营造主要是运用建筑设计中的空间营造方法和景观设计理论结合人文环境艺术对地下空间环境进行整体创意设计。具体来说就是通过地下空间环境对人们产生的心理和生理两方面的影响进行分析,用室内设计和景观设计营造出舒适、具有空间感的地下空间环境;在室内设计方面通过设计重新塑造地下空间,运用色彩、灯光、装饰图形与材料等,营造出舒适的、具有美感的室内空间,并利用现代视听设备同步接收外界信号等手段,改善地下公共空间给人的不良心理感受;在景观设计方面尽可能地引入自然光线和外部景观元素使地下空间具有灵动的空间感、生动的视觉感。我们欣喜地发现,如今的城市地下公共空间营造,还特别重视标识系统的设立,常常会让人们忘记身处地下,使用者的安全感和方向感与地面无异。

2.1.2 地铁车站环境艺术设计

城市地铁已经成为国内外大城市规模化、秩序化开发利用地下空间的主要形式,地铁车站是人群使用最频繁、直接影响人群生理、心理及舒适性和安全性的空间。因此,车站空间景观环境的艺术设计就显得尤为重要。地铁车站环境也是展现城市精神风貌和地域特色的微型窗口,能够提升城市的文化底蕴和艺术品位。地铁车站作为一种特殊建筑,已经不仅仅被看作一种交通设施,而且承载了再造城市文化景象的"地标"属性。

地铁车站的环境艺术设计是把抽象的环境艺术设计理念落实到具象的地铁车站功能中,是一个复杂而系统的环境艺术设计。该系统从功能空间层面上关注空间序列的组织、空间氛围的营造及空间界面的塑造;从感官视觉层面上关注传达导引的明晰、灯光照明的适度、材质色彩的和谐;从行为心理层面上关注本土化设计、无障碍设计等。除此以外,在诸多层面之间交叉的设计关注点,都属于地铁车站的环境艺术设计范畴。

2.1.3 地下综合体环境艺术设计

城市地上地下一体化整合建设的地下综合体作为新兴的城市空间,其环境艺术的设计需要综合考虑外部空间和内部空间的人性化设计,既要体现生态景观的功能,又要发挥文化展示的功能。

地下综合体需要通过采光、通风、温控设施等来调节室内环境。在设计中,将地下综合体内部的设施位置与周边环境共同整合设计,可以在很大程度上降低其对公共空间景观风貌的影响,甚至可以很好地优化环境,形成独具特色的地标景观。

城市地下空间的规划设计由丰富的内容组成,环境人文与艺术是两个重要的组成部分。通过地下空间环境设计,能较好地消除地下空间对人们的负面影响,创造出舒适的地下空间环境。通过人文艺术设计能彰显城市的文化层次和品位,从而展示城市形象、宣传城市文明。

2.2 地下空间环境人文

2.2.1 地下空间环境人文的定义

《辞海》中这样定义"人文"这个词:"人文指人类社会的各种文化现象"。人文就是人类文化中的先进部分和核心部分,即先进的价值观及其规范,其集中体现是重视人、尊重人、关心人和爱护人。地下空间环境人文,是人本的地下空间,它体现了以人为本的思想,是古今中外人本思想的集中体现;地下空间环境人文,是在地下空间环境中表现民族文化,是传统的地方文化与现代的城市文化的演变融合。

将民族文化、传统文化、现代文化和商业文化等融入地下空间环境设计和使用之中,在日常使用中体现人文关怀和人文精神,通过地下空间环境人文的建设,将使地下空间不仅成为人们休闲、娱乐和商业活动等的使用空间,而且还能成为展示城市形象、宣传城市文明的窗口。

2.2.2 地下空间环境人文的特点

1. 以人为本的理念

由于地下空间容易带给人们心理和生理上的不适,所以在地下空间开发利用中,不论从总体规划还是设施细节,处处都应体现"以人为本"的理念。只有以人本精神作为地下空间开发设计的中心思想,将人的需求和进步的需要放在第一位,才能为人们提供舒适宜人的空间。如通道、出入站口或步行街等,要设计得简洁明了、易于识别,让人们一目了然,以便人们对地下空间的方位、路线作出判断。除此之外,还应在地下空间的各个出入口上设置足够清晰的指引标识(如路标、地图、指示牌等),引导人流、物流在地下空间顺利行进。

2. 民族地域特色

地域文化可以说是某一地方特殊的生活方式或生活道理,包括这里的一切人造制品、知识、信仰、价值和规范等,它综合反映了当地社会、经济、观念、生态、习俗以及自然的特点,是该地域民族情感的根基。因而在进行城市与建筑空间环境规划设计时,除了应尊重地域的各种自然条件外,还要全面了解其地域文化的情况,在空间环境的大小和组合中,在空间环境的装饰文化艺术里,包括绘画、雕塑、图案、文学、书法以及家具、花木、色彩和地方建筑材料与构造作法等,根据新时代的新要求,吸取传统的地域文化的精华,并加入新内容,突出地域文化的特点,以符合各地域民族新的生活需求(图2-1)。

图 2-1   香港天后地铁站

3. 个性鲜明的主题

在各国地下空间文化建设中,文化资源往往是通过具有鲜明特色的主题文化体现出来。主题文化是城市的符号和底色,是提高城市吸引力和创造力的载体,可以通过环境小品、绿化、座椅、电话亭等设置,创造多样化、人性化的地下空间文化。

4. 不同文化的交融

传统文化与现代文化交流融合成地下空间文化,传统的历史文化是城市的价值体现,而现代的人们又在享受着现代科技带来的时尚生活。现在人们已经越来越认识到保护传统历史文化的重要性,更加重视文化传承,保存传统文化的精髓,协调自然环境,并融入现代时尚的文化,以此来满足人们日益更新的物质和精神需求。

5. 绿色环保的理念

绿色是生命、健康的象征。地下空间内引入绿色植物,不但可以营造富有生机、活力、安全、舒适、和谐的地下空间环境,还能通过绿色植物在光合作用下呼出氧气、吸入二氧化碳,起到净化空气、改善空气环境的作用。绿色还能使身处地下空间中的人们忘却自己身在地下,消除地下空间环境给人们带来的封闭、压抑、沉闷、不健康、不安全、不舒适等感觉。

当代中国正处于快速发展中,我们比以往任何时候都更强烈地渴求积极健康的生活方式,以及由积极健康的生活方式带来的人文品质。地下空间环境人文的理念中包含着当下人们奋力拼搏的精神风貌、豁达开朗的胸襟气度,它还是一个实践性强、可持续性强的城市战略,把城市地下空间的规划利用和人文的理念相结合,把城市建设的硬件设施与优化的软件设施相结合,把城市建设的指标与市民人文素质和生活质量的提高相结合,应是城市工作者、管理者不懈的追求。可以预言,地下空间人文的建设必将在城市的现代化建设中发挥出巨大的积极作用。

2.3   地下空间环境艺术

环境艺术是 20 世纪 60 年代在美国兴起的艺术流派之一。它将绘画、雕塑、建筑及其他观赏艺术结合起来,创造出一种使观看者有如置身其中的艺术环境,旨在打破生活与艺术之间的传统隔离状态。创始人为卡普罗(Allan Kaprow)。环境的概念是一个立体的空间区域,为了达到对多种感官(视觉、听觉、触觉以及味觉)的刺激,可事先安排或以机械操纵。

设计者应通过地下空间环境对人们产生的心理和生理影响的分析,运用景观设计和室内设计及装饰艺术等手法营造出舒适、具有空间感的城市地下空间环境。在景观设计方面尽可能地引入自然光线和外部景观、结合绿化水体等景观元素使地下空间具有灵动的空间感、生动的视觉感。在室内设计方面通过设计重新塑造地下空间,运用色彩、灯光、装饰图形与材料等,营造出舒适而具有美感的室内空间,并通过利用现代视听设备同步接收外界信号等手段,改善地下公共空间给人的不良心理感受。城市地下公共空间特别还要重视标识系统的研究,以增强使用者的安全感、方向感。

在地下空间环境设计中,首先,从空间上来说,在进行建筑设计时,可以根据空间里的不同使用功能的需求,考虑人们的私密性,合理安排空间布局,同时还应注意二次空间的形态,避免比例狭长不当的空间所带来的不舒适感。因为人们视觉上的舒适感一方面取决于空间本身的舒适程度,即它的比例与形态等,另一方面则由室内空间中的光线、色彩、图案质感、陈设等决定。此外,在地下空间室内设计中应特别重视听觉、嗅觉、触觉方面的舒适性,通过控制噪声、背景音乐,利用采暖、通风、制冷、除湿等方法,来解决机械噪声大以及寒冷、潮湿、通风差、空气质量不好的问题,使人们从感官上舒缓生理和心理的不适应感,创造舒适的地下空间环境。

在封闭的地下空间环境内创造宽敞的空间感需要有机地整合整个室内环境气氛的设计,综合考虑室内设计的各种要素,从空间的比例、色彩、光线、图案、装饰等方面创造出地下空间的宽敞感。

自然光线能通过太阳光的变化带给人们温暖、舒畅的感觉,使地面和地下的环境融为一体,令人感到舒适、愉快,因此,自然光线对心理感觉起着至关重要的作用。地下空间由于没有窗户,容易使人们的心理和精神产生压抑感,为了保持心理和精神上的稳定感,在地下空间的设计中,可以使用自然光线和人工光线相结合的工艺、方式,来改善地下空间的光线环境。

为地下空间引入自然光线对于改善地下空间环境具有多方面的作用,这既可满足照度要求,也能节约采光能源,还可满足人们感受阳光,感知昼夜交替、阴晴变幻、季节更替等自然信息的心理需求。同时,在地下公共空间中,自然光线的采用可以使空间更加开敞,从而减少地下空间封闭、压抑、单调、方向不明、与世隔绝等不良心理感受。此外,自然光线对人体健康也裨益多多。

色彩的运用能够影响整个室内环境的吸引力及可接受程度。运用色彩创造出一个温暖、宽敞的室内环境是地下空间设计的关键问题。地下建筑的室内宜以暖色调为主,以带给人们一种温暖干燥的心理感受,帮助抵消地下环境中寒冷、潮湿的感觉。不同色彩所带来的宽敞感可以与雕塑、工艺品、图画与照片共同丰富地下空间人文环境。在地下空间中运用雕塑、工艺品与图画能提供视觉上的吸引点,也可以结合具有质感、动感、声音以及自然材料或是象征性元素的设计,结合当地环境的人文因素,共同融入地下空间环境之中。

色彩所带来的宽敞感与空间围合表面的色泽有关,又会与光线相互影响。一般明亮淡雅的颜色加上较高亮度的照明,会使空间显得更大更宽敞(图2-2)。墙面和天花板上可使用镜面来造成一种空间延伸的效果,以增加空间的宽敞感。人们在由镜面围合的空间中走动时,视野的变化常常会带来许多意想不到的效果。镜子也可以沿着拱腹或楼梯下部设置,甚至包住柱子或别的建筑结构构件以减轻它们的笨重感,创造出透明敞亮的感觉。而图画的大小和内容也会影响地下空间室内宽敞感的创造及与自然的联系。选用有较强透视感的自然主题的图片或照片,会造成一种有效的视错觉,让人们感觉好象整个空间被延伸了出去。

图 2-2 大阪钻石地下街色彩处理

2.3.1 地下空间环境的艺术性

地下空间环境营造不仅要满足人们基本的行为心理和生理需求,还要满足对地下空间环境的艺术气息、人文气息等更高层次的需求。这种需求,表现在对地下公共空间色彩与光影、动态与活力、标识与细部等的追求和塑造,以及对城市文脉和地域特征的传承和体现。

美学原则是设计领域普遍遵循的一般规律。社会在发展,时代在前进,科学技术也在不断地进步,设计的美学原则也会随之发展、创新和完善。地下空间环境艺术应该符合以下原则。

首先应该符合的原则是对比和统一。对比,可以使造型更生动,个性更鲜明;统一,可以使得造型柔和亲切。只有对比没有统一,会造成生硬杂乱的感觉;而只有统一没有对比,会显得平淡呆板。因此在地下空间环境艺术设计中,既要有对比又要有统一,只有这两方面达到平衡,才能为人们呈现出既生动活泼又和谐舒适的状态。

其次,应该符合对称和均衡的原则。对称形式具有单纯、完整的视觉美感,使人感到稳重和舒适;设计上的"均衡",并不是实际重量的均等,而是从大小、方向以及材质等方面获得的感觉,通过一条看不到的杠杆判定上下、左右的均衡。在地下空间环境艺术设计里,家具的聚与散,界面装饰的疏与密都是处理好均衡美的关键。恰当地处理好对称与均衡,可以取得意想不到的设计效果。

再次,应该符合节奏与韵律的原则。在视觉艺术里节奏的含义是某种视觉要素的多次反复。例如:同样的色彩变化、同样的明暗,对比不同的造型元素、不同的材料,其产生的节奏和韵律不同,带给人的感受也不同。在地下空间内,怎样利用不同元素间的节奏和韵律营造一个舒适的公共环境,是值得认真思考的问题。

地下空间环境的内部装饰与细部设计应与地下空间的建筑设计密切结合,根据地下空间的用途、规模、材料及施工条件,从空间艺术效果出发来进行设计,进一步完善地下公共空间的温暖感、宽敞感和方向感。地下公共空间的内部装饰主要包括天棚、墙面和地面的处理,可以考虑用浮雕、壁饰等艺术手法来强化装饰效果。细部设计包括柱子、门窗孔洞等的材料选择、位置安排、形式确定、色彩应用和空间比例关系上的协调,以及地下公共空间中小品、雕塑等装饰艺术品的布置。

　　建筑师能够利用自然光线随时间、气候的变化所产生的光影变化,给建筑空间带来时空感,在地下公共空间中也不例外。自然光线进入地下的方式多种多样,通过不同位置的洞口、不同材料的介质,经过直射、折射、漫射等不同方式,可以形成不同的光影效果。此外,科技的发展,人工采光技术的进步,不仅可以满足地下公共空间基本的照明需要,而且可以实现很多自然采光条件下不能达到的光影效果(图2-3)。

　　在地下空间环境中,要创造出富有生命力的空间,就要充分利用各种要素,有结构、有系统、有层次地表达动感空间的理念。

　　地下空间环境艺术性的体现还包含创造动态与活力的空间。在地下空间环境中直接应用观景电梯、自动扶梯等交通工具,再配合轻质帷幕等动态要素,可创造出具有动感的空间效果。香港又一城中(图2-4),中庭金属质感的自动扶梯、栏杆扶手和装饰吊灯一起造成了流动的感觉。采用曲线、曲面形态,能造成独特的视觉效果,形成富有动感的室内空间,并让人深感生命的活跃。在地下公共空间中还可以弯曲的灯具、灯带、旋转楼梯以及地面曲线形的铺装等细部构件的艺术性处理,给人以美妙的动感。地下公共空间活力的塑造,主要依靠人在空间中的活动,形成一个理想的"人看人"的空间。

　　图2-3　东京中城地下景观广场　　　　　图2-4　香港又一城综合体金属质感扶梯设计

2.3.2　地下空间环境艺术设计中的绿色植物

　　众所周知,绿色是生命的象征,绿化是地面自然环境中最普遍、最重要的要素之一,绿色植物象征生命、活力和自然,在视觉上最易引起人们积极的心理反应。在地下空间环境中布置绿化不但会给人以生命的联想,而且还可以利用绿化来实现地下空间内外环境的自然过渡,进行空间限定与分隔,组织视线,暗示或指引空间;也可以利用绿化进行集中式园林造景、点缀和丰富空间。将绿化设计引入地下空间环境规划,在消除人们对地下与地上空间的视觉、心理反差方面具有其他因素不可替代的重要作用。

绿色植物不仅能够起到美化环境及组织空间的作用,还能够缓解人们的紧张感。特别是植物还能利用其积极的生理行为,来改善地下空间的空气质量,这一点比在地上更显得突出。绿色植物在光合作用下能够产生氧气,吸收二氧化碳;此外绿色植物还可以吸收空气中的有害物质,如在日常生活中,人体本身、香烟烟尘、建筑材料、清洁用品、空调器、化纤地毯等均会释放出诸多污染物质,而绿色植物均可加以净化。人们在有绿色植物的环境中,可以放松紧张的心情,调节紧绷的精神,常看绿色植物可以降低视觉和生理的疲劳,消除对地下空间的不适反应(图2-5—图2-6)。

由于自然光线受到严重的限制,如何导入植物就成为绿化成败的一个关键因素。必须选择极度耐阴且适应温室生长的植物,如发财树、绿萝、散尾葵、铁树、南洋杉、吊兰等。绿化地点可选择楼梯、过道、吊顶等处,由于受空间大小的限制,可以采用移动容器组合的绿化方式。而在空间条件允许的情况下,则可以适当利用固定种植池绿化和方便种植的水体绿化。

图2-5 大阪站前道路地下公共步道植物景观　　图2-6 大阪长堀地下街植物盆栽

在较宽的楼梯上,隔数阶布置景观植物,可形成良好的视觉效果;在宽阔的转角平台处可配置较大型的植物;扶手、栏杆可用植物任其缠绕,自然垂落;过道总会有一些阴暗和不舒服的死角,可沿过道相隔一段距离用盆栽排列布置;用造型极佳的植物遮住死角、封闭端头,可达到改善环境气氛的目的。地下空间的墙壁与立柱通常使用广告、油画等无生命的装饰品,但可以通过绿化的摆放带来生机勃勃的感受。通常缠绕类和吸附类的攀援植物均适于立柱绿化。还可安装绿化箱,将植物固定在墙壁上挂栽,也能提高绿化面积,美化环境,优化装饰效果。吊顶往往是极具表现力的地下空间一景,它可以是自由流畅的曲线,也可以是层次分明、凹凸变化的几何体等,用天花板悬吊吊兰等植物,是较好的构思。

2.3.3 地下空间环境艺术营造中的水体设计

和绿色植物相比,水是人们生存不可缺少的物质。水是无色的,但是在光线的影响下,水又会变得五光十色,给人柔美舒适的感觉。为了在地下空间营造不同形式的水体效果,常用喷泉或瀑布的形式展示,使人们从视觉和感官方面,感受水体景观带来的愉悦、舒适。

将无形的水赋予人造美的形式,能够唤起人们各种各样的情感和联想。水体的处理具有独特的环境效应,可活跃空间气氛,增加空间的连贯性和趣味性。水体的设置方式有:盈、淋、喷、泻、雾、漫、流、滴、注、涌等。

水体在地下空间的利用与维护较为方便和简单,其对于地下环境的要求及艺术处理手法与地面上的并无差异。为了在地下空间中取得声情并茂的水体景观效果,常做成叠水、瀑布、喷泉等形式,有时在静水部分放置一些雕塑,以活跃空间气氛,增加空间的连贯性与趣味性,这些都会让人们的视觉兴奋,给沉闷的地下环境带来一些声音刺激和动感。水体的倒影、光影变换可产生出各种独具魅力的艺术效果,并可以隔声、净化空气。虽然人在地下的活动相对来说只是一种短时活动,但只有感觉到与外部世界保持着联系,人们才能在地下安心地活动。亲水空间对于改善地下空间环境质量也有显著效果。水体的处理常与绿化有机结合组成"自然景观",使室内具有室外感,给地下空间平添出大自然的无限情趣(图2-7)。

图2-7　大阪阪急三番地下街水体景观广场

图2-8　上海迪美购物中心地下广场标准"中英日韩"四种文字、简单易懂的指示标识

2.3.4 地下空间环境艺术营造中的诱导标识

人群在地下空间环境中活动,空间位置和方向诱导极其重要。地下空间环境中人行通道,应具有简洁性、连续性和互通性,交通通道与行人交通之间应无障碍衔接,形成完善的交通网络。在通道口的设计上可以利用不同大小、不同色彩、不同层次、个性化的节点空间或者标识作为定位参考,增强其可识别性。这样有助于行人作出正确的判断和选择,并能够增加地下空间的趣味性和场所感(图2-8)。

2.4 西方地下空间环境艺术

西方城市地下空间开发利用起步早,大规模的开发大约经历了 150 多年的发展历程,经验比较成熟。城市地下空间规模化的开发利用始于建设地铁,英国伦敦 1863 年就建成了世界上第一条地铁,开创了城市地下铁道建设的先河;美国纽约 1865 年建设了第一条地铁;法国的巴黎 1900 年建设了第一条地铁;德国的柏林 1902 年建设了第一条地铁;西班牙的马德里 1919 年建设了第一条地铁。目前世界上已经修建地铁投资运营的国家和地区有 40 多个,城市有 100 多个。

西方城市地下空间开发利用的第一次高潮始于第二次世界大战。第二次世界大战大面积修建地下人防工程,带动了地下空间的开发。战争中的战略轰炸已经成为战争的必用手段,巨大的人员伤亡、财产损失和房屋毁坏,使人们意识到修建地下防护设施的重要性。地下防护空间的建造可以大大降低士兵和市民的伤亡数量,所以战后欧洲各国都十分重视在民用建筑下面修建地下室,并把这样的要求加在法律之中。

随着现代城市的快速发展,逐渐注重立体开发,充分利用地下空间建设多功能、四通八达的地下城,从地铁交通工程、大型建筑物向地下自然的延伸发展,到复杂地下综合体,再到与地下步行街、轨道交通、地下商业街相组合的地下城。公共建筑也开始向地下发展,如公共图书馆、会议中心、展览中心、体育馆、音乐厅、大型的科研实验室等文化体育设施。

西方在地下空间环境艺术上的发展也各有特色,本节主要从壁画、雕塑、光影、绿化、色彩、材质、小品、水景等方面,简述西方代表性国家城市地下空间环境艺术设计实例。

2.4.1 英国

英国城市地下空间环境艺术是随着城市地铁交通的普及而逐渐产生的。英国地铁站内的墙面绘制了大量精美的壁画,内容展示了英国历史上手工业的发展状况。壁画采用线描的手法,生动地再现了这个古老国家的历史和文化,宛如一部黑白电影,意味悠长。

伦敦地铁各个地铁站通道的墙壁上,记录有关历史典故和文化背景的壁画,把人们带入当地的文化和历史之中。比如,因福尔摩斯出名的贝克街,地铁站台两侧的壁画生动地描绘了这个站台在 1863 年的情景。穿西服戴礼帽的绅士彼此交谈,穿着军服的士兵冲锋陷阵,打扮整齐的绅士在马车上向人们挥手示意,人物形象十分生动传神。更令人惊叹的是,当你听到地铁列车开进的声音,急忙把眼光从壁画上挪开望向站台时,看到的是复古的壁画、古色古香的吊灯和两条长长的铁轨。崭新的列车和穿着时尚的年轻人与画中的人物形成巨大的反差,像是穿越了时空隧道(图 2-9)。

2.4.2 法国

法国巴黎城市地下空间及地铁车站系统的环境艺术设计结合了 20 世纪初的新艺术运动风格,以独特的形式为人们所称道。

巴黎第一条地铁于 1900 年建成,沿香榭丽舍大街由西向东,长约 10 km。地铁车站内部为拱形断面,站台较窄,并无太多吸引人之处。而巴黎地铁出入口的设计却很有名气,建筑师吉马尔做的车站入口,由可以互换的标准铁件组合,铸成一些自然主义元素的形式,铁件在他的手中已经柔化得像一个充满生命力的物体,金属的结构形成了蜿蜒的构架,为建筑划分了整体节奏,同时也造成了独有的纤细、紧凑和轻盈的感觉。通过风格化的设计,吉马尔用清晰的结构逻辑与质朴的构造方法创造了独特的有机形体,使建筑屋顶具有了优雅的品格。其建造过程也有炫耀技术的成分,所有屋顶构件都是用金属浇筑,系列化生产,钢和玻璃的运用为建筑带来了通透的门廊氛围。这些动态造型不仅是为了装饰,而且使地铁的造型极具动感。吉马尔甚至把这些构筑物中的文字书法和照明灯饰都做成了弯曲形状。

巴黎地铁利用新的工艺技术,将建筑结构暴露出来,配合简单的装饰材料,使得地铁内部空间宏大而严谨,创造出建筑空间的结构美和体现法国高雅而浪漫的

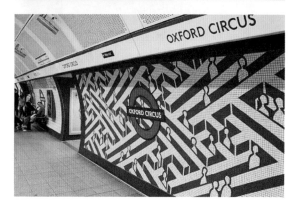

图 2-9　伦敦地铁站壁画艺术

空间氛围。同时利用灯光艺术表现展示出城市文化特征(图 2-10)。

巴士底地铁站所在地区是 1789 年爆发的资产阶级大革命所在地,巴黎人民攻占了象征专制和恐怖的巴士底监狱,这在历史上产生了巨大影响,这里的地铁通道壁画用大面积空间展示这一历史画面,既表现这一地区曾发生过的历史现象,又是一个鲜明标志(图 2-11)。

图 2-10　巴黎地铁 Alarme 车站

图 2-11　巴黎巴士底地铁站壁画

市政府站是巴黎市政府所在地,这座建筑物曾发生众多重大历史事件,其中包括悲壮的"热月政变"。地铁站通道装饰中央镶嵌着市政府的标志,墙面两边用玻璃夹层镶挂着一块块石板,石板上影印出市政府建筑不同历史时期的放大照片,乘客可通过照片感受到市政府这一建筑物的建设与发展,以及不同历史时期所发生的政治变迁。

2.4.3　加拿大

加拿大蒙特利尔和多伦多地下城闻名世界,蒙特利尔地下城称得上世界上最大最繁华的地下"大都会"。蒙特利尔地下城于 1962 年开始建设,1966 年蒙特利尔市地铁建设完成,20 世纪 70 年代形成多功能综合地下建筑,80 年代形成地下商业走廊,90 年代建设了更完善的地下通道,形成了一个由步行通道联系起来的庞大的系统。这些建筑属于不同的业主,具有不同的功能,包括商业、贸易、娱乐及公共的地面和地下设施(图 2-12)。

图 2-12　蒙特利尔地下城公共广场

蒙特利尔地下城的建筑面积达91 万 m²,每天通行人数超过 50 万。它将对面圣劳伦河和皇家山的市区办公大楼、旅馆、商店、公寓大楼、医院从地下沟通起来。它还通往两个火车站、一个长途汽车站和一个规模巨大的停车场。在这个地下城里,如果人们不愿走出去的话,可以在 142 家中任何一家饭馆或酒店里用餐、饮酒,在 1 024 个商店里购买所需商品,在 24 家电影院和 4 家剧院里观看电影或节目,还可以参观 2 个大型展览,2 个艺术长廊。

地下城里还开办有 26 家银行的支行,专门为顾客提供服务;地下城所有出入口都设有自动升降梯,有公厕 10 多处;地下城所有的长廊里摆有各种花草树木,利用电光促其生长;花草树木间安置各种凳椅,供游人、顾客休息、交往和娱乐(图 2-13)。

图 2-13　蒙特利尔地下城商店街

蒙特利尔地下城中的玛丽广场地下商业街以暖色调为主,有机地结合整个室内环境气氛的设计,综合考虑了室内设计的各种要素,创造了温暖、宽敞的空间感。色彩的运用影响到整个室内环境的吸引力及可接受程度,地下街利用色彩的温度感(冷暖的感觉)、重量感(上轻下重,地面采用色深明度低的颜色,天花反之)、体量感(暖色膨胀,冷色收缩)及距离感(暖色近,冷色远),创造出一个温暖和宽敞的地下人工环境。以暖色调为主的地下建筑的室内,带给人一种温暖干燥的心理感受,能帮助抵消地下环境中寒冷、潮湿的感觉。色彩所带来的宽敞感和空间围合表面的色泽,受其上的受光量的影响,明亮淡雅的颜色加上较高亮度的照明,使空间显得更大更宽敞。

多伦多地下城独特的多元文化特色都体现在此地各家商家的橱窗里、货架上。从最新潮流时装以至最另类的唱片,从品位独特的小型服饰店,到规模宏大的超级市场,这里总有适合不同人群的购物地点。不用担心坏天气破坏购物兴致,长达 27 km 的地下通道,连接起拥有 1 200 多家商铺、营业面积达 37 万 m² 的地下购物城,人们可以尽情享受购物乐趣。

多伦多伊顿中心(图 2-14)位于市中心繁华商业区,是一个跨越 5 个街区的条状多层商业综合体。伊顿中心长廊购物街长 258 m,宽 8.4～16.8 m,高 27 m。在它的两侧和中部设有三个直通到顶的中庭,构成室内的主要交通流线和视觉中心。中庭空间由空间网架加上采光玻璃面构成,既能躲避风雨、烈日、严寒等恶劣气候的影响,又最大限度地将自然光、绿化、水景引入地下,使原本封闭的地下商业空间充满阳光和新鲜空气,同时也使畅游于此的人们感受到四季气候和阴晴的变幻。中庭起着接受阳光和光通道的作用,中庭内设置大量的花草树木、叠石、流水以及喷泉等建筑小品,在阳光的照耀和光影的变幻中,构成了生机勃勃的地下立体花园。喷泉构成的水景、树木构成的绿景、竖向的楼梯、自动扶梯和横跨的天桥,使空间形成垂直与水平、静与动的强烈对比,使这里成为一个颇有活力的地下公共商业中心。在多伦多漫长的冬季里,这里深受市民的欢迎。

图 2-14　多伦多伊顿中心地上地下一体化

2.4.4　瑞典

瑞典斯德哥尔摩的地铁车站环境艺术独辟蹊径,百余位艺术家分别用自己的风格和艺术构思来装点每一个站台,使之变成了一个世界最长的艺术长廊(图 2-15)。

人的视觉中心通常停留在平视线上,因此地铁车站的墙面设计是非常重要的,它担负着改善空间感受、传播信息、创造氛围的功能。瑞典是北欧五国之一,寒冷的气候使他们的祖先爱斯基摩人生活在地下冰洞里。瑞典斯德哥尔摩地铁内的墙面处理方式很显然再现了洞穴的内部结构,并且延续到了墙面的艺术手法上。白色抹灰的墙面精心绘制着宝石蓝色的植物枝条和叶子,像极了冰洞里爱斯基摩人的装饰壁画,整个墙面下端的蓝色色带巧妙地引导人群向地面入口走去。白与蓝的对比,复杂结构与简洁墙面装饰的对比,使这个空间在带着强烈梦幻色彩的同时又兼顾了功能,艺术上也温和统一,是地铁站内设计的经典之作。

为了让旅客忘掉他们是在地下旅行,地铁车站通常设计得干净而具有现代感,但瑞典斯德哥尔摩地铁却不是这样。致力于提高生活品质的瑞典人,把地铁车站建造成一条艺术长廊,总长108 km,每一站都是精心设计的艺术品。在 100 多个地铁站内人们可以欣赏到各式风格的绘画、壁画、雕塑,以及各式各样的艺术作品。斯德哥尔摩地铁的几个站是在岩石中开凿出来的,留有洞穴状的"天花板",它是古代和未来的结合,洞穴绘画是其点睛之笔。在其 100 多个地铁车站中,有一半以上装饰着不同的艺术品,它们表现着不同的主题,让人感到生机勃勃的活力和憧憬。

功能性照明和艺术性照明在某些位置上会相互并存,这就要求设计者根据实际需要,合理地调整二者的数量范围和比例关系,避免冲突和重复。斯德哥尔摩就是地铁艺术照明与功能照明融合的成功实例,该地铁站台层顶面使用随意弯曲的白色霓虹灯管照明和功能性照明并置来塑造环境气氛(图2-16)。

斯德哥尔摩地铁车站装饰设计在新材料和新技术的支撑下,更是独特大胆,为人们认识和理解车站空间艺术表现提供了新的思路和理念。地铁建设中,保留了原始的天然岩层和石料挖掘痕迹,其空间中尽是天然的原始结构,结合地铁车站的功能特征,空间经过人工处理后,别具风情,整个空间倾向于纯粹与现代,使整个地铁环境变得独特与神秘莫测,充满对未知的期待,更使得空间体验变得不再乏味和单调,加之裸露的岩石和瀑布,给人以回归大自然的感觉,使车站充满了浓厚的艺术氛围。这时候照明的设计不仅满足了基本的功能性照明,还烘托出结构本身的艺术性(图2-17)。

图2-15　斯德哥尔摩地铁车站墙面艺术　　　　图2-16　斯德哥尔摩地铁车站环境艺术

图2-17　斯德哥尔摩地铁车站环境艺术

2.4.5　芬兰

芬兰有许多发达的地下文化体育娱乐设施。1993年建成了临近赫尔辛基市购物中心的地下游泳馆,其面积为10 210 m²。1987年建成了精神病医院地下游泳馆和健身中心(图

图 2-18　赫尔辛基市地下游泳馆

2-18)。1993 年建成的吉华斯柯拉运动中心,面积为 8 000 m²,设置了体育馆、体育舞蹈厅、摔跤柔道厅、艺术体操厅和射击馆。1988 年建成了库尼南小镇位于地下的球赛馆,有标准的手球厅、网球厅、观众看台、盥洗室和办公室等。

位于芬兰东部城市蓬卡哈尔尤市的里特列梯艺术中心每年能吸引 20 万人次参观者,内设 3 000 m² 的展览馆、2 000 m² 的画廊以及有 1 000 个座位的高质量音响效果的音乐厅。

2.4.6　俄罗斯

城市地铁车站人文艺术是城市文明的又一个重要标志,全世界称得上是最好的最能体现本土文化艺术的地铁在莫斯科。莫斯科地铁空间系统构思新颖、气势磅礴,富有艺术特色,犹如富丽堂皇的地下宫殿,让人沉浸在美的享受之中,它以其迷人的魅力,吸引着各国旅游者。

莫斯科地铁车站充满文化氛围和艺术,装潢豪华,具有很强的艺术价值。在莫斯科地铁通车典礼上,市委第一书记说了这样一段充满激情的话:"我们的地铁是普通人的交通工具,不仅应该是最方便的,还应是最美丽的,在艺术上也首屈一指。"这从侧面反映了莫斯科当地政府对地铁环境的重视和骄傲。走进莫斯科的地铁,犹如置身于地下艺术宫殿,如著名革命广场车站两侧各有十几个拱门,都用棕色大理石装饰,拱门两侧竖有两座大理石红军战士雕像,形成了庄重的入口氛围,感染着往来的人群,将政治文化和艺术融为一体。

另外一个充满艺术气息的地铁车站是马雅可夫斯基广场车站。它的内部矗立诗人半身铜像,所有拱门镶着不锈钢,围成圆形的明灯嵌在拱顶,灯光反射在红白相间的大理石地面上,发出别样的光采。皇室风格的基辅车站俨然一个宫廷盛宴场所,它内部的拱门都用金色花纹装饰,配上拱顶的金色大吊灯,拱门之间,是装在金色框子里、用马赛克精心拼砌的巨大壁画。它们以其鲜明的民族艺术特点,造就了独特的地下艺术文化,也成为俄罗斯现代科技与传统艺术完美结合的设计典范。

地铁站的内部大都以大理石、花岗岩、马赛克等为主要的装饰材料(其中许多的大理石上还隐现着各种无脊椎类海洋生物的化石,如菊石、海胆、鹦鹉螺等),并通常以玻璃镶嵌画、壁画、浮雕、雕塑等艺术形式作为主要的表现手段,因此它的每一站都尽显奢华,可谓是集建筑、雕塑、绘画于一体的艺术精品。同时,又由于是配合着不同的站名而展开的针对性设计,因而各个站台的环境布置绝无雷同之感,并极具鲜明的时代特征。所以,当人们置身于这些空间的时候,就仿若游走在一个个地下艺术宫殿之中,令人流连忘返。如今,这些风格各异的地铁车站

图 2-19　莫斯科地铁站

成为人们品味俄罗斯文化的一道不可或缺的独特风景线(图 2-19,图 2-20)。

　　灯具采用的排列组合方式,会直接影响站房空间内光环境的美观和艺术效果,它是地铁站中行人能观察到的最直观的空间光照元素,小到对灯具的细节造型、颜色、材质等近距离的观察,大到灯具的整体排列布局等远距离的观察。如果你远距离对莫斯科地铁车站灯具的整体布局和照明效果进行观察,它们给你的视觉印象和冲击力是最强的(图 2-21)。

图 2-20　莫斯科地铁站浮雕及前苏联英雄雕塑

图 2-21　莫斯科地铁车站的灯光艺术

图 2-22　纽约洛克菲勒下沉广场

图 2-23　纽约中央车站的《眨眼》

2.4.7　美国

美国城市地下空间环境艺术的重点打造对象是地下综合体和地铁车站。

美国纽约市中心的洛克菲勒中心，占地面积为 89 000 多平方米，占据了 8 个街区，是世界上最集中的高层建筑，由 21 幢商务写字楼构成。为了有机地将这些建筑物从内部紧密联系，洛克菲勒中心建设了地下交通、地下商业街，通过地下人行系统形成一个可在地下进行城市活动的综合空间，将 7 幢高层建筑、1 座文艺演出建筑、1 幢博物馆围绕阿波罗下沉广场有机地组合在一起，将部分使用空间置于广场之下，用地下空间的开发求得地面空间的开敞。洛克菲勒中心地下空间内容丰富，除了商业、部分办公空间，还有旅馆、影剧院、滑冰场、舞厅以及门厅、休息厅和地下公共通道、停车场等（图 2-22）。

该广场中轴线尽端，是金黄色的火神普罗米修斯雕像和喷水池，它以褐色花岗石墙面为背景，成为广场的视觉中心。四周旗杆上飘扬着各国国旗。

与改善整体空间的艺术介入不同，作品展览是一种局部空间的艺术黏附，可以与艺术环境外的其他环境状态并存。局部性介入形式多样，介入方式比整体性介入更为灵活，可以采用悬挂、墙面地面黏附、装置放置、局部构件与替换、音像播放与投射等手段，并且可以进行多个介入主题的综合运用。曾经在纽约中央车站大厅中展出的《眨眼》的 5 件聚乙烯球形灯饰作品，采用的就是局部性的当代艺术介入公共空间的手法，作品在改善了空间的艺术环境的同时，作为一件当代艺术也向公众传达了艺术家独特的艺术观念（图 2-23）。

2.5　东方地下空间环境艺术

东方艺术不同于西方艺术,具有自己鲜明的特色。东方人的思维方式以感性为主,西方人的思维方式以理性为主。东方艺术更注重对意境的表现,讲究形、神、气与境的表现,包括古代建筑、戏剧、雕塑、诗歌、绘画、哲学等方面的内容。它的涵盖面很广,集中体现了东方人的伟大智慧和悠久历史。

东西方在地下空间环境艺术表现上也有着显著的差别。本节主要论述我国部分城市及日本的城市地下空间环境艺术特色。

2.5.1　上海

上海地铁环境艺术设计有其独特之处。上海地铁发展已经走过 20 年的历程,虽然起步不算早,但短短的二十年里,不仅建设速度世界第一,也逐渐形成展示上海文化的一系列亮点。

上海人民广场现为城市绿化休闲广场,并已成为上海的政治文化中心。20 世纪 90 年代初配合上海地铁 1 号线的进行,人民广场地下空间开始进行开发,先后建设了人民广场迪美地下商业步行街和香港名店街,组成了人民广场地下商城。

人民广场地下街内的地下商城部分,总面积 3 万余平方米,包括迪美购物中心和香港名店街。迪美中心面积达 2.5 万 m^2,一条长 150 m、宽 12 m 的地下大道把商场一分为二,一个区域内有大百货商场、世界服饰名品店、休闲服饰店和超市,另一个区域内有西式快餐店、婚纱摄影广场、女装、童装店、美食广场等。与其相通的是香港名店街,有 2 个地面出入口、2 架自动扶梯和 4 座人行扶梯。从人民广场东南端的草坪旁,乘自动扶梯下到 8 m 以下的下沉式广场,可步入地下商业街。香港名店街长约 300 m,宽 36 m,两旁共有近百家店铺,每间 50 m^2,店铺面向街道立面皆用大面积玻璃,形成浓郁的商业气氛。

迪美购物中心的入口将通道加宽形成了前厅。前厅作为过渡空间宽敞而富于层次和变化,它的作用是把人的活动从一个空间转移到另外一个空间,对减轻地下商业空间的封闭、单调感具有重要作用。吊顶部位设计了圆形的发光天棚,地坪也设计了圆形花色图案,在中央布置了供人观赏的景观,成为视觉焦点,吸引人流到达并形成进入内部空间之前的缓冲。

迪美购物中心与香港名店街,采用富于延伸感和导向性的铺地形式,在自然地引导人流的同时,通过铺地形式的变化,或者通过改变地面标高在视觉上界定空间,使地下商业公共空间环境的趣味性和可识别特征大大增强(图 2-24)。

上海地铁站正逐渐变身为大型公共艺术博览馆。这座地铁公共艺术博览馆由大中型站点的艺术长廊、大型站点的艺术馆共同组合而成,比如徐家汇站、人民广场站、浦东国际机场站、虹桥火车站、中华艺术宫站等都适合建设中等艺术馆。新建的车站,装饰各类大型浮雕壁画、

图 2-24　上海迪美地下购物中心地面

图 2-25　上海人民广场地下广场艺术文化表演舞台

图 2-26　上海地铁东方体育中心站

大型油画;开设"上海地铁音乐角",布置文化展示长廊;车厢内的展板拉手,布置中外诗歌、城市新老八景、名家名画名言等,打造"上海地铁文化列车"(图 2-25)。

在环境艺术设计方面,上海地铁以及地下通道的发展也是伴随着地铁的建设而越来越丰富多彩,越来越专业与深入。如上海浦西通向外滩的地下通道,墙上装饰了张贴着梵高油画的灯箱,热烈的黄色、橙色、蓝色,奔放、夸张的线条,尽显法国南部朴实的乡村特色。绿色的墙体衬着油画,具有很强的艺术气质。

上海地铁陆家嘴站内墙面的玻璃壁画,长约 6 m,整体白色,晶莹剔透,壁画内容表现了城市现代风貌,现代气息浓,这种环境设计在反映上海大都市风貌的同时,也是地铁艺术表现的精彩范例。上海中山公园站的过道,简单的色块、鲜艳的色彩打破地铁站的沉闷,让地下空间变得轻松、随意。

上海体育中心站,在站厅层转乘交换区域的处理上,充分利用人心理上和视觉上的向光性,提高自动扶梯转换区域的整体光照亮度,将乘客的视线吸引到交换区域,这样的处理更好地辅助立面的指示标识系统,起到了引导作用。除了通过亮度的差别给人的视觉带来方向和空间的识别外,灯具的安装造型和有秩序的排列也能够起到引导乘客的作用。站台层采用光带在竖向进行漫反射照射,由于线性的方向性强,线性光带加强空间的延伸,提示人们空间与空间的连接(图 2-26)。

2.5.2　南京

根据南京市的总体规划,未来几年南京市将以主城、新市区、新城为单元,组团发展,串连成网。以中山路—中山南路和汉中路—中山东路为发展轴,以新街口、鼓楼、珠江路、大行宫、上海路地铁站为中心,建设不同规模、不同功能的地下综合体,再通过地下街将这些地下空间组合成地下城,形成"二主(新街口、鼓楼)三副(大行宫、珠江路、上海路)"的布局结构。其中新街口是南京市乃至南京都市圈的中心,商贸、商务是其主要功能;鼓楼作为城市文化、科技、信息中心,文化设施是地下街区的主要内容;大行宫、珠江路、上海路分别以特色商业为主,并通过地铁和地下通道连成一体,组成市中心地下城。

1. 南京水游城

南京水游城是一座以水为主题,融合了酒店、影院、娱乐、零售、饮食广场等多种业态、多元化的、建在运河上的大型购物中心。它位于南京古城内城南地区,基地位于中华路、健康路两条城市主干道交叉口的东北角,东临旧王府街,三面环路,距离南京地铁 1 号线三山街站有500 m 左右的步行距离,处在城市中心轴线上,属于南京 5 分钟都市生活圈繁荣核心地带。水游城占地面积 26 770 m²,总建筑面积 167 万 m²(图 2-27)。

图 2-27　南京水游城综合体水体景观　　　　图 2-28　南京水游城综合体内部装饰

设计师通过精妙的手法将阳光、空气、水流、天然植物等景观元素引入商业设施内部,把建筑用运河隔开,形成开放式体验空间。比如在外观设计上,与传统的商场、购物中心不同,外墙主体色调用暖色作主打,雨林迷彩做辅墙,水作装饰,外观形象时尚而现代,主体建筑十分突出。

商场的主入口位于中华路一侧,地下入口建造的是宽度为 4 m 的台阶式直跑楼梯,与地下水景观相结合,不仅可以满足竖向交通的需要,还为人们提供了一个不同高度的观赏平台,其使用的舒适度和空间的趣味性还对建筑物的形体塑造和创造丰富的室内环境起着重要的作用。

位于太平南路的主入口处安装了 2 台户外型自动扶梯,1 台供游客直接下到地下二层的美食广场,1 台供游客上到地面,同时宽度为 4 m 的台阶式楼梯可到达地下一层。从出入口位置向下俯视,宽敞、干净,其中潺潺的水流让人觉得空间环境充满活力,并且有要下去转一转的冲动。两台户外型自动扶梯上方覆以空间网架支撑屋顶的开敞式结构,不仅对电梯起到保护作用,还能展示水游城地下商业空间的入口形象,并形成从地面的外部空间到地下的内部空间的过渡,在入口处增添一道亮丽景观。这种方式对于行走路边的人是一种无形的催化剂,游客本来看到好奇的景色就有一种要下去的感觉,现又有现成的自动扶梯,不需要游客花多少额外的体力就可到地面下去看个究竟。这样的设计,很好地抓住了游客的心理,为他们走到地下提供了便利的条件。

水游城内部空间为环形大厅式布局。以穹隆型中庭为核心,其他空间环绕其周围展开形成环状平面。为提升地下层的价值,也为了体现南京地域文化,水游城在规划概念中以运河水系为主线,在地下一层规划了一条宽 8 m、长 280 m 的室内环形运河。这些水都是雨水在地下的存储,不仅节约能源,而且形成了鲜明的景观特色,吸引人流往下走;地下二层设有美食广场,游客可以乘坐自动电梯直接到达。

沿着室外台阶拾阶而下,首先出现的是一个到顶的穹隆型中庭,作为水游城的建筑特色和活跃因素,成为入口空间地上、地下的过渡,不但沟通了不同楼层之间的视觉联系,使地下空间充满阳光,同时作为空间标志和导向的核心,也增强了空间的开敞性。位于"运河"中央的水游城中心舞台,在建筑上引入了向心力的概念,将娱乐、休息等功能放入中庭空间,通过 365 天全天候的舞台演出,展现不同主题的节日庆典活动、环境装饰、声光电组合效果等亮点,刺激中庭的观看者和经过中庭的人,创造出充满生机和活力的地下商业公共空间。

水游城地下空间环境营造非常质朴,以其悠闲、平静和安谧的氛围留住顾客,与街面灯红酒绿、车水马龙的景象形成强烈的反差。各个界面的设计也充分彰显出商场特色。地面铺装设计规整,分区明确,巧妙地烘托了空间,起到传达信息的作用;墙面材质、颜色的对比,既现代又温和,令人耳目一新。值得称道的是商场卫生间通道的墙面设计,装饰材料与其他空间界面区别较大,采用黄色亚克力板,内藏黄色日光灯,外装木格栅饰面,不但增加了通道空间的宽敞感,同时还起到良好的装饰效果和导向作用(图 2-28)。

为了避免导致游客长时间待在地下引起的烦躁心理,通道的两侧、顶端或者交叉口还布置了绿色植物,顶棚和地面也采用了精心设计的图案,处处体现了对人的关怀。地下一层专门设置水游城模型展示空间,并在周围布置了供游人休息的座椅,造型简洁而富有趣味,构成了一个丰富、生动的休憩空间。

水游城在内部空间的细节处理上也恰到好处,尤其是在空间导向方面,随处可见的标识,除了外形设计别具一格,颜色搭配也颇具创意,能够给人很强的视觉冲击力;电梯间、安全通道、各个空间界面的细部设计和消防系统的巧妙遮挡设置等方面,都是值得其他地下商业空间去认真学习和借鉴的。

2. 南京时尚莱迪购物商城

南京时尚莱迪购物商城位于中华第一商圈——新街口核心商业圈,是集服装、鞋包、百货、餐饮等经营品种为一体的大型综合商场,它也是南京现在唯一与地铁 1 号线相联系的地下商场。莱迪商城的建造不仅缓和了地面交通,也给地铁交通设施增添了活力。它于 2005 年 4 月正式营业。

莱迪首开南京时尚购物中心之先河,在众商云集的新街口核心商业中心独树一帜。商场分为地下两层,总建筑面积为 20 000 多平方米,营业面积占据 10 000 ㎡,有 700 多家店铺。其独特的入口设计、个性的购物环境每天吸引着数以万计的年轻人聚集于此,平时人流量约3万,节假日高达5万。

莱迪商城设有6个主要出入口。主出入口位于新街口步行街的中心广场,采用开敞式,设2部供游客上下的自动扶梯,并设有台阶式楼梯。自动扶梯之上由圆锥形的空间网架和张拉膜结构共同构成开敞式顶棚,不但使得地下商城的外观形象十分突出,还形成了从广场的外部空间向地下商城内部空间的良好过渡。开敞式顶棚在莱迪商城一开业便迅速成为广场上的标志物,吸引了大量的人流。商场在主入口(图2-29)通过透明网架和张拉膜构成一个共享大厅,巧妙地将室外自然景色和阳光引入地下空间,减少地下给人所带来的封闭感和恐惧感。大厅结合上下的电梯、支撑的柱子,还设置了玻璃舞台,映衬蓝色的灯光,成为共享大厅的点缀元素。其余入口外观设计也颇具特色,不但充分展现了莱迪时尚的外观形象,同时构成了新街口中心广场的景观要素。简单时尚的外观不仅成为人们辨别方向的坐标,引导过往人流,大面积玻璃墙体材质也给处于地下的商城带来一抹阳光和绿色,也能使游客很方便地进出入地下,消费游玩。

莱迪商城内部为通道式布置方式。为了避免地下空间自身不利条件,减少狭长的走道形成的单调感和沉闷感,商场在通道的端部和交叉口处设计了3个中庭空间,不仅增加了地下商城的宽敞感,还丰富了地下空间的层次,共享大厅也成为莱迪地下商城空间中能最大限度地促进人际交流、休息娱乐的中心路标。

莱迪商城内部水平交通空间是典型的步道式组合(图2-30)。根据人们识别环境的特点,莱迪内部空间设计均以不同的主题街区展开布置。地下一层1D街区以经营时尚女装为主,配以迷彩休闲等特色服饰;1F则是地下一层的另一条主街区,经营范围也以女装为主,但是以民族风为特色;"美食美客"是位于1C的餐饮区。

图2-29 南京莱迪商城广场地下入口

图2-30 莱迪商城景观设计

商场地下二层的"星光大道"是目前南京人流量最大的地铁通道,其经营范围涵盖服装、摄影、化妆品等。"格林之旅"即2D街区,是以复古为特色,可以看到华丽的灯具及欧洲宫廷的烛台盔甲;"洞感地带"位于商场的2C街区,以主题街区为导向,将溶洞的空间与藤蔓的缠绕完美结合。在这条街区,主要以经营运动型的服装为主。

莱迪内部空间设计总体上是比较成功的。丰富的装饰色彩、地面拼花组合、曲线式灯具造型、造型各异的吊顶设计、主题装饰设计不仅丰富了室内空间,减轻由于通道过长引起的枯燥感和置身地下的压抑感,易于识别的环境也能够给人以参照作用,让游客保持良好的方向感。

南京莱迪地下商场内部细节处理也是比较到位的。自动扶梯上的灯光点缀、共享大厅的绿化设置、出入口的指示牌设计、共享中庭内设置的休息座椅以及精心设计的界面造型等,都使室内环境发生了丰富变化,对改善内部环境,加强导向性起到了很好作用,这些到处都体现了"人性化"的设计理念。

2.5.3 北京

北京是有着三千年历史的国家历史文化名城。许多宏伟壮丽的宫廷建筑,使北京成为中国拥有帝王宫殿、园林、庙坛和陵墓数量最多,内容最丰富的城市,完美地体现了中国传统的古典文化,是中华民族宝贵的文化遗产。北京地铁的什刹海站,设计上采用了老北京独特的屋檐作为背景,用富有中国风格的图案,体现老北京的环境和使用物件;国家图书馆站的壁画,采用了花岗岩浮雕工艺,着重体现了《赵城金藏》《敦煌古卷》《永乐大典》《四库全书》,让乘客进入车站,犹如走进了历史的长河(图2-31)。

照明的选择上,北京地铁站照明在重视展示都市时尚现代的同时,更多地融入了中国古典装饰元素,照明在造型和装饰上有很大的突破。比如天坛东路站,车站顶面照明布置大胆地采用了天坛的形状,将灯具镶嵌在圆形的轨道栅格中,让人们产生了对历史建筑的联想,具有浓厚的装饰气息。崇文门站的站台层顶部照明,更是利用了传统室内顶面"藻井"的样式,加上漫反射的照明方式,使得空间环境安静亲切。

北京地铁艺术照明更是在位置的选择上突破传统,例如在主要空间站厅层、站台层,楼梯下部墙面上一般情况下是不设置光照较强的照明灯的,这些区域多设置集合指示性标识和宣传广告等辅助性照明,而北土城站的站台层与之相反,在墙面上设置照明,在折纸状连绵起伏的石材墙壁上镶嵌设置不规则的线性灯光,不仅满足了站台内乘客的视觉照度要求,还极具装饰性和趣味性,吸引视觉,使人的视线有层次地更新变化,打破均质的照明带来的单调乏味的环境氛围,缓解等车时的焦躁情绪,也是艺术照明辅助功能性照明,二者共融相生的一个很好范例(图2-32)。

在北京地铁车站光环境设计中的艺术照明的比例比较大,尤其一些新建线路、改造站点、以及重要的政治、历史文化、商业、办公区域附近的车站空间,内在照明的选择,照明方式、位置的选址,灯光的处理上都突破了传统的地铁照明设计,给人耳目一新的感觉。

很多站点的艺术照明设置考虑历史文化和区域特征的表达。如在金台夕照地铁站,临近由于乾隆皇帝经常来欣赏夕阳的典故而令人瞩目的燕京八景之一"金台夕照"景区。站厅的艺术照明设计上,考虑了"夕照"这一特点,用暖色调的天花板将站厅顶部和墙壁两侧连接在一起,圆形光源密集地布置在上面,加上拱形的空间结构,营造出与众不同的空间体验,使人联想到"金台夕照"典故的同时,更能感受到现代艺术照明技术和理念赋予空间的新的生命力和时尚气息(图2-33)。

图 2-31　北京地铁充满书卷气息的地下站厅

图 2-32　北京地铁北土城站灯光艺术

图 2-33　北京地铁金台夕照站

2.5.4 西安

作为"世界四大古都"之一,西安有着深厚的历史积淀、恢弘的都城气度和独特的文化内涵。西安地铁2号线,17座车站内各有一面巨型文化墙诠释着西安的历史文化和个性特色。如永宁门的《迎宾图》,将天然的花岗岩材质高浮雕的塑造技术与金属锻造的质感相结合,整个文化墙用大明宫及源自唐代绘画中丰满仕女等唐代元素,多角度全景式构图,高度真实地再现了大唐盛世的场景;钟楼站的《大秦腔》,6组秦腔戏曲人物栩栩如生,古调风味韵味悠长;体育场站的《盛世》,以"马球"和"蹴鞠"为背景,让人们在认知古代体育运动的同时,更能感受到往昔太平盛世的景况(图2-34)。

图 2-34　西安地铁《迎宾图》和《大秦腔》壁画

2.5.5 苏州

20世纪90年代,苏州市结合城市发展建设新建了一批地下工程。近年来,苏州城市发展迅速,对空间的需求进一步扩大,高层建筑大量涌现,高层地下室普遍得到利用。近年来建设的地下建筑多为满足城市商业、停车的增长需求以及其他公共设施的要求,多分布在市中心附近。

隧道与轨道交通建设项目的启动为苏州城市地下空间利用带来了历史性的发展机遇。建设时间一年多的苏州独墅湖隧桥工程,是苏州的第一条湖底隧道,也是目前国内城市中最长的一条湖底隧道。工程中的一系列创举,创造了不少"全国之最",像国内第一个在湖底设置车行横通道的隧道工程、国内监控系统规模最大的城市隧道工程、国内首创的双面信号显示灯系统等等,都是让人惊叹的亮点。特别是隧道顶端或方或圆连成一体的景观灯,宛如水中鱼儿不断冒出的泡泡,既可以起到照明作用,也形成了这条现代整洁的景观通道(图2-35)。

此外,进入隧道一路前行,你还会看到道路两侧的墙壁上,有数十米长的大型浮雕。浮雕绘有独墅湖高教区雕塑、苏州工业园区管委会大楼等一座座园区标志性建筑,将城市新貌展示得栩栩如生。独墅湖隧道不仅起到了交通功能,还有着独特迷人城市景观功能的独特魅力,说它是苏州又一大新景观也不为过。

2.5.6 香港

香港是"东方明珠",也是一个寸土寸金的城市。在地铁站内墙面上,用鲜艳的广告招贴画整齐地张贴排列,在给人美感的同时又兼顾了商业用途,这无疑是极好的做法。地铁内是一个信息量庞杂的空间,以广告画装饰地铁墙面时,应避免过多纷繁复杂的图案和颜色。

绿色的湾仔站、橘红色的天后站、红色的太古站,每个站台都有不同的颜色,这正是这座城市多姿多彩又多元的文化投影。而名家的飘逸行书,则将一个个原本熟悉的地铁站名变得新鲜且看头十足,令行色匆匆的乘客顿时耳目一新(图 2-36)。

图 2-35　苏州独墅湖湖底隧道景观　　　　图 2-36　用毛笔书法书写的香港地铁站站名

事实上,香港地铁的"车站艺术"计划早在十多年前便已展开,从地铁壁画到艺术展览,从地铁车站艺术表演,到或平面或立体的地铁艺术品,冷冰冰的地铁系统中,一抹抹暖色总会在不经意间流淌在人们的心间。

地铁文化在迪士尼线表现得尤为淋漓尽致。在这条为迪士尼主题公园专设的地铁线路中,米老鼠形状的车窗和扶手,车厢内部陈设的卡通展品,都令地铁列车摇身变作驶入童话世界的神秘列车。在这里,地铁是连接现实世界与童话世界的那块魔毯(图 2-37)。

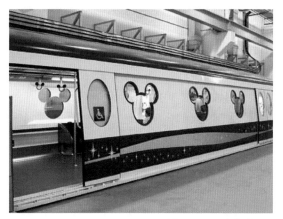

图 2-37　香港迪士尼地铁专线和迪士尼车站

香港红磡地铁站内的顶棚设计结合原有混凝土结构,局部以曲面金属板强调出站台中心、售票处、商业小店以及紧急医疗空间。站台空间则与裸露的建筑原有的梁柱形成呼应。弧形的金属板与巨大的混凝土梁以及楼板之间形成了强烈的质感上的反差,在现代高科技材料与结构主义构件的碰撞中,现代化大都市的艺术个性呈现在人们眼前(图2-38)。

图2-38　香港地铁红磡站　　　　　　　　　图2-39　香港地铁青衣站

香港地铁在站台层,靠近地铁行进轨道的上车区位,灯光的照度很高,屏蔽门上方的指示牌的光照很足,地面也多用红色和黄色等高亮度和反光的警示线,引导视觉,提升人的感知度,引起人们的重视,增加候车的安全性。

而在站台层中间的等候休息区,光照柔和,明暗有序,满足人们基本的视觉可视度的同时,营造出一种相对私密的环境效果。如一些站台照明中,在空间顶面,装饰营造出弧形曲面,将大部分光线利用弧形曲面反射到侧面站台的墙体、柱子、地面上,弱化了顶部水平面的照明,强调了垂直面照明带来的明亮感。地面上铺设了石材地板,由于石材的低反射率,避免了地面二次反射造成的刺激光斑,减少因地面反射光斑破坏整体照明效果氛围,使空间整体上更加柔和,品质更高。

在地下空间环境设计中,俯视区指空间地面及低于人视线的楼梯、自动扶梯等位置可以设置小范围的艺术照明,加强地铁站房空间整体的艺术照明效果。如香港地铁青衣站的站厅入口,摆放了一艘小型游艇,整个地面的色彩形状布置成波浪形,利用蓝色光对游艇下部照明,使人联想到奇幻的海洋世界,增加空间的趣味性,缓解人们乘车时的焦躁感(图2-39)。

2.5.7　日本

1927年,日本的第一条地铁在东京建成,开创了亚洲城市的地铁时代。地铁设施的建成,必然给地下通道提供一个功能性的平台,在这个功能的平台上,设计师可对环境进行更深入的设计。早期,这种地下空间对行人来说不见得舒适,大多数通道都是简单的建筑轮廓,布置一些灯箱和广告;随着经济的发展,交通日益拥挤,地铁已经成为人们出行生活的一部分,日本不再满足于灯箱形式的简陋地铁,开始重视地下空间的环境艺术设计,今天无论是商业街还是步行道在空气质量、照明乃至建筑小品和艺术表现的设计上,日本地铁环境均达到了地面空间的环境质量。目前,日本地铁通道的环境设计无论是在总体色彩、表现内容,还是艺术形式上,都发展到了一个新的阶段。

例如,大阪难波地铁站利用地下建筑的采光天棚,为地铁的售票处提供光线,整个大厅明亮,乘客在这种阳光下,丝毫没有处于地下空间的压抑感。日本横滨21世纪新港地铁站在入口处使用采光玻璃顶,巨大的玻璃顶使阳光穿透进入地铁内部,自动扶梯上的乘客来往自如,在变幻的光斑下寻找各自的去处。

又如东京地铁12号线饭田桥站站内顶棚,设计师在设计中采用网架结构的吊顶,希望通过这些网架让每天往返于此的人们能感受到城市的空间氛围。网架构件是7.6 cm直径的钢管组成的,被涂成绿色,伴随着乘客的步履向前延伸。这座饭田桥站设有两个出口,站台长120 m,网架的总长达2 200 m,分散在网架结构中的荧光灯管,像闪烁的星星,既满足了照明,又给过往乘客带来丰富而独特的空间感受。同时,也弥补了狭长的地铁站楼梯给人带来的压抑感,引导乘客在新奇的感受中进入地铁站台候车,其鲜艳的色彩,变化无穷的悬挂格局,好像科幻影片中来自外星的生命在此盘旋(图2-40)。

图 2-40 东京地铁饭田桥站站内顶棚灯光设计

3　地铁车站环境艺术设计

地铁对改善现代城市交通困扰局面、调整和优化城市区域布局、促进国民经济发展发挥着巨大的作用,已经成为城市可持续发展交通方式的主要选择。截至2015年末,我国累计有25个城市建成投运城轨线路114条,运营里程3516.71 km,超过2000多座地铁车站。

地铁车站作为乘客上下车的场所,是客流最为集中的空间,地铁车站拥有方便人们快速出行、换乘、提高出行效率的功能,也能使人们在出行过程中享受美好的环境、提高出行质量,同时,地铁车站环境也是展现城市精神风貌和地域特色的微型窗口,能够提升城市的文化底蕴和艺术品位。地铁车站作为一种建筑,已经不仅仅被看作一种交通设施,而且承载了再造城市形象的"地标"属性。地铁车站的环境设计也越来越受到人们的关注,怎样把地铁车站建筑装修理念与人文环境艺术融合在一起,是本章探讨的主题。

3.1 地铁车站环境艺术构成体系

3.1.1 基本概念

1. 地铁

地铁,是在城市中修建的用电力牵引的、快速的、大运量的轨道交通,线路通常设在地下隧道内,也有部分在城市中心以外地区采用从地下转到地面或高架桥上的铺设方法[1](图3-1)。

2. 环境艺术

环境艺术又被称为环境设计,是一个尚在发展中的学科,目前还没有形成完整的理论体系。从学科角度理解,环境艺术设计是一门综合性、多元化的学科,它是把建筑、设计、技术、艺术与工艺结合而成整体的学科,以其广泛的内涵和特有的规律,顺应着社会的需求而不断发

图3-1 地铁

---

① http://zh.wikipedia.org. 维基百科。

展。从生态角度理解,环境艺术设计最终要达到满足人们置身在环境中的整体生活质量的提升。①

"环境"这一概念可以理解为我们能够认识到的所有空间,以及空间内所包含的所有物质与非物质因素。就空间的范围而言,它大到太空物质,小到室内陈设,都可以归纳在我们的"环境"概念之中。在环境中的"艺术"是指人为的艺术环境创造,是各种艺术的表现形式在环境中的融合体现,比如雕塑、绘画以及工艺美术等,但它又有别于独立的艺术作品,它具有与环境相互依存的循环特征,是受到环境的限定和制约的。

3. 地铁车站环境艺术

地铁车站的环境艺术是多种学科理论及多种因素综合交叉的系统设计工程,它不仅是艺术与技术的结合,而且还涉及生理学、心理学、行为科学、人体工程学、材料学、声学、光学等诸多学科(图 3-2)。

地铁车站环境艺术体系是一个需要经过多方位考量的环境系统工程。它的最终目的是既要保证原有地铁车站功能的完整,又能改善旅客在此环境中的舒适度,同时还能让艺术品恰到好处地融入地下空间环境,塑造有别于其他地铁车站的文化个性。地铁环境艺术在表现上,既要传承中国传统文化的精髓,融合于周边文脉,又要在表现手法和观念上与时俱进;既要照顾大多数人的审美情趣,又要给予人们独特的审美体验。

作为一门公共艺术,地铁环境艺术创作的土壤就是城市,城市的风貌、历史、文化,记忆中的点点滴滴。传统的地铁艺术包括雕塑、壁画、小品、装置,近年来也融合了现代科技,使用了大量电子感应、反馈类产品,实现了壁画、海报等与乘客的互动。如上海地铁 7 号线后滩站的"炫彩新潮"是一套玻璃媒体互动装置,以通透的玻璃圆管矩阵组合与风动漂浮的彩球为基本

图 3-2 地铁环境艺术

---

① http://baike.baidu.com. 百度百科。

图 3-3　上海 7 号线后滩站"炫彩新潮"

构架,当乘客从壁画前经过时,除了能听到曼妙的音乐外,一根根玻璃圆管中漂浮的彩球还会随乐曲呈现出律动(图 3-3)。

3.1.2　环境特殊性

地铁车站有着不同于地上空间的生理与心理感受,它的环境艺术设计,必须要考虑到其所处环境的特殊性。

1. 与地面隔绝

由于地铁车站一般都位于地下空间,除通过出入口与地面沟通外,基本上与地面环境处于隔绝状态。隔绝导致了地铁车站中的空气环境不佳,声环境、光环境也与地面建筑大相径庭,人们容易对地下产生恐惧感、幽闭心理,与环境的互动减弱。相应地,人们对于自然采光以及自然景观的需求更加强烈。在环境设计中,必须考虑到人们的这一生理心理需求。

有光人们才能方便地行走,而且光能给人以温馨舒适感,并消除紧张不安的情绪。地铁车站应尝试因地制宜,利用玻璃屋顶或者大面积的玻璃幕墙,把自然光照引入车站。受现实条件限制的地铁车站也需采用人工照明,同时光照应尽量以简洁明快的色调为主,避免引起人们心情压抑沉重。

2. 缺乏自然情趣

地铁车站作为人类现代文明的产物,在带给人们极大便利的同时,其钢筋水泥也自然隔绝了人们与大自然,尤其是与绿色植物的联系。充满生机的植物能改善地下空间生态环境,满足人们回归自然的心理需求,而且能改善空气质量、吸收噪声、消除疲劳,并给予喧嚣中的人们一丝恬适与宁静。地铁站台环境艺术设计应考虑种植适应地下生长、耐阴、生命力强,易于培育的亚热带植物。对于地铁车站空间,应因地制宜布置。对于小型车站,由于空间、经济、技术等因素的限制,一般只用植物盆栽。而对于大型换乘枢纽车站,可以布置较大型植物。同时对于植物,应补充光照,可采用仿日光的光线并模仿昼夜交替高效照明系统,还可考虑将自然光引入地下。

3. 城市环境的延续

地铁车站内部环境是城市空间的延续,其实质是城市的人居环境。城市的各种特征,包括自然、地理、历史、文化与社会结构等构成了人居环境的存在背景。地铁车站环境的设计,首先应将环境置于城市人居生活和城市功能结构的关系中去考察,引入城市设计的手法,包括城市的自然地理环境、城市绿化生态环境、城市历史文化环境、城市社会环境等。

3.1.3 设计目的

1. 实现功能性

功能性是指通过环境艺术设计的手段和方法对存在于地铁车站中的各种环境元素进行改良,使之更好地服务于广大使用者。

2. 反映地域文化

文化对于一个民族来说是精神之源,也是一个城市的标志所在。打造先进的城市文化品牌,对于提高城市知名度、增强城市核心竞争力、促进经济发展将起到积极的促进作用。

具有地域文化的地铁车站空间设计是一种动态的设计模式,它区别于以往僵化的静态设计模式,是一种设计思想的飞跃。针对不同城市,地铁车站空间也应该有不同的呈现方式。随着时代发展,由静态设计转变为动态设计,由盲目复制到具有地域文化的地铁空间设计,符合可持续发展理论,亦是大势所趋。

3. 实现视觉审美的艺术性

地铁车站不仅仅是一个交通空间,更是一个传播文化、展示历史、融合艺术的空间。在城市地铁空间的环境艺术设计中,艺术性的体现首先要考虑到地铁空间形态、尺度、方位、人的心理、观念、意识形态的特点以及材料技术的限制。之后根据视觉美学规律与环境心理学原理,注意均衡与突破,主从与比例,营造层次和空间。

4. 实现通用层面的人性化

地铁车站环境艺术设计的人性化研究是建立在"以人为本"的原则基础上,以人的生理、心理、行为认知条件、社会文化背景等作为研究的向度,考察人与环境的关系,为城市地铁空间系统的特殊生活场景的塑造提供依据,并区别于自然环境限制、经济技术指标等其他考察环境的向度。

3.1.4 基本原则

城市地铁在世界各地都得到了大力发展。地铁车站环境艺术设计对提升城市居民出行效率和质量,展现城市地域文化和特色都具有重要作用。城市地铁车站构成要素多种多样,主要有人行通道、交通标识、附属基础设施、壁画、雕塑等。

在城市地铁车站环境艺术设计时应遵循以下原则。

1. 安全性

安全性是首要原则。"危楼不可居,危栏不可依",安全性是地铁车站环境艺术设计的基础和前提。例如在出入车站和换乘引导方面,应在通道内部和出入口适当距离布置醒目的标识提醒,以对行走安全起到充分的保障作用,并可以在此基础上对其标识牌进行个性化设计,使它们在满足安全性的前提下又能与周边环境协调。在进行夜景设计时,安全性就更为重要,不仅要通过各种灯光色彩来渲染环境和烘托气氛,而且要对灯光的色温、方向进行测定,合理地组织和布置点光源、线光源和面光源,避免眩光和晃眼对人们造成的眩晕或不适。

2. 方便性

地铁车站是人们使用地铁出行的始发、终到或换乘区域,其环境设计合理与否的重要指标是其能否方便居民出行。地铁是为提升人们出行效率创造的,但倘若地铁车站设计得如同花园般美丽舒适,却不利于人们迅速到达出站口或上车站台,它也就失去了其存在的价值。因而进行设计时要注意以下两点:

(1) 要设置简洁明了的引导标识,方便人们迅速自身定位或达到意愿地点,如进站口、上车点、出站口等;

(2) 要设置配套服务设施,方便人们出行相关需求,如厕所、电话亭、报刊亭、售补票处等。

3. 合理性

合理性原则就是指在地铁车站公共设施设计时要考虑尊重和符合客观规律,避免主观随意性和盲目性。这种合理性是多方面要求的,公共设施的造型结构设计,必须根据实际情况,依据现有的技术、材料和成本经济等综合因素考虑,因此选择合适的材料,深入研究生产工艺也是相当重要的。地铁车站公共设施设计时必须要考虑到公众使用产品时的心理和生理的安全健康不会受到伤害,不能因为追求利润,而采用劣质材料或者使用落后工艺生产不合格的公共设施,致使有害物质、放射性元素以及重金属严重超标而影响人体健康。

4. 协调性

协调性原则要求设计从整体出发,要求地铁车站空间中的所有要素,包括进出站口、人行走道、电话及垃圾桶等配套设施、景观绿化、照明广告等都在一个整体协调的设计原则下进行,要与周边环境相协调,与当地风土、历史相协调,与时代感以及与人的感知相协调。要做到时代的科技时尚与历史的质朴古老和谐统一。

5. 功能性

功能性的原则是公共设施设计的基本原则,它能让使用者在与公共设施进行全方位的接触中得到物质和精神的多重享受。公共设施的功能是根据公众在公共场所中进行活动的各种不同需求而产生的,因此,公共设施的设计必须充分体现其功能特性。

6. 地域性

城市地铁车站环境艺术设计应突出城市自身的形象特征,每个城市都有各自不同的历史背景,不同的地形和气候,城市居民有各自独特的观念、习惯和文化底蕴,如齐鲁、燕赵、荆楚、湖湘等区域都有各自独特的文化内涵。地铁车站环境艺术设计要展现出城市精神风貌和地域特色。合理贴切的地域设计对于提升城市竞争力,促进城市经济发展具有重要作用,同时也能够提升城市的整体文化底蕴和艺术品位。

7. 艺术性

美学原则是设计领域普遍遵循的一般规律。地铁车站环境艺术设计应该符合对比和统一、对称和均衡、节奏和韵律等美学原则。

8. 人性化

人性化设计要求建立人与环境之间水乳交融的统一关系,创造美妙、有序、和谐的空间秩序,为人们提供具有便利性、舒适性、美感和情趣的空间环境,从而使人们形成认同感和归属感。要创造舒适的出行环境,除了要考虑防雨、风、气流和日光等因素外,还应尽量创造消除和减轻人类行为障碍的空间氛围,要考虑残疾人、老年人、妇女、幼儿、伤病人以及携带重物者等群体。只要条件允许,公用电话应当设置残疾人专用电话;为照顾视觉障碍者和听觉残障者,电话机应当附有相应的辅助装置;在通道内,地面应该设置盲道,应设置轮椅升降机,并应设置照顾聋人的有声报站和引导信息标识等。

3.1.5 设计要素

1. 按空间分类

地铁车站环境艺术设计涉及的要素,从空间分类上来说,主要包括交通区和服务区。

1)交通区

包括车站站厅层、站台层、出入口通道、电梯等。

2)服务区

包括车站控制室、站长室、会议室、警务室、站务室、员工更衣室、员工洗手间、保洁间、保洁工具间、乘务员休息室、自动充值购票区等。有的车站出于人性化考虑,在站内设有公共盥洗室,在客流相对较少的车站非付费区域设有 ATM 机,在站厅设有商业店铺等。

2. 按内容分类

从设计内容上来说,包括出入口艺术设计、空间造型艺术设计、车站装饰艺术设计、物理环境设计、诱导标识系统与广告设置设计、陈设配置设计等等。

1)出入口艺术设计

地铁出入口艺术设计是对出入口的二次设计,是在满足防灾及人防要求、信息无障碍设计等的需求基础上,对外观进行融合于周边环境文脉的设计。

2)空间造型艺术设计

地铁空间造型艺术设计是对地铁车站空间的二次设计,是"对建筑设计完成的一次根据具体的使用功能和视觉美感要求而进行的空间三度向量的设计,包括空间的比例尺度、空间与空间的衔接与过渡、对比与统一等问题,以使空间形态和空间布局更加合理"。[①]

3)车站装饰艺术设计

人们在车站内来去匆匆,与其接触最紧密的就是地铁车站空间中的装饰。地铁车站中的装饰设计,需要综合考虑材质的选用、色彩选择与肌理等。需要具体考虑装饰的几何形体造型、界面材质效果、层次变化,通过色彩与肌理的变化产生层次来实现车站室内空间的方向感、领域感,并实现界面的装饰效果和光影效果。

---

① 黎志涛:《室内设计方法入门》,中国建筑工业出版社,2004 年。

4）物理环境设计

地铁车站受地下的条件以及密集的人流限制，为人们提供适当的生理舒适度是必须考虑的问题之一，除对车站内的温度、湿度、通风、采光、照明、声音、气味等进行一定的调节与控制，达到使用要求外，还要考虑各种设施的艺术形态及它们在空间上的布局形式。

5）诱导标识系统与广告设置设计

作为交通空间，能否为乘客提供简明、清晰的标识系统是关乎该空间室内设计成败的关键。所涉及的内容包括标识设置的位置、数量、方式、色彩。由于地铁车站人流巨大，交通路线长，是平面广告投放的极佳场所，广告设置的数量、形式、位置也是地铁车站环境设计需要考虑的工作。

6）陈设配置设计

家具与陈设配置是地铁室内设计的构成要素之一，地铁车站的家具设置相对简单，主要考虑家具的数量、布局和形式。陈设设计是形成地铁车站空间艺术性与装饰性的主要手段。陈设又因其造型、色彩、质感等而具美学价值，对满足人的精神需求也有着举足轻重的作用。要考虑选择适当的陈设品，控制陈设品的数量并对其进行合理的配置。

在地下空间环境中，家具的选择与设计会影响到人们对于一个给定空间的宽敞感、温暖感以及整个空间舒适性的感知，家具的配置需从使用功能出发，合理考虑其数量，并用它来组织与分隔空间。家具配置过多会令一个空间拥挤杂乱，缺乏宽敞感。一件家具本身的设计，从材料、色彩、款式到家具的大小，也会影响到对空间宽敞感的感知。这里需特别强调家具材料的选择，因为人们与家具是直接接触的，所以可以选择粗糙纹理的材料，在触觉上创造出温暖感。家具的配置应该能够起到补充和加强空间整体效果的作用。

3.2 地铁车站出入口艺术设计

地铁出入口作为地铁与城市连接的纽带，其艺术设计是地铁车站人文环境艺术设计的重要组成部分。

3.2.1 出入口分类

地铁出入口按形式可以分为三类：独立式出入口、合建式出入口和下沉式出入口。

1. 独立式出入口

独立修建，布局比较简单，建筑处理灵活多变，根据周围环境条件及主客流方向确定车站出入口的位置及入口方向（图3-4）。

2. 合建式出入口

设在不同使用功能的建筑内或贴附在该建筑的一侧的地铁出入口称为合建式出入口。合建式出入口包括地铁出入口与路边建筑合建和地铁出入口通道与地下人行过街通道结合两种。

图 3-4　地铁车站独立式出入口

3. 下沉式出入口

地铁出入口与下沉广场结合,由地铁直接通到下沉广场而直接到达室外的出入口形式。这种出入口形式需与规划结合紧密才能与环境合为一体。同时,需要地面有足够面积布置下沉广场(图 3-5)。

3.2.2　出入口艺术设计特征

1)个性化装修特色

地铁出入口的装修除满足《地铁设计规范》中规定的采用防火、防潮、防腐、耐久、易清洁的环保材料,还应便于施工与装修,在可

图 3-5　香港九龙综合体下沉广场两侧是地铁车站出入口

能条件下兼顾吸声。地面材料应防滑、耐磨。地铁出入口的装修应符合新时代人们对环境装修的要求。人们更关注有个性的、地域性的地铁出入口装修设计。地铁出入口及通道内部的装修应该与车站内部装修一致,以使空间有延续性,应从整个空间艺术效果出发来进行设计,满足乘客的使用要求和精神功能方面的需求。

2)当地人文特色

应尽可能使每个出入口都成为独一无二的精品,突出当地人文特色。例如加拿大蒙特利尔地铁是始建于 1966 年的现代地铁,其设计灵感来自巴黎地铁,其地铁出入口成功的做法就是突出每一个出入口的个性,既克服各站千篇一律的单调感,又增强了识别性。蒙特利尔地铁的每个出入口都由不同的建筑师设计,因此每个地铁出入口都有不同的特点,它们尽量运用自然光的引入,造成丰富的光影效果。

3.2.3　出入口外观设计

1）结合周边环境文脉设计

地铁出入口处于特定的人文环境脉络中,要与周边建筑相呼应,或点睛、或和谐共处。在出入口外观设计上,必须整体把握建筑与环境之间的关系,根植于环境,与城市的特定氛围相结合。这些可以从出入口的造型、使用的材料、色彩以及尺度等地方着手考虑。

如美国达内特建筑师事务所做的纽约 72 街区地铁站出入口设计,由于周围建筑大部分是 20 世纪初建成的,所以该地铁出入口使用了现代材料,如玻璃和钢材等,建造了一座复古风格的建筑,与周围的建筑文脉紧密结合。

2）重视装饰设计

外立面和造型上需重视材料和色彩的装饰,运用装饰设计手段重塑地铁出入口的形象。

3）形体突破

地铁出入口建筑形体基本是以几何形体为主,但也要寻求变化,如用不规则的曲面来塑造形体。

4）人性化

设计的目的就是为人服务,所以设计应该满足人的要求,以人为本,创造出一个舒适的空间环境。目前地铁出入口基本都考虑了无障碍设计,体现了设计对人的关怀。乘客是出入口的使用者,只有醒目,易于识别,才能方便乘客出入,真正做到以人为本。

3.2.4　出入口设计案例

1. 日本地铁出入口案例

日本是典型的"地少人多"的国家,其地铁的立体化开发程度颇高,节约用地的做法十分值得参考。其地铁出入口具有尺度小、数量多的典型特征,但在有条件的地段也不乏一些优秀的建筑艺术作品,如 JR 线上的原宿站,其细节设计、空间的转换皆展现了日本的传统建筑风味,充满艺术气息(图 3-6)。

图 3-6　东京原宿站入口

图 3-7　毕尔巴鄂地铁站入口

2. 欧美部分国家

欧洲是现代艺术的发源地,其地铁出入口比较注重现代化、艺术化的表现形式。如西班牙毕尔巴鄂的一个地下出入口,利用玻璃和不锈钢来模仿地铁车头的造型,颇具现代感(图3-7)。巴黎的地铁出入口则显得简约和富有艺术性,利用铸铁模仿藤蔓的造型,配上艺术字体,显得文艺气息十足(图3-8)。

图 3-8　巴黎地铁车站出入口

3.3　地铁车站空间造型艺术设计

地铁车站建筑与地面建筑不同之处在于地铁车站建筑没有外部造型,因而其空间组合艺术尤为重要,可以说地铁车站建筑的艺术主要就是建筑的空间艺术。地铁车站空间造型艺术设计的目的,就是为了在保证建筑和设备功能的前提下,改善地铁车站压抑、呆板、无趣的空间环境。

典型的城市地铁站台空间通常是一个 20～30 m 宽、100～200 m 长、10 多米高、横亘于地下的大型设施,其本身就是发展大型地下公共空间的良好载体。从空间界面上划分,城市地铁站台空间分为顶界面、墙界面和地界面三种界面环境。

3.3.1　界面环境

1. 顶界面

城市地铁地下空间依建造形式通常可以分为两类:箱形和圆形。现代地铁由于多采用盾构施工法,因此拥有圆形的内部空间。地铁空间的"天空"、"阳光"(照明)、"新鲜空气"(空调)均设置于顶界面之上。顶界面的设计应明快而富于变化,应结合地铁空间的结构因地制宜地进行设计,利于光线的反射,顶界面的高度可结合空间的功能高低错落,并结合照明灯具的选择来限定空间,引导方向。

顶界面设计是地铁车站空间设计的关键组成部分。结合照明配置、通风换气、安全设施等一系列功能构造的顶界面衔接覆盖整个空间环境,是进行文化元素表达、获得迥异的空间效果的重要区域。

北京动物园站的顶界面,采用大量五彩圆环构成了一个梦幻吊顶,照明设施穿插其中,圆环的设计,酷似美丽童话世界,同动物园轻松活泼的童真氛围取得了一致,凸显了动物园的文化主题。

天津小白楼站的顶界面空间设计中,采用了组合较为简洁的几何图形手法,天花板上圆环形的吊顶灯饰与小白楼地区的标志建筑——小白楼的建筑形象相呼应融合。小白楼是天津特殊时期的文化产物,地铁站顶界面设计从一个侧面展示了天津特有的地域文化。

北京森林公园站的顶界面设计概念源于白色森林,让乘坐者有置身童话世界之感,该地铁站成功塑造出一个纯净的白色树林主题。柱体装饰和金属结构树枝状的吊顶融为一体,照明的灯具镶嵌在树枝缝隙之间,如同阳光穿透树林映射的光斑,具有强烈的视觉冲击力。

2. 墙界面

人的视觉中心通常停留在平视线上,因此地铁的墙面设计是非常重要的,它担负着改善空间感受、传播信息、创造意境氛围的功能。由于地铁系统的庞杂与流动性强等特点,地铁站内的墙面处理通常要求简洁,色彩明快。墙面的设计不仅可以改善空间的比例,减少压抑感,更可以通过不同的艺术设计手段来创造不同的空间风格。

北京奥体中心站紧靠鸟巢和水立方等重要体育场馆,为了起到衬托核心区的作用,整个奥体中心站内墙界面设计处理上,采用"消退"的设计理念,整体环境色彩以灰色调为主,以突出导视系统和信息服务系统。

上海体育馆站的设计并没有像北京奥体中心站一样运用过多元素进行运动主题的诠释,但在墙界面处理上,也别具一格。在站点通道中,运用一面文化墙展示了不同形态的运动人形,象征活力与激情的红色,把白色人物形态凸显于墙面之上,彰显出该站点所从属城市区域的体育文化,呼应该地段的文化氛围。

3. 地界面

地铁车站地面设计首先应该满足室内设计的基本要求——耐磨、防潮、防火,地面处理要平整、光泽、防滑。结合地铁的特殊性,地面铺装的设计更应该扬长避短,避免使用过于纷杂的图案。地面铺装设计应分区明确,图案规整,能烘托空间,引导人流,传达信息。在考虑普通人行交通时,"带轮的交通"是不容忽视的。婴儿车、轮椅、购物小车等"带轮的"步行交通通常对地面有特殊要求,卵石、碎石以及凸凹不平的地面在大多数情况下是不合适的。

北京天坛东门站地界面设计,类似于"九宫格"形状的地面铺装与其上方形似天坛屋顶的天花吊顶相呼应,用现代方式含蓄地表达出古老的中华民族"天圆地方"的自然观和"天人合一"的文化精髓,反映出北京皇城文化的厚重积淀。

北京森林公园站在地界面空间设计上,突出森林的特色元素。地板上独具匠心地镶嵌了"零落树叶",以呼应整个空间,统一而富有变化地营造"白色森林"的主题,同时又体现了地铁站设计的时尚环保理念。

3.3.2 设计原则

1. 空间一体化

地铁车站应将室内设计提升到"空间艺术化"的层面,把轨道建筑站内空间作为整体艺术品进行一体化设计。

应开发具有连贯性的元素以作为标准规划设施,例如具有结构作用的格栅和总是被运用到的模块化组件等;运用自然光与多样化空间,使乘客得到更好的乘车体验和方位导向;平衡车站环境与站内元素间的连贯性;根据车站功能,用简洁的方式表达出一个整体性的效果;将所有后勤服务建筑物、系统、照明及图案设计等整合进车站建筑,形成一体化形象。

地铁车站空间,是一个具有连续性的空间序列,它主要由一系列连续的交通功能空间组成,主要包括出入口、站台、通道以及站厅等。我国城市中心区域中规模较大的地铁车站空间中还包括商业空间、展示空间、休息空间以及金融空间等。

地铁车站一般都将站台作为核心,以地铁车站交通流线为导向对空间组织进行设计,地铁车站空间组织设计中具有规律性;但是根据各个地铁车站空间之间的衔接方式与相对关系来看,地铁车站空间组织设计中又具有灵活性,特别是在设计车站站厅空间时。

地铁车站站厅空间,实质上就是对地铁车站外部空间与地铁车站站台空间之间进行衔接的一个空间,它主要的功能是使乘客进出地铁车站,以及在进出地铁车站时进行检票。与地铁车站其他空间组织相比较而言,地铁车站站厅空间在空间形态上的限制因素较少,对于地铁车站站厅空间的设计只需要达到地铁车站进出功能以及安全疏散要求就可以,在空间位置的选择上也有很大的范围,可以灵活地对空间位置进行选择,地铁车站站厅空间与地铁车站站台空间之间有着很多组合形式。

地铁车站空间设计人员要重视各个空间组织的设计与搭配,车站站厅与站台可以共同在一个面积较大的空间进行设置,也可以重叠设置,还可以错层设置,或将站厅设置在站台的两端位置或者两侧位置,还可以将站厅进行合理的划分,将其划分为不同的小型站厅,然后根据车站空间设计的总体规划对其进行统一合理的设置,对空间组织组合方式进行灵活的选择。

地铁车站站厅与车站外部空间可以通过物业空间、共享大厅以及出入口通道等很多方式进行衔接,也可以直接与外部空间衔接。车站站厅中包含的一些其他空间也可以对其进行灵活的设置。在不影响车站交通功能的基础上,可以结合车站通道进行设置、单独开辟独立空间进行设置,以及利用车站站厅角落空间进行设置。

2. 地域性

随着近年来国内外各大城市轨道交通的发展和普及,地铁车站空间造型艺术设计的地域性在国内外受到了更多的关注,呈多元化发展趋势。

文化是有地域性的,地铁车站根植于不同的地域文化中,其形态也因地而异。地域文化包含了不同地区历史沿革过程中,当地人们所形成的不同的生活习惯、思维模式、价值取向等,是当地文化意识形态的具现化。下面从三个方面剖析地域文化对地铁车站空间造型艺术设计的影响,即地铁车站空间造型艺术设计的地域性。

1) 地域文化的定义

文化,从广义上来讲,指人类历史实践过程中所创造的物质财富和精神财富的总和。从狭义上说,指社会的意识形态,以及与之相适应的制度和组织结构。

文化具有地域性。所谓的地域文化是指在一定的地域条件下,如海洋、山脉、河流及气候特点,乃至独有的人文精神等要素碰撞、交叉、融合所诞生的某个地域独特的特色文化。

在我国,地域文化一般是指特定区域源远流长、独具特色,传承至今并仍发挥作用的文化传统,是特定区域的生态、民俗、传统、习惯等文明的表现。

2) 地铁交通及其艺术设计的发展历史

(1) 地铁的萌芽及初期发展

1863 年 1 月 10 日,全长 6 km 的世界上第一条地铁——威廉王街到斯托克威尔,在伦敦中心地区问世。其他城市不久纷纷效仿。布达佩斯的地铁 1896 年开通;波士顿在 1897 年开通,纽约在 1904 年开通。至 1915 年,伦敦地铁形成网络。到 1962 年伦敦第一条地铁建成 100 周年时,全球建有地铁的城市已有 26 个。

(2) 地铁的热潮及艺术设计

二战后,经济复苏,交通需求剧增,地铁建设飞速发展,不到 30 年时间,世界上拥有地铁的城市已增至 60 个,地铁线路总长翻了数倍,其中亚洲就有 26 个城市有地下铁道。

地铁建设发展迅速,然而地域文化融入地铁车站空间艺术设计的步伐却很缓慢。只有少数车站得以实现。

3) 地域文化在地铁车站空间艺术设计中的具体应用

上海轨道交通 2 号线贯通长宁、静安、黄浦、浦东新区,设 17 座车站,其中地下车站 14 座,其车站的艺术设计体现了以人为本的原则。建筑设计上,注重为乘客提供更加便捷的服务,同时注重结合地域文化,反映地域特点。如静安寺车站(图 3-9),内外装饰以土黄色调为主,与地

图 3-9　上海地铁静安寺站壁画"静安八景"

面古庙主色调相协调。

4）地域文化在地铁车站空间艺术设计应用的原则

（1）以人为本的原则

地铁车站空间艺术设计不仅要满足基本的交通功能需求，还要满足使用者生理、心理、精神等方面的需求。具体体现在以下几个方面：

① 提供舒适的生理环境。主要指防雨、风、气流，日光防护或引入，良好听觉环境和嗅觉环境的营造等。

② 创造舒适的心理环境。指对使用者的精神关怀，创造宜人的空间氛围，让乘客们感到他们处于一个友好、舒适的系统中。

③ 满足人们的多样化需求。伦敦地铁有很多细节的考虑，如其站台的椅子不设靠背，因为有靠背的椅子，会使坐在上面的乘客心情放松，可能会把随身携带的物品放在椅子上，走时容易遗忘。

（2）突出地域个性的原则

现代城市都强调城市的个性与特色，而城市的地铁空间艺术设计更应凸显城市的地域文化特色，树立城市形象。

（3）继承与创新原则

历史需要继承，包括地方特色文化、习俗、文脉、城市印记等。城市的发展需要创新，所谓"穷则变，变则通，通则久"。创新是保证一个城市可持续发展的必要前提。地铁车站是一个城市展示地域文化的一大平台，在其空间艺术设计过程中更应体现对历史的继承和各种创新技术的应用。

（4）整体性原则

"整体设计"是一种将事物联系起来去解决现实问题的观念，应贯穿于地铁车站空间设计的整体过程。地铁车站空间艺术设计要求构成群体环境的各要素以大局为重，相互照应，突出整体特色。

3. 符合周边文脉

文脉一词，最早源于语言学范畴。它是一个在特定的空间发展起来的历史范畴，其上延下伸包含着极其广泛的内容。从狭义上解释即"一种文化的脉络"，美国人类学家艾尔弗内德·克罗伯和克莱德·克拉柯亨指出："文化是包括各种外显或内隐的行为模式，它借符号之使用而被学到或传授，并构成人类群体的出色成就；文化的基本核心，包括由历史衍生及选择而成的传统观念，尤其是价值观念；文化体系虽可被认为是人类活动的产物，但也可被视为限制人类作进一步活动的因素。"克拉柯亨把"文脉"界定为"历史上所创造的生存的式样系统"。

城市是历史形成的，从认识史的角度考察，城市是社会文化的荟萃，建筑精华的汇集，科学技术的结晶。英国著名"史前"学者戈登·柴尔德认为城市的出现是人类步入文明的里程碑。对于人类文化的研究，莫不以城市建筑的出现作为文明时代的具体标志而与文字、（金属）工具并列。因此地铁车站的空间造型艺术设计，无疑需要以文化的脉络为背景，契合并彰显车站周边文脉。

从当地风土、历史背景出发,应充分运用自然因素和人工因素,让地铁车站空间造型艺术融入周边环境,实现其与周边环境的融入与共生,使二者做到相得益彰。如欧美等国地铁车站为继承传统文脉,结构形式较多采用拱形整体结构,可谓是传统建筑样式的复兴。华盛顿地铁车站带有方格的饼形拱顶,也与古罗马万神庙的拱顶十分相似。

3.4 地铁车站装饰艺术设计

地铁车站在装饰设计上,一定要运用丰富的造型语言来营造具有趣味的空间,使乘客能够体会到一定的视觉刺激和感受。我国在 20 世纪 80 年代设计的地铁车站中,对装饰材料、色彩、灯光等缺乏设计,基本上是统一的样式,各个地铁车站没有自己的个性,其空间环境也未能与乘客实现良好的互动和交流,整个车站显得呆板无趣。

从近几年地铁设计发展趋势来看,地铁空间中的装饰设计越来越被设计师所看重。首先是材料的合理选用与搭配,美观的装饰使人们感受到浓浓的艺术氛围,墙面、地面、顶面及柱的质感、色彩、肌理、图案变化和形态变化已成为有力的设计手段。地铁车站室内色彩与材质的变化,也因空间层次的不同相应变化,在空间类型转换处表现得尤为明显,如墙面利用材质与色彩变化标明空间场所特性。地面材料通过材质、颜色、拼装的变化产生区域感,对人流进行组织。其次,色彩的运用、适宜的光照、舒适的声音环境、适宜的内部小气候条件和清洁无污染的环境为人们创造了清新优美的内部空间;而车站内精美的装饰壁画,给乘客以视觉上的享受,提高了乘客在地下空间的舒适感。

地铁是城市现代化的重要标志之一,象征着现代城市文明。地铁不仅仅是现代化交通系统,也是一个城市或者国家的文化窗口,地铁展示出来的个性文化甚至使它成为一个旅游景点。人们几乎每天都要接触地铁,时间长了,就形成了一种独特的文化现象——地铁文化。地铁是一个窗口,它向人们展现城市的文化,而且还能传递娱乐、商业、文化等信息。如巴黎的每个地铁设计都很独特,内部装饰各不相同,成为该国文化艺术的一个橱窗。下面我们从材质、色彩、灯光、绿化设计等方面进行剖析。

3.4.1 材质设计

地铁车站内空间环境的整体形象,是材料、结构和空间共同体现的一种综合性艺术形象。应用富含地域文化特性的材料围合成的室内空间环境,具有满足使用功能、审美需求和文化底蕴的三重功能,是体现地域文化效果的重要因素,也是设计的一大切入点。

材料的选择、应用和搭配是地铁车站室内环境的重要组成部分,要从多方面加以考虑,最后综合各方面因素做出最契合的组合。

1. 材料的综合性能

必须了解地方材料的综合性能,这是正确应用材料进行设计创新的前提。综合性能包括材料的实用性能、材料的美学特征、材料的地域性、材料的历史与文化价值、材料的结构与空间价值和材料与生态环境等。

室内材料要实用、耐久,能经受摩擦、潮湿、洗刷等,能抵抗一定程度的冲击,要具备一定的物理、化学和力学性能。地铁车站材料的选用,要充分考虑材料的耐久性。地铁车站人流大,材料磨损大,更换不便,破损的材料也会影响乘客情绪,无形中削弱对地铁有效管理的信赖感。同时,地铁车站的公共空间,材料的选用一定要考虑安全性,如防火、防霉、地面防滑、墙面防撞等。

不同地域、不同种类的材料,可以使同类型的空间环境表现出迥然不同的形式与特色美。例如同是纪念性建筑,希腊神庙与中国的木结构庙宇,是凝重与轻巧的对比;埃及石砌金字塔的凝重与卢浮宫玻璃金字塔的轻巧、剔透,形成了鲜明的对照;朝鲜平壤地铁车站的坚固、庄严与里斯本地铁车站的鲜艳、抽象形成了鲜明的对比。

2. 材料的经济性

虽然材料的价格档次并不是最后决定装修效果的主要因素,但是材料的优劣必然会对美观性和耐久性产生一定影响。材料的选择既要考虑到一次性投资的多少,也要考虑到日后的维修费用。材料的经济性主要体现在直接成本和综合成本两大方面。

1) 直接成本

考虑工程总造价,首先要了解材料的直接成本。它包括材料的购进价、运费、利用率、损耗等。在考虑材料直接成本时要重视以下问题:

一是材料销售计量单位与使用单位的差异。材料销售经常是以重量计算的,而使用时却是以体积或面积计算的。不同容重的材料往往会引起直接成本的判断失误。

二是材料利用率的问题。以家具为例:一般的木材多为定长供应,人造板幅面以1 220 mm×2 440 mm 和 915 mm×1 830 mm 为主,考虑到截头和裁边损失,较长的木材和较大幅面的人造板原料,其直接成本不一定就低。

2) 综合成本

除原材料直接成本外,材料的选择还与施工成本和寿命成本有关。有时虽然选用了廉价材料,但可能加大运输、仓储、加工等方面的费用。另外,既要考虑到工程的一次性投资尽可能低,还应该保证材料的使用寿命。

考虑材料经济性的另一个重要因素是材料标准的配套统一,包括各种材料档次的统一,材料的组成、结构与构造的统一。材料的组成是指材料的化学成分,它决定了材料的化学性质和抗耐能力。材料与各种物质接触时,可能产生相应的化学反应,如金属材料在大气中的锈蚀、木材在高温下的燃烧、玻璃在碱性环境下的侵蚀、浅色涂料在阳光下的变色、塑料及化纤制品的老化等。掌握材料的化学组成还可以指导我们加工使用复合材料,例如不同材料的粘接和涂料在基材上的涂覆,必须考虑它们的化学性质。在使用化学反应性胶粘剂或涂料时,必须了解各种组分的化学组成、反应活性等化学性质,才能正确调配助剂,完成施工。

3. 材料的装饰性

在构成室内空间环境的众多因素中,材料的装饰性对室内环境的效果起着重要作用。装饰性主要表现在材料的色彩、质地和肌理、平面构成上。不同的地域,不同的材料所具有的装饰性也不同。

1) 色彩

由于地下空间的物理、心理特性,选择合适的色彩搭配,会使人们产生愉悦、温暖、亲切的心理感受,增强安全感,减少地下空间的幽闭感。

首先,地下车站的色彩不能太单一也不能太混乱,设计之初要考虑后期色彩斑斓的广告进入后的效果。

其次,色彩搭配应合理,符合美学规律。必须注意色彩组合的图底关系,形成有主有次的视觉中心,形成不同层次的室内空间。色彩合理搭配能让地铁车站的地下空间更显魅力。

第三,选择让人舒适的色彩。在地下空间当中,尤其要选择能够使人产生愉快、轻松心情的色彩,如红色令人兴奋,橘色令人愉快,蓝色使人平静,绿色令人放松。明度高的色彩除了能增加空间的照度外,也使空间不会令人感觉沉闷。

2) 质地和肌理

除了满足安全性要求外,还要产生视觉美观性,通过材料表面质地与肌理的变化、对比、统一的处理,形成丰富的视觉感受。同一空间中材料的选择要有一定变化,大量同质同色的材料运用必然会产生单调感。

3) 平面构成

材料的规格尺寸采用标准化、模数化带来的经济节约毋庸置疑,同时可以产生规则有序的空间特性。设备箱门、广告灯箱、挂墙式导向牌的位置及外观尺寸与墙面规格与分割统一,会使墙面效果完整,设备布置有序。设备箱门材料也可以与墙面材料一致,但也要在统一中寻求变化。

3.4.2 色彩设计

随着人们认识、感知以及欣赏水平的提高,人们对地铁站内部空间环境设计的要求也越来越高。色彩设计是空间设计中相当重要的环节,要注重根据乘客对色彩的想象、联想以及感知心理,结合地域文化、照明、材料及施工工艺的应用等诸多角度来分析、探讨地铁站空间色彩设计。

色彩是地铁车站装饰设计的灵魂,色彩对室内的空间感、舒适度、环境气氛、使用效率,对人的心理和生理均有很大的影响。不同的色彩可以引起不同的心理感受,好的色彩环境就是这些感觉的理想组合。人们从和谐悦目的色彩中产生美的遐想,化境为情,会大大超越地下车站的空间局限。

1. 地下车站环境色彩的分类

地下车站环境色彩可分为背景色彩、主体色彩、点缀色彩三个主要部分。

1）背景色彩

指室内空间固有的顶面、墙面、地面等的大面积建筑色彩。根据色彩面积的原理,这部分色彩宜采用低彩度的沉静色彩,如采用某种倾向于灰调子的颜色使它发挥背景色的衬托作用,但是由于地铁车站的室内处于地下空间,人们穿梭于其内,其车站空间的背景色不宜太灰。

2）主体色彩

在地铁车站室内空间中,主体色彩一般指柱面、灯具、家具陈设等中等面积的色彩,实际上是构成室内环境的最重要部分,也是构成各种色调的最基本的因素。

3）点缀色彩

点缀色彩是指室内空间中最易于变化的小面积色彩,如标识、广告、绿化、扶梯、垃圾桶等辅助设施,往往采用比较醒目的色彩,能引起乘客的注意。

除了考虑背景色彩、主体色彩、点缀色彩三个主要部分外,为了更好地把握地铁车站的室内设计,还要考虑到地铁车站空间形态、尺度、方位,人的心理、观念、意识形态的特点及材料技术的限制。特别需要注意人位于地下易产生的恐惧、烦闷的心理特点及地铁车站满足快速观赏要求的特点,根据视觉美学规律与环境心理学原理,注意均衡与突破、主从与比例、营造层次与空间等因素。

2. 色彩设计对地铁空间的改善

建筑色彩和建筑空间一样,都是一定历史时期内的文化的产物,二者互相依存,相辅相成。对于地铁建筑,如果没有空间,色彩就没有依托;如果没有色彩,空间就没有增饰。色彩是依附于地铁建筑而存在的,它给人非常鲜明而直观的视觉印象,同时它又是建筑空间中最直接有效的表达手段,它使建筑空间的表达具有广泛性和灵活性。充分利用色彩的物理性能及色彩对人生理、心理的影响,可在一定程度上改变空间尺度、比例、分隔、渗透,改善空间效果。色彩的应用为地铁建筑提供了创造个性的可能性,为建筑增添了难以言表的生机和活力,使地铁建筑的空间丰富而生动起来。色彩设计对地铁空间的改善效果如下:

1）对空间层次的影响

由于受到眼睛感受色彩的色差,使人们对建筑物产生距离感。一般来说,暖色系的色彩具有前进、凸出、拉近距离的效果,而冷色系的色彩则具有后退、凹进、拉远距离的效果。另外,色彩的距离感也和色彩的亮度、纯度有关系。高亮度、高纯度的颜色具有前进、凸出之感,低亮度、低纯度的颜色有后退、凹入的感觉。设计师可以利用色彩组合来调节地铁建筑的空间效果,并对空间加以划分,增强空间的主次关系,建立有组织的空间秩序感。

2）对空间比例的影响

色彩的尺度感主要取决于色彩的亮度和色相。亮度高,扩展感加强,反之收缩感越强。另外,材料的色相越暖,扩展感越强,而冷色有收缩感。在设计中常利用这一特点选择装饰物的颜色,调整空间局部的尺度感。由于各种具体条件所限定,使得地铁建筑构件具有自己特有的尺度和比例。建筑师应该根据具体条件,在满足人们对地铁建筑空间审美观的基础上,运用适当的尺度与比例,并通过运用色彩来调整建筑空间比例,使地铁建筑具有适宜的尺度及合适的比例,让人们愿意参与进来。小的空间应该选择使空间扩展的色彩,而过大的空间则应该选择使空间缩小的色彩,这样有助于改善空间的不足。

3)色彩的温度感

在色彩学中,把不同色相的色彩分为冷色、暖色和温色。从红紫、红、橙、黄到黄绿色为暖色,以橙色为最热。从青紫、青、到青绿为冷色,以青色为最冷。紫色和绿色是温色。因此,在地铁站的设计中可以根据地理位置、当地气候的不同,地铁或高架的不同,选用合适的主色调,从而给人一种良好的感觉。

3.4.3 灯光设计

光环境作为一种语言,传达着设计者及建造者的一份关切,一份提供给使用者的温馨与舒适,通过光的强弱、方向、色彩、穿透力的表述,讲述空间、形态、材质、色彩的故事。地下空间引起的消极心理影响,很大程度上是由于光线的缺失,因此营造适宜的光环境是减少人们心理不适的重要手段。

1. 自然采光

地铁车站内引入自然广线,除空间的功能要求外,还受到建筑物的大小、埋深及场地地形的影响。除出入口有限的采光(如出入口距车站内部较远或出入口通过转折通道进入内部的话,则无采光效果),地铁车站只能因地制宜,利用所在地地面的广场、人行道进行采光。

2. 太阳光导入

可利用光导纤维等将太阳光导入地下,营造自然光照射的环境。

3. 直接照明

地铁车站的内部空间主要依靠人工照明,以满足视觉效能要求,增强车站的识别性,并通过照明使人在有限的空间中感到空间扩大、明亮,又能给予人们心理上和艺术上的的视觉感受。同时也要考虑节能和降低运行费用。

灯光的处理技法上,光的艺术就是利用灯光的表现力来美化空间环境。在利用人工照明为地铁内部提供良好照明的同时,应利用光色的协调,灯光的折射、反射,人工光的抑扬、隐现、动静、控制投光角度及范围,来建立光的构图、秩序、节奏等。而一切与室内照明设计形式美相关的原则和技巧,如灯光的韵律、对称、对比、渐进、烘托、层次等手法,在地铁车站室内空间的艺术照明布光设计中都是适用的。

4. 实例说明

1)香港地铁灯光照明设计

香港是东南亚重要的经济金融中心、自由贸易港,浓厚的商业气息体现在人们生活的各个方面,所以香港地铁的整体照明设计融入了更多的商业元素。在色彩上,每个车站均采用不同的色彩主题;在功能上,香港地铁的照度能够达到国家的照明标准,并在满足基本的一般性照明的基础上,运用了多种间接照明的手法,使灯光具有强烈的层次性和整体规划性,着重于立面标识、广告灯箱、售票处和闸机口等特殊地区的加强性照明;在材料上,香港地铁地面使用石材,墙面使用搪瓷钢板,顶面则是冲孔钢板,天、地、墙、灯选用统一的材料,达到标准化的目的;在照明设计的手法上以直接照明为主,侧面照明辅助,从而在视觉上达到高效、舒适柔和的效果。

从技术上来看,香港地铁空间内布灯光主要以水平面的照明为主,采用下照式的灯具布置方式,适当补充垂直面的照明,选用灯具为荧光灯和筒灯。光源的光效较高,色温在3 500~4 200 K 之间,保证了良好的显色性,整体光环境均匀度较高。从整体来说,香港地铁的照明设计中,已经越来越多地考虑到了人的视觉方面,以视觉的效果为出发点,在满足功能性需求的基础上提升了光环境的品质(图 3-10,表 3-1)。

图 3-10　香港地铁九龙站照明效果

表 3-1　　　　香港地铁内部各个空间的水平照度、垂直照度、色温以及灯具类型

香港地铁	水平照度分布(实际是按地面测量的水平照度)/lx	水平照度分布(实际是按地面以上 750 mm 测量的水平照度)/lx	垂直照度分布(实际是按地面以上 750 mm 测量的垂直照度)/lx		色温(主要是灯具的色温)/K	灯具类型
站厅层	150~250	260~430	墙	100~260	4 000~4 200	单、双管荧光灯
			柱	90~250		筒灯
站台层	200~380	260~430	墙	90~260	3 500~4 200	单、双管荧光灯
			柱	60~200		筒灯
交换层	150~250	200~300	墙	120~200	3 500~4 200	单、双管荧光灯
			柱			筒灯
通道	120~260	190~300	墙	100~200	3 500~4 200	单、双管荧光灯
			柱			筒灯
备注	我国水平照度分布国家标准为站厅层 100~200 lx;站台层 100~200 lx;交换层 75~150 lx;通道 75~150 lx;垂直面的照度无国家标准					

2)新加坡地铁灯光照明设计

新加坡历来以"世界花园城市"著称,无论是城市建设还是整体环境均以"舒适"而闻名。新加坡地铁的光环境设计延续了"柔和、安静"的理念,体现清雅大气、轻巧便利和现代化的主题;在色彩上统一使用了简洁的白色和灰色作为主色调;在功能上,地铁的照度值也满足了现行的国家标准;在材料的使用上,墙面多运用色彩单一干净的材料——反光率低的石材及烤漆钢板或搪瓷钢板,地面采用石材,顶面采用的是冲孔钢板、搪瓷钢板、烤漆钢板;在设计手法上,

在各个站点空间的光环境上都统一规划，并把这些规划的内容体现在每个站点的空间内。照明方式上大量采用间接照明，达到了"见光不见灯"的效果，整体的视觉效果明亮、通透，光线柔和、舒适，加强了建筑内部的空间感。

从技术上来看，新加坡地铁的布光方式以垂直面照明为主，采取间接照明方式，突出空间的界限，表现建筑空间效应。色温统一在3 500～4 200 K，灯具多采用单管荧光灯、双管荧光灯、节能筒灯、格栅灯盘等。从视觉感受方面来看，新加坡地铁在灯光的处理上弱化水平面效果，重点突出墙体、柱面等立体效应。

新加坡地铁的照明设计理念与香港地铁的理念是不同的。新加坡地铁照明突破了传统的正方形和矩形的均匀布置的布光方式，采用选择布置的手法，有效地减少灯具数量，降低了能耗，减弱了不舒适眩光和失能眩光，达到了较好的视觉效果(表3-2)。

表3-2　新加坡地铁内部各个空间的水平照度、垂直照度、色温以及灯具类型

新加坡地铁	水平照度分布(实际是按地面测量的水平照度)/lx	水平照度分布(实际是按地面以上750 mm测量的水平照度)/lx	垂直照度分布(实际是按地面以上750 mm测量的垂直照度)/lx		色温(主要是灯具的色温)/K	灯具类型
站厅层	170～320	190～360	墙	170～280	3 500～4 200	双管荧光灯
			柱	120～240		筒灯
站台层	170～310	190～350	墙	170～270	3 500～4 200	双管荧光灯
			柱	120～260		筒灯
交换层	200～280	220～320	墙	200～250	4 200	双管荧光灯
			柱			筒灯
通道	80～170	90～200	墙	80～150	3 500～3 700	双管荧光灯
			柱			筒灯
备注	我国水平照度分布国家标准为站厅层100～200 lx;站台层100～200 lx;交换层75～150 lx;通道75～150 lx;垂直面的照度无国家标准					

3)南京地铁1号线灯光照明设计

选择南京地铁1号线为例，是因为地铁1号线是南京建造的第一座轨道交通设施，在一定程度上代表了南京这个地域特色鲜明的城市的建造水平和文化内涵。南京地铁1号线照明设计的理念体现着南京的历史文化;在色彩上以暖白色为主，在视觉上起到一个平缓的过渡，营造出一个清雅的空间;在功能上，虽能达到国家标准，但是照明设计没有根据地铁各个功能空间分区进行具体的设计;在材料上，顶面采用冲孔钢板和饰面石膏板，地面材料选用石材，通道内墙面选用墙砖;在设计手法上，1号线采用直接照明的布光方式，在空间顶部放置灯具，基本采取下照光。

在南京地铁1号线的光环境整体设计中，各个空间的水平照度标准高于国家标准，也高于

新加坡和香港地铁的测试数值(表 3-3)。

表 3-3　　南京地铁 1 号线内部各个空间的水平照度、垂直照度、色温以及灯具类型

南京地铁	水平照度分布(实际是按地面测量的水平照度)/lx	水平照度分布(实际是按地面以上 750 mm 测量的水平照度)/lx	垂直照度分布(实际是按地面以上 750 mm 测量的垂直照度)/lx		色温(主要是灯具的色温)/K	灯具类型
站厅层	200～380	260～430	墙	80～240	4 000～4 200	单管荧光灯:36 W
						双管荧光灯:36 W
			柱	50～220		筒灯:40 W
站台层	150～350	190～400	墙	70～220	4 000～4 200	单管荧光灯:36 W
						双管荧光灯:36 W
			柱	60～160		筒灯:40 W
交换层	70～250	90～280	墙	70～200	4 000～4 200	单管荧光灯:36 W
						双管荧光灯:36 W
			柱			筒灯:40 W
通道	60～280	100～340	墙	50～160	3 500～4 200	单管荧光灯:36 W
						双管荧光灯:36 W
			柱			筒灯:40 W
备注	我国水平照度分布国家标准为站厅层 100～200 lx;站台层 100～200 lx;交换层 75～150 lx;通道75～150 lx;垂直面的照度无国家标准。					

5. 总结

　　地铁内不同的布光方式影响着照明的效果,舒适的光环境设计不仅仅依靠增加空间内光源的直通光通量,而是越来越多地注重来自空间各方面反射来的反射光通量,通过各种手法增加光照的层次,更多地关注如何运用大量的间接照明来提高整个空间的视觉效果。加强垂直面的照明设计对提升地铁公共空间光环境的质量有着重要的作用。

3.4.4　绿化设计

　　将绿化引入地下空间,能有效改善人们对地下空间的视觉、心理反差。其表现在于:其一,增加地下空间的地面感,减少不良心理反应;其二,改善地下空间生态环境,并满足人们回归大

自然的心理需求;其三,改善空气质量、吸收噪声、消除疲劳等;其四,有助于地下空间与地面或外部空间自然引渡、空间限定与分隔等。

地下空间绿化主要由植物(适应地下生长,耐阴,适于温室环境生长,易于培植维护管理的亚热带植物)、装饰小品及水体山石组成。

对于地铁车站空间,应因地制宜布置绿化。对于小型车站,由于空间、经济、技术等各方面的限制,一般只用盆栽类植物。而对于大型交通车站,可以布置较大型植物。对于植物,应补充照明,采用仿日光的全光谱光线并模仿昼夜交替的高效照明系统,有可能的话将自然光线引入地下。也可在较高的空间采取真假植物混置,在人能够到达的地方用真的,高处用假的,以降低成本,并达到良好效果。巴黎地铁里昂车站,将站台的整个一侧辟为大型绿色空间,高大的植物与土壤的自然气息以及宛若天光的人工采光,营造出别有洞天的自然场景。这里的站台已不是"拥挤的管道",而是旅途中的舒适驿站。

上海铁路南站广场地下空间和室内空间绿化工程的成功案例,对地铁车站的绿化设计有很大的借鉴意义。上海铁路南站广场于2004年在地面广场与地下车库、地下铁路之间连接的下沉式地下空间内种植了乌哺鸡竹,至今长势良好。而在候车大厅内,通过顶部天棚引入阳光,种植了苏铁、绿萝等植物,取得了较好的景观效果。

世博轴地下空间绿化也是一个典型案例。世博轴与进入世博园区的轨道交通8号线相连,同时又与4个永久性场馆(中国馆、主题馆、世博中心、演艺中心)相连,因此只要进入轨道交通,就可通过世博轴枢纽,从地下进入任一场馆而无惧刮风下雨、酷暑严寒。这样的地下空间开发不仅为世博会期间完善交通打下了很好的基础,也为场馆的后续利用提供了最大的便利。世博轴乃至整个世博园区大体量的地下空间并非只有交通功能,绿化景观功能在这里也有完美的体现。

世博轴外形似一巨大的长条形"遮阳伞",其下分布着两层地下空间,各层由餐厅等不同功能的地下建筑、阳光谷、下沉广场、步行街、平台坡道以及其他辅助空间构成。底层沿轴线主要为阳光谷、下沉广场和步行街。

1) 阳光谷

阳光谷属于半地下空间,留有大型出入口与外界保持联系,是世博轴地下空间的景观亮点,其空间自下而上呈喇叭状,可以直接接收日光照射;通风弱于自然空间,小气候条件独特;可利用垂直绿化、地植绿化等多种方式进行全方位的精心点缀。

2) 下沉广场

下沉广场属于下沉式地下空间,是地上空间与地下空间的自然衔接与过渡,光照角度和强度随季节和天气而相应变化,属自然通风但风力较小,营造了一个可享受到自然光照和雨水浇灌,且风力小、温度高的适于植物生长的小环境。可选用移动组合的绿化方式,按季节不同随时进行变化组合,机动性大,布置灵活。

3) 步行街

(1) 步行街属于全地下式空间,地面全部为钢筋混凝土结构,因此须采用固定种植池的绿化方式。

固定种植池绿化因是在建筑结构上再做绿化,宜从以下几个方面考虑其特殊性:第一,要考虑建筑物的承重能力,种植池的重量必须在建筑物的可容许荷载以内;第二,需考虑快速排水,否则植物烂根枯萎,很难存活;第三,要保护建筑结构和防水层,由于植物根系有很强的穿透力,可能会造成防水层受损而影响其使用寿命;第四,要通过雾化程度较高的喷灌,提高地下空间的空气湿度;第五,由于受到地下空间通风、温度、空气污染、空间高度等多方面条件的影响,在植物选择上也要满足一定的特殊要求;第六,要考虑种植施工完成后的地下空间日常维护保养。

(2) 由于受到地下空间各项生态因子的限制,并考虑到对地下空间建筑设施的保护,在植物品种的选择上宜以浅根性的耐阴温室景观植物为主,重点考虑以下几个因素:

① 耐阴植物、温室植物的适应性;

② 具有较高观赏价值,便于构成不同形式的植物景观;

③ 以常绿观叶植物为主,配置各类花灌木、爬藤植物;

④ 乔木自然生长的高度和冠幅与地下空间的相适应性。

尽管地下建筑的施工工艺和地面绿化的种植技术已较为成熟,但如何将地面绿化引入地下空间,以解决在建筑设计中无法解决的空气调节、压力舒缓等问题,仍需进一步深入研究和实践。相信通过建筑设计和景观设计相结合的手段,以及在施工和养护工艺上的探索,将能够极大地提升地下空间的景观效果,并完善地下空间的综合功能。

3.4.5 艺术品设计

地铁车站的艺术空间营造,很大程度依赖于艺术品,从视觉角度而言,乘客进入车站室内空间,视觉中心便会停留在与视线同等高度的墙面,因此很多地铁车站的墙面都创作、布设了大量的艺术品。欧美各国还陆续将艺术品安置陈列在地铁内,首开风气之先的为北欧瑞典斯德哥尔摩,作品均为现代艺术品,后来比利时布鲁塞尔亦在地铁内布置艺术品,这两个城市地铁内的艺术品水准非常高,为地铁乘客们提供了丰盛的现代艺术品盛宴。

1. 斯德哥尔摩地铁艺术品设计

斯德哥尔摩地区包括地铁在内的公交系统,主要由该市的运输公司(SL)全面负责建设、运营与维护。多年来,它同 Connex, Citypendeln, Linjebuss, Busslink, Swebus 等承包商密切合作,以日均 64 万用户的规模为人们提供广泛的交通服务,同时每年投入 30 亿克郎用于现有设施服务的完善与拓展,其中就有 10 亿克郎用于地铁站点的艺术陈设和安全保障,旨在将其打造成为欧洲最成功的公交系统(表 3-4—表 3-7)。

斯德哥尔摩的地铁系统于 1951 年开通运营,在现代主义风潮主宰一切的当时,一群艺术家却紧锣密鼓地启动了不同以往的筹划工作。他们认为:在地铁站点逗留的人们想要面对的绝不是冰冷无趣的岩壁,采取艺术陈设的方式不仅可以满足交通集散的功能要求,还可以在抵制恣意破坏的王达尔做派(Vandalism)的同时,彰显地区社会的历史传统、文化艺术和科学进程等不同侧面。

表 3-4　　　　　　　　　　斯德哥尔摩的地铁系统建设一览表

路线		起点与终点	投入运营时间	总里程/km	站点	站点分布
蓝线	T10	Kungstradgarden-Hjulsta	1975-08-31	15.1	12	19 个地下(均为岩石),1个地表
	T11	Kungstradgarden-Akalla	1977-06-05	15.6	12	
红线	T13	Norsborg-Ropsten	1967-09-02	26.6	25	20 个地下(4 混凝土,16岩石),15 个地表
	T14	Fruangen-MorgyCentrum	1973-09-30	19.5	19	
绿线	T17	Akeshov-Skarpnack	1958-11-19	19.6	24	12 个地下(9 混凝土,3岩石),37 个地表
	T18	Alvik-Farstastrand	1957-11-24	18.4	23	
	T19	Hasselbystrand-Hagsatra	1951-09-09	28.6	35	

表 3-5　　　　　　　　　　德哥尔摩地铁站点的艺术陈设主题

艺术陈设主题	艺术表达内容	案 例
历史文化	以体现瑞典本土历史传统和各时期的文化艺术成就为主,内容涉及历史遗迹、出土文物、航海文明、历史人物等	Kungstradgarden(坍塌的 Makalos 宫意象) Reikeby(维京时代的出土文物) Hornstull(奥尔塔米拉岩窟) Fridhemsplan(航海文明) Radmansgatan(纪念 August Strindberg)
科学探索	以宣扬人类科技的进步和不懈探索为主,内容涉及的时间与空间相对广阔	Vastertorp(纪念北极气球探险) Tekniskahogskolan(宇宙与科技演化) Universitetet(生命演进与科技进步)
社会生活	以展现瑞典不同时期、不同阶层的日常生活和社会场景为主,内容涉及乡村与城市、工人与农民等生活的侧面或全景	Solnacentrum(20 世纪 70 年代的乡村生活) T-Centralen(工人劳动场景) Odenplan(家居生活与日常陈设)
人类宣言	以倡导反映人类文明进步的重要宣言和口号为主	Fittja 和 Akeshov(反暴力) Ostermalmstorg(女权、和平与环境)

表 3-6　　　　　　　　　　　斯德哥尔摩地铁站点的艺术表现手段

主要表现手段	艺术表达特征	案　　例
绘画文字	既可以在岩壁上直接采用喷绘、刷漆等传统手段,也能以铝材、陶瓷、玻璃等为载体,通过丝网印刷、烧制等技术,来拼合展现绘画及文字效果	Solnacentrum(乡村生活图景) Hallonbergen(儿童壁画) Varbygard(丝网印刷的"花神"系列) Radmansgatan(瓷漆绘画系列) Mariatorget(诗歌系列)
镶嵌拼贴	运用陶瓷、珐琅、面砖等材料,通过基本构件单元的多种组合与不同拼接方式,产生集规律与变化于一身的整体图案效果	Varberg(拼贴组画"在我们手中") Angbyplan(平面设计图饰) Karlaplan 和 Slussen(拼贴的几何墙饰) Gamlastan(中世纪的织锦图饰)
雕塑	作为一种实体造型艺术,除了常见的立体圆雕外,还包括浮雕、镂雕等形式,材料则以金属、岩石、木材等耐久的可塑材料为多	Kristineberg(雕塑"与动物相伴的旅者") Kungstradgarden(坍塌的 Makalos 宫意象) Hokarangen(青铜雕塑) Akeshov(雕塑"反暴力") Alvik(浮雕"波涛汹涌")
模型	通过比例模型或是实物模型的设置,来具象地凸显主题	Odenplan(家居生活与日常陈设) Fridhemsplan(航船模型)
灯光	通过灯光色彩、强度、形态等特征的处理,来强化空间特性,烘托环境氛围	Hotorget(氖光灯管的造型)
多媒体	以计算机、电子信息技术为基础,实现影视媒体声音、图像信号的采集、记录、传输、处理及还原	Universitetet(大型显像屏幕)

表 3-7　　　　　　　　　　　斯德哥尔摩地铁站点的艺术布局方式

主要表现手段	艺术布局方式	布局特征与要点
绘画文字	全景式/组群式/散点式	反映社会生活的全景式绘画,往往会覆盖整个空间;一些小规模的绘画,既可以形成组群规模和系列,也可以点缀为主地分散布置
镶嵌拼贴	组群式	多通过类型化和模式化零构件的灵活拼接,构成各种整体图案,覆盖面较大,规律性也强,且常常呈韵律式反复陈设,形成系列和规模
雕塑	核心式	无论是单个还是一组主题雕塑,往往数量有限,多作为整个空间陈设的中心体而设置
模型	核心式/散点式	具有雕塑类似的三维实体效果,数量也同样有限,大尺度模型可承担核心表述职能,小比例模型则可散点点缀于空间的关键承转处
灯光	组群式	可根据灯光的色彩、强度、形态等特性,点线面相结合,形成覆盖面较广的组群规模
多媒体	散点式	目前多作为一种表达的辅助手段,运用规模有限,以点缀为主

1955 年,动态艺术家 Siri Derkert 和 Vera Nilsson 向城市委员会提交了两项相关提案,并得到了各界的一致赞同。于是在 1956 年 3 月 28 日,政府率先为 Klara 站点(即现在的 T-Centralen 站点)的陈设和装点举办了一次竞赛,评委专家包括 Sven X:et Erivson, Bror Marklund 等人。后来又出于对时间考验和严酷环境的考虑,主办方曾一度中止赛程,以加入更为严格的艺术设计要求和条款。随着几年后一系列艺术构思在 T-Centralen 站点的付诸实施,斯德哥尔摩持久浩大的"地下艺术长廊"建设工程终于迈出了成功而扎实的第一步。

经过半个世纪的不懈努力和建设,目前斯德哥尔摩的地铁网络不断蔓延拓展,逐渐形成了包括红线、绿线、蓝线三类流向和 7 条主线在内的庞大系统,并沿线建成了 100 个地铁站点。其中,约有 90 个站点被布置装点成各类艺术品的公共陈列廊,陈列长度累计达到 110 km 左右,可以算是全球规模最大的艺术陈设长廊,而且每年还在不断地更新和完善。约有 140 名艺术工作者为该地铁系统奉献了自己精心创作的永久性展品,还有近百人提供了临时性的展品,为每天穿梭如织的人们呈献了一道独特而亮丽的艺术体验风景线。

斯德哥尔摩地铁艺术的设计特征主要表现在以下三个方面:

1)陈设主题的遴选

斯德哥尔摩地铁站点的艺术陈设区域,一般会包括站台、顶壁、侧墙、交通联系和转换空间(电梯、扶梯、通道等)以及售票大厅等处,所涵盖的主题也比较丰富和宽泛,往往涉及历史文化、艺术装饰、社会生活、人类宣言、科学探索等多个领域。其中,艺术装饰和历史文化基本上成为所有艺术陈设主题中的主流,大约占到总数的七成以上。

在艺术陈设主题与站点所在区域的特定性之间建立相关性,已成为斯德哥尔摩很多地铁站点的设计要则。这种特定性往往与区域所承载的历史轨迹、人物事件、功能性质等息息相关。比如说 Kungstradgarden 站点在历史上就曾建有一座巍峨的宫殿,而 Reikeby 站点一带也出土了不少维京时代的文物,所以前者有意识地运用雕塑、柱石、植被、描画的拱门摹拟了 Makalos 宫的坍塌意象,而后者则再现了那些发掘的重要文物;同样地,Stadion 站点作为 1912 年现代奥运会的主要举办地,也在艺术陈设上顺理成章地紧扣了"奥运和体育场馆"这一主题。另外,在 Radmansgatan 站/人物纪念主题(与 August Strindberg 的故居相邻)、Tekniskahosgskolan 站与 Universitetet 站/科技进展主题(高校职能与科技的相关性)等之间,均存在着潜在的对应相关规律。

2)表现手段的综合

斯德哥尔摩地铁站点的艺术陈设,往往需要综合运用绘画文字、镶嵌拼贴、雕塑、模型、灯光乃至多媒体等多种表现手段,因此在设计上也离不开美术家、雕塑家、陶艺师、手工艺者、建筑师、工程师等的共同参与和广泛协作。

其中,以铝材、陶瓷等为载体完成的绘画又与镶嵌拼贴的图案有所不同——后者采用的零构件(面材)一般是类型化和模式化的,基本种类有限,但拼接组合相对灵活,且只有经现场拼贴才能呈现出整体的图案效果;而前者经由特殊的技术处理,在零构件阶段即已呈现出各自不同的局部图案,再按相对固定的方式拼装,实现预定的整体效果。所以同样是为了达到图案效果,镶嵌拼贴主要依靠的是"单一构件的多元拼接",而以铝材、陶瓷等为载体的绘画则源于"多元构件的既定拼装"。

3)布局方式的分异

以上述各类表现手段为依据,斯德哥尔摩地铁站点的艺术陈设之间是有相似之处,但更多的还是布局上的差异,而且同一种表现手段也会结合实际情况,选用多种布局方式。

2. 布鲁塞尔地铁艺术品设计

地铁车站作为都市的现代化交通设施,其建筑艺术十分讲究。不少都市地铁车站内及出入口附近更有精美的绘画雕塑作品。布鲁塞尔地铁车站素有美术博览馆之称,其美术作品是珍贵的艺术财富。

1)约瑟芬·维拉莱脱创作的大幅装饰画——《墙外》

作品绘于岛式车站侧墙上。对岛式站台层而言(上海地铁的站台均属此类),车辆一侧紧靠壁面,若壁面为暗色调,容易产生狭窄感,而配上这幅通长的壁画,砖砌的拱门外是白色的小屋与宽阔的田野,道路伸向远方的天际;整个画面以橙色、白色、绿色构成,显得明亮,也增加了纵深感,在顶面连续光源映照下,有良好的视觉效果。这种在地下空间中引进"绿色的艺术"的做法,得到广泛赞赏。

2)罗杰·莎威廉创作的《我们的春天》

作品绘于安卡车站站台层自动扶梯一侧的整个墙面上,面积达 500 m^2,是受现代绘画大师马蒂斯影响的野兽派风格的绘画。画面人体人像夸张变形,色彩瑰丽鲜艳,明暗对比强烈,充满激情,用以表现现代人对春天的渴望与冲动,是布鲁塞尔地铁中著名的壁画艺术。

3)保罗·代维克斯的《布鲁塞尔第 7 路电车》

画家保罗·代维克斯有多幅反映早期布鲁塞尔城市地面铁路、电车的作品绘于车站中,《布鲁塞尔第 7 路电车》是其中的一幅。它们能勾起地铁乘客对城市交通发展沧桑巨变的联想。

4)金属雕塑作品《骑马者》

作品竖立于站台层上。欧洲大城市的地铁中有不少各类造像(严格地说,《骑马者》是由艺术家将金属薄板冷加工后焊制而成的,并非雕塑作品)。当然,对于客流量很大的车站站台,矗立这类立像就未必合适。

3. 艺术品分类

1)展示艺术

有些壁画或雕塑自成主题,这种艺术作品用于表现作者的思想,或用于传播知识,仅仅作为展示。如里斯本地铁 Picoas 站里以非洲黑人为主题的"现代马赛克壁画艺术",又如北京王府井站里的"埃及之旅"。展示艺术也包括广告,广告虽然作为商业行为,是以经济利益为目的,但是设计精美的广告招贴绝对是具有很强装饰性的艺术。

2)地域艺术

在一些地铁车站内部空间使用的艺术品与周围环境相呼应,能更好地表现地域性,从而能更好地让乘客有直观的印象,对该区域环境更为了解。如前文提到的上海地铁 2 号线中的静安寺站,由于地处享有盛名的古庙之下,艺术作品的形式是浮雕,以静安寺历史上传说的八景为主题,传统单线刻画在形状不同的大理石上,再镶挂在金黄色的毛面花岗岩上,体现了现代与古朴融合的风格。又如南京玄武门站,地铁车站内艺术设计作品《水月玄武》通过水波涟漪、月圆月缺,配以窗花残荷,将玄武湖自然之景形象地呈现出来,观赏者驻足画前,如临其境,于静谧中获取闲适的生活气息。这些艺术作品真实地反映了车站的地域特点。

3) 人文艺术

在车站空间艺术作品中,应体现人文关怀,给予公众参与的机会。日本中部的神户是座美丽的海港城市,神户海岸线地铁"三宫站",以世纪之交新生儿的手脚拓印,汇集拼合成一大片瓷砖艺术作品,它的公共性、参与性与分享性,以及保留的集体记忆都非常浓厚,这种作品更吸引人停留、鼓励人联想,让人深深感受到市民成长记忆汇聚的感动力量。

4) 免费艺术

在车站内留一处空白墙壁,供艺术家自由涂鸦,这是瑞典的杰作。只是艺术家仍不甘于在有限空间范围内作画,经常超出范围。这种艺术可称短暂艺术,因为过一段时间,别人又会在原地重新作画。

5) 涂鸦艺术

涂鸦艺术与免费艺术有很大的区别,涂鸦艺术的参与性更高,对艺术也没有任何要求。在欧美等大都市里,年轻人喜欢拿着色彩在地铁通道或车站墙壁、车厢、广告牌等处随意乱画,这种随手涂鸦曾让政府一度头疼,清洗有难度,但是就是这种随手涂鸦有时也具有某种趣味性和可观赏性。

6) 景观艺术

工业的发展、城市人口的集中和住房的拥挤,许多绿地被侵占,这就使人们与养育自己的大自然越来越远了。特别是在地下建筑室内,人们常有置于地下的恐惧感和压抑感,他们更渴望周围有绿色的自然环境。因此,将自然景观引进室内已不单纯是为了装饰,而是作为提高环境质量,满足人们心理需求所不可缺少的因素。自然中的许多景物如瀑布、小溪、花草树木等都可以使人联想到生命、运动和力量。在地铁车站室内设计中,把自然界的景物恰当引入室内,可以大大消除人们的心理障碍。在地铁车站内布置绿化景观,可采用直通地面的天井,直接引入阳光,使绿色植物接受阳光,进行光合作用。水景小品有时比绿化更具有动人的趣味性,而未加雕琢的粗犷山石能体现原始的自然景象。盆栽是最灵活最易实现的方式,在上海地铁 2 号线里就布置了多盆绿色植物。

如果限于条件,不能采用自然景观,描绘自然景物的壁画也可以令人联想到大自然。斯德哥尔摩的地铁站极具特色,旧城的某地铁站被打扮成森林,有大树山谷,还缀以人物角色,生动而精彩。一面面墙被粉刷成蓝色天空,天空中伫立着一棵棵小树,候车时间再长,也不会烦闷无聊。从一个地铁站的精心设计,看见一个城市、一个民族的巧思以及生活情趣,置身在高楼大厦中还能闻到活泼轻松的创意味道,生活不仅仅是站在黄线后面。

7) 传统艺术

在车站内适当的地方加以传统艺术,可以反映民族特色。可将中国的传统元素用于车站空间的艺术装饰,如书法艺术,这是中国独有的艺术形式,最能反映出中华民族特色,但是目前国内地铁车站仍少见采纳;另外,水墨画也是中国特有的艺术形式。

3.4.6 设置位置的选择

1. 艺术品设置的主要位置

1）空间环境出入口

地铁空间环境的出入口有着指引性、识别性等特征和具体的空间范围尺度。如果把壁画放置在地铁出入口的内部空间,由于人流速度快,前面空间小等客观条件,就起不到很好的艺术效果。若是把壁画放置在地铁车站出入口的外部墙面上,则它不但能够给人们带来独特的感觉,而且还能形成很强的识别性,让乘车的人群一目了然。

2）楼梯

根据调查发现,人们在乘扶梯时,视线一般都是锁定在扶梯左右两方或者是楼梯中庭的墙壁上,因此,公共艺术可以设置在扶梯左右以及中庭的墙壁上。

3）通道

根据调查发现,人们在地铁里不会逗留太久,一般都比较迅速。经观察计算,在通行流畅的情况下,乘客从站台到出站大约只要 5 分钟的时间。站内通道具有空间狭窄、人流迅速等特点,在该区域设置公共艺术作品时应该考虑到以上特点,还要考虑到人们的心理感受。在此区域设置一些简洁明了的公共艺术品会比较合适。如果我们在该区域设置比较复杂具象的作品,会引起人们驻足观看,造成拥挤,带来不利因素,效果很可能事与愿违,对空间的和谐造成隐患。

4）站厅

据观察发现,站厅拥有人流大、速度快、视觉整体效果强等特点。由于站厅的墙壁体量比较大,可以体现出较强的整体效果。同时,空间旷阔,适于人群短暂地停留来进行纵横向全方位的观赏。因此,在站厅空间内部的地面、墙面和天花板等部位应用公共艺术是非常合适的。

以北京地铁 4 号线为例,在国家图书馆这一站的地铁站厅内设置了浮雕,它位于乘客乘车的必经路线上。在设计时从通道墙面的观赏效果和公共艺术品德观赏效果来进行考虑,最终设计出适合短暂驻足停留欣赏的浮雕艺术品,不仅可以装饰墙面,而且其材质也能更好地体现出地铁的特点。这组浮雕以"书的海洋"为主题,吻合了国家图书馆这一气质。该设计在工艺上采用花岗岩浮雕,把书的演化形式作为萃取的元素,集中展现了《四库全

图 3-11 北京地铁国家图书馆站壁画

书《敦煌古卷》《赵成金藏》《永乐大典》在内的国家图书馆所藏的四大宝物(图 3-11)。

5)站台

站台的主要特征是人流大、速度慢,在等候的过程中,人们一般会关注周围的环境,因此此区域的公共艺术关注程度会比较高。但是根据其具体的条件限制,如处于最底层、照明局限等原因,如果把公共艺术品设置得太具象,会受到空间内柱子的影响,便很难全面地把控其整体的效果;为了保证乘客的安全,在站台处都会设置安全屏蔽门,这就影响了轨道墙壁的公共艺术的展现,因此它的表现形式较为有限。

在站台这一区域可以根据需求设置不同主题的浮雕,它不仅能够在视觉上给人们带来美感,还可以减缓那些高节奏人群的压力与紧迫感。需要说明的是,上面所述的主要内容都是以常规、普遍存在层面来进行分析与研究的,对于特殊的具体的环境还要因地制宜,具体问题具体分析。总而言之,在地铁的内部及外部空间环境中应用公共艺术能够提高这一场所区域的艺术化水平,能够提升城市的形象与品质。

6)车厢

在国内,许多人在地铁车厢内,会拿起手机打发时间;有些是因广告内容毫无新意,人的视觉几乎是东张西望的;许多人会坐在椅子上两眼无神,视线没有移动,纯属发呆的情况;许多乘客,尤其是年轻人,常在车厢内看书;常见到老人,在地铁车厢中倚靠窗和栏杆,闭目养神,有朋友或亲人一起搭车,多半会在车厢内聊天;有人进入车厢内后,靠在栏杆上,双手环抱,听着音乐。这种行为,在车厢内非常普遍。

究其原因,是车厢这一人们停留时间最长的地铁空间,为公共艺术所忽视,被商业广告所占领、侵蚀。

2.国内案例

国内地铁站内设置的公共艺术,形式变化很少,局限于壁画、浮雕、圆雕;位置设置也是基本固定不变,大都设在站厅的位置(表 3-8)。

表 3-8　　　　　　　　　　上海、南京地铁公共艺术作品位置与形式

站　名	位　置	形　式
上海静安寺站	站厅墙面	墙面设计浮雕
上海中山公园站	站厅墙面	金属与毛面花岗岩浮雕
上海人民广场站	站厅墙面	不锈钢浮雕
南京玄武门站	站厅墙面	漆画
南京鼓楼站	站厅墙面通往站台的站厅层楼梯拐弯角处	壁画雕刻/圆雕
南京珠江路站	站厅墙面	青铜浮雕与丝网印刷的结合
南京三山街站	站厅墙面	整块搪瓷钢板烧制的壁画
南京中华门站	站厅墙面	石刻浮雕
南京元通站	站厅墙面	人工水晶
南京奥体站	站台旁的中厅间墙面/站厅侧墙	玻璃马赛克/石材

3. 国外案例

在国外的地铁站中,公共艺术的设置位置与形式是比较多元的。地铁空间划分为出入口、通道、站厅、楼梯空间、刷卡出入口、电扶梯空间、站台等空间,案例分析整理如表 3-9所示。

表 3-9　　　　　　　　　　　　　　国外案例分析

城市	站　名	位置	形　式	分　析
纽约	207th Street Station	出入口墙面	壁画设计以马赛克做文字设计,镶嵌于墙面上	出入口墙面上设计公共艺术,有辨识与转换的效果
	59th Street Lexington Avenue Station	站厅墙面	壁饰(马赛克)	以超现实的手法,诱发乘客的想象力
	Brooklyn Bridge Station	站厅天窗	镀锌金属的天花板设计	运用铸件设计放置在站厅天窗上,并反映古典主义的技术,活化空间的表情
	81st Street Museum of Natural History	站台墙面	运用青铜、花岗石、玻璃马赛克所设计的墙面	站台墙面,在视觉的正常高度,以动物图案与当地自然历史博物馆相衔接,反映当地的人文与历史的意义
	42nd Street Station	站台天花板	照明设计	以照明设计设置在站台天花板空间,并以 V 字形光束设计强调本站的重要性
	33rd Street Station	站台柱子	柱面设计——运用青铜塑造历史性的意蕴	使用材质——青铜,以及增加乘客等车时扶靠的功能
	Utica Avenue Station	通道空间	拱门设计,以铸件镶嵌马赛克而成	大的马赛克嵌镶板是由艺术家与学校小朋友共同合作完成的画面,之后,艺术家再加工制成铸铁式的拱门
	Broadway East New York Station	楼梯空间	墙面设计——玻璃马赛克墙面	在楼梯空间中,运用窗户设计玻璃马赛克的墙面,让光线反射不同的色彩,投射于空间中
洛杉矶	Main Street Flushing Station	验票闸门墙面上方	墙面设计——运用百张插画,象征手绘在陶砖上的感觉	在验票闸门正前方墙的上方,设置彩色的插画效果,创造出多彩多姿的壁饰
	North Hollywood	站厅	墙面设计	站厅与站台墙面,运用半圆的墙面设计,让艺术与空间结合
	Universal City	站台	座椅设计	将座椅变为一种艺术的方式,让候车者更能与艺术亲近

77

续表

城市	站　名	位置	形　式	分　析
蒙特利尔	Beaudry	通道设计、电扶梯口、站台	墙面设计——运用白色与咖啡色的瓷砖,不规则的墙面安排,形成一种动感的画面	从通道进入后,做完整的墙面设计,墙面的高度约 1.5 m,运用瓷砖的不规则搭配,呈现墙面的韵律与活泼。以空间作为设计的重点,而非定点式的美化,因此从通道至电扶梯至站台,都可看到同一元素的使用
	Snowdon（春、夏、秋、冬）	站台墙面	墙面设计——以春夏秋冬为主题,依照季节转换而变化	设计不同的季节变化图案,让乘客在转车时能有所区别。依照每个季节颜色的不同,可以区分站台,让换乘者能够清楚辨识
巴黎	Arts-Matiers	站台	墙面设计	运用材质与灯光的营造,烘托空间的质感,让艺术与空间结合,展现更丰富的整体设计
	Liege	站台	墙面设计	运用当地的历史影像烧制而成的马赛克,镶嵌于白色马赛克墙面中,形成整体且具有历史意义的墙面设计。让等车的乘客,能在等车时,对当地的历史有一初步的了解
	Bastille	通道	墙面设计	将法国人民争取自由的意义与车站结合,使这个车站独具历史意蕴

　　根据国内外案例比较可知,国内地铁艺术作品的位置相对单一,基本集中布置在站厅层内,其他位置很少,通往站厅的通道更被忽视。特别是站台和车厢内,基本被商业灯箱广告占领。

　　4. 地铁车站公共作品设置位置与形式建议

　　地铁站公共艺术所设置的位置大都在站厅,由于乘客进入地铁后是一个连续移动的状态,视觉焦点不断地变化,除了站厅内的公共艺术作品可以边走边看外,大部分时间无公共艺术可看。尤其是到了站台,乘客处在一种候车的状态,这是一个乘客与公共艺术可以很好交流的机会,但是站台空间往往并没有公共艺术作品,包括电扶梯、通道空间,也没有被很好地利用起来,这是非常可惜的。

　　地铁公共艺术的设置点不能仅局限于人流量较大的站厅空间,还应该考虑站内其他空间的设置。地铁公共艺术的设置形式除了在墙面上做壁画设计外,还可以在空间的其他几个界面,如柱子、车厢内、站台、扶梯空间做不同形式的公共艺术作品;除固定的公共艺术作品之外,还可以做一些非永久性设置的作品,比如可以征集绘画作品用以点缀地铁空间,这是一种很好的形式,并可以随时撤换。

经观察发现,乘客在地铁站中感官焦点多偏向广告,如广告灯箱、广告海报等。广告视觉影像动感十足且十分震撼,它遍布地铁站中,对公共艺术的效果造成相当大的冲击。在站台上过高比例的广告灯箱,常常哗众取宠、装萌搞怪,很容易吸引乘客的注意力。相较而言,公共艺术作品单点设置在一个地区,效果不够明显。

目前,乘客仍偏重视觉感受。虽然,在生活中有许多的其他的感知,例如触觉、听觉、嗅觉等,但在地铁站中,都尚未被重视到。广告灯箱所设的光源,不仅影响着地铁空间的照明,亦对乘客的视觉具有吸引的作用。

地铁公共艺术作品位置应该增加,商业广告数量要相应减少,尤其是站厅的柱子和站台车轨对面墙壁上的广告过于集中,会形成一定的视觉污染,应该将此区域让位于公共艺术。地铁公共艺术应重视整体的空间规划,空间中设置点的选择要有整体性、连贯性,符合乘客的行为模式及感官焦点;同时将商业广告、标识系统与公共艺术作品适当地加以区分,使整体空间呈现较为简洁、统一的格局。以下是对公共艺术的位置与形式设置的一些建议,如表3-10所示。

表3-10 地铁公共艺术作品设置的位置与形式建议

空间位置	移动状态	建议公共艺术设置位置	建议公共艺术设置形式
车厢内	坐在椅上	座椅、墙面、天花板、地面	墙面:墙面艺术设计、镜子设计 天花板:照明设计 地面:影像设计、照明设计、动态影像设计、空间色彩设计、座椅设计、握杆设计
	站着	手拉环、握杆、地面、天花板、墙面	握杆:不同造型和颜色的杆子 墙面:艺术镜子、动态影像设计、色彩设计、可听音乐或下载音乐的机器 手拉环:设计成有触感的形式以及色彩设计
站台	等车	站台等候区正前方车轨墙面上	车轨墙面:照明设计取代目前的广告灯箱或色彩设计 地面:铺面设计 座椅:色彩设计、照明设计、不同质感的设计(将等候区以颜色区分开来)
前往电扶梯空间	等速移动	墙面正前方或两侧墙面、扶手、电扶梯上	墙面:动态的影像设计、不同质感设计 扶手:色彩设计、质感设计、照明设计 电扶梯:两侧玻璃设计影像、声音
站厅	驻足停留快速移动	墙面、地板、天花板及电扶梯口附近宽敞区域	墙面与天花板:影像设计、色彩设计、照明设计 地板:不同质感的设计(例如设计石板路的质感,与主题反搭配) 电扶梯附近:可收纳的艺术椅子
通道	快速移动	墙面、地板、天花板	墙面、地板与天花板:影像设计、色彩设计、照明设计

3.5 地铁车站雕塑艺术设计

3.5.1 雕塑艺术

公共艺术就是将艺术、公共空间、公众三者紧密结合起来,创造一个更加开放、无边界、互动的精神空间,而地铁公共艺术就是公共艺术的一部分。地铁公共艺术的表现形式主要有雕塑、绘画等。

雕塑是一种古老的艺术形态,人们通过雕和塑的手段在三维的空间中创造出新的审美实体,表达自己对周围环境的一种认识。在城市文明发展的今天,人们更注重生活环境的人性化,城市设施更艺术化,将雕塑艺术应用于地铁车站各方面。

雕塑通常被放置在墙上的壁龛中或中庭与下沉广场等空间中,有时,雕塑可以结合中庭或下沉庭院中的水池和瀑布进行设计,甚至水池本身就可以成为雕塑。悬吊的雕塑给多层中庭空间以动态和深远感,一个随气流缓慢运动的物体远比静止的物体更富吸引力,而这种运动并不强烈,就像微风中树叶的摇曳一般。

地铁里的雕塑艺术品不仅可以丰富空间,缓解疲劳,还能提升整个空间的环境质量。雕塑与地下空间环境的结合,既能具有很强的艺术感染力,又能与公众心理进行交互,使地铁车站具有诗意的艺术化语言。

3.5.2 艺术特性

1. 整体性

设计师应从整体结构出发,按照宏观—微观—宏观的探索规律进行雕塑设计。赖特曾经提出"有机建筑"的理论,它对我们的雕塑艺术设计具有指导意义。地铁车站雕塑也应成为有机雕塑,只有将雕塑融入车站的环境和文化中,将雕塑作为车站设计的一部分,整体考虑,才能为车站注入生命力,给地下空间赋予活力。

亨利·摩尔说过:"伟大的雕塑作品是从任何距离都可被人们观赏的,因为在不同的距离会显示出不同的美的形象来。"我们可以换句话说:一件平凡的作品,当它和整体环境相得益彰时,才会显示出生命力的伟大内涵。

成功的雕塑作品,其价值并不一定在于材料的华贵,色彩的夺目,体量的突出,题材的重大,地点的显要,正如泰戈尔所说:"当我们大为谦卑的时候,便是我们最近于伟大之时。"

雕塑工作者应该对环境特征、文化传统、空间心理、城市景观等设计原则进行科学的理论分析和做出自己独到的理解,确定雕塑的材质、色彩、尺度、题材、位置等设计制约条件,并充分地发挥自己的想象力和创造力。雕塑作品与环境的对比和协调不是绝对的,它应是多种因素的对比和协调的整体体现,应将雕塑融入整体地下空间环境中。

2. 地域性

艺术作品越是民族的越具有世界性,其实质就在于艺术作品的地域性,世界正在走向全球化,交通工具与信息技术的发达使地球变得越来越小,因此,任何种类的艺术作品都更应具有自己的地域风格和特性,才能在世界艺术之林占有一席之地。

同样的道理,在地铁车站地下空间环境艺术的建设中更应加强地域性文化的比重,特别是雕塑直接矗立于地下空间各主要功能区域的核心位置,车站主要出入口等区域,多为人们所关注的视觉中心与焦点,所以雕塑作品的文化承载力,地域文化的体现,对车站品位、城市形象的宣传有着举足轻重的作用。

雕塑是一个城市精神文明与物质文明发展最集中的表现,它凝聚着我国民族发展的历史,凝聚着不同城市的精神面貌、不同地域的特色文化,不仅仅能提升城市的文化品位,还标志着不同地域人们的价值观念及相应审美趣味,构成一种高雅的艺术氛围,让生活于城市中的人们得到深层次的艺术体验。

当代城市建设的一个重要特点是突出城市的个性,城市的个性主要表现在城市的地域特色上,地铁车站雕塑是突出城市地域特色的一个重要手段。车站雕塑的设计制作应该把突出本地区乃至城市的地域特色放在重要的位置,将通过车站雕塑的题材、造型风格、材料、主题等一系列因素表现出的地域特性放在重要的位置。

3. 符合周边文脉

对于有着深厚历史文化底蕴的城市,先后出现过极具特色的文化、名胜古迹及文物遗迹等,在进行地铁的视觉传达设计时,设计师可以根据具体站点考虑融入这些元素并结合雕塑艺术进行设计,既能让乘客感受视觉美与艺术的氛围,又能更深入地了解这座城市。

文化是累积性的、层递性的,这就是人们通常所说的文化积淀。一个城市的文化传统与一个城市是共生的关系,它是一个活的有机体,它随着一个城市的发展而不断生长并走向未来。在设计制作地铁车站雕塑过程中,尊重、保护历史文化传统,延续车站所在地区乃至城市的文脉是不可忽视的。

地铁车站雕塑设计除了赋予地下空间活力和艺术气息,陶冶人们情操,提升空间环境品质外,还应为车站塑造一个文化主题,该文化主题应立足于车站所在地域的历史文脉、文化背景,使车站融入周边地区大的文化环境中,以车站雕塑宣传周边文化,提升知名度。

4. 方案的多样性

设计师应将雕塑艺术与导向标识的功能性相结合并广泛使用,这样既有实用功能又具有艺术审美价值,使人们在使用导向设施获取信息的同时又能享受艺术。

雕塑是为美化城市或用于纪念意义而雕刻塑造具有一定寓意、象征或象形的观赏物和纪念物。在经济发展、社会文明的今天,人们更加注重生活的品质。在地铁中,将雕塑艺术与导向设计的功能性相结合,就会使导向标识不仅具有使用功能,同时也有艺术审美价值,使人们在移动中感受城市的艺术。目前我国大多数地铁站是用普通的导视牌加上简单的文字,效果不是十分突出。若以雕塑的形式来展现,则可既满足使用功能,又增添生动性和艺术乐趣。如深圳地铁入口导视设计就是利用雕塑来表现的,不但具有很强的识别性,还非常美观。

利用雕塑进行设计还能显示出地方的文化底蕴,如北京地铁奥运支线的视觉传达设计,将标识线路图及导向信息融入青花瓷雕塑中,不但使地铁具有浓厚的艺术氛围,还显示出中国丰富的历史文化和浓厚的人文艺术气息,成为北京地铁视觉传达系统的最大亮点,具有很高的艺术价值。雕塑形态的导向设计打破了常规的造型,点缀着地铁环境并使其空间环境更丰富、更富有层次感及美感的变化,使人们在地铁空间环境中心情更为轻松。

5. 时代性

雕塑的设计在体现时代性的方面起着关键作用。每座城市的发展过程都会不同程度地给后人留下印迹,每座地铁站所在地域都有不同的历史背景,被赋予了不同的时代特征。为此,我们更应留下足以代表时代特点的各类艺术品,特别是城市雕塑艺术精品。我们走访许多欧洲城市,会对那些城市所保留下的雕塑艺术珍品留下深刻印象,不同的城市,不同的时代都会有许多优秀城市雕塑作品,让人们流连往返,驻足欣赏,叹为观止,这些作品往往都成为城市的符号,如丹麦的美人鱼、布鲁塞尔的撒尿小童等。

时代在发展,艺术样式的多元探索也在高歌猛进。各种本应属于他类的艺术样式也逐步被雕塑人所吸纳、借用,如公共艺术中的景观造型因素、"无厘头"类的绘塑结合手法、卡通片中的造型样式、影视视频因素的借用等等,已跨界地融入了雕塑。雕塑的技术和手法在变化。

随着时代变迁,雕塑所用材料也在不断创新和改变。不同时代社会、经济、政治、文化环境亦不同,雕塑作品所蕴含的文化内涵也随之改变。因此雕塑设计的时代性也是具有多样性的。

3.5.3 设计原则

1. 可持续发展

地铁车站雕塑规划与设计的可持续发展表现在:注重雕塑发展的历史延续性,使雕塑成为动态的、发展着的艺术形式,成为城市形象的历史内容;雕塑是永久的艺术,在规划中,在地域位置和雕塑材料、工艺方面尽量充分考虑到它的长久性。

2. 强调环境综合效益

地铁车站雕塑是雕塑艺术与车站地上地下空间环境的有机结合、相互交融的产物。一方面,雕塑作为环境艺术,对营造具有艺术气息的车站环境将起到重要作用;另一方面,车站的空间环境又反过来对雕塑的效果产生直接的影响。

3. 公众参与

在地铁车站雕塑规划的过程中,应让广大的市民,尤其是受到规划内容影响的市民参与到雕塑的主题立意和设计制作的讨论中来,雕塑的设计制作单位应听取各方意见并将这些意见尽可能地反映在设计成果中。

4. 高艺术水准

艺术性是地铁车站雕塑的基本要求,车站雕塑具有美化地下空间环境的功能,它能够提升车站的文化品位,烘托车站的艺术氛围;同时,车站雕塑还能对乘客们进行审美教育,提高人们的艺术鉴赏能力。所以,车站雕塑的艺术水准是衡量雕塑成败的首要标准。

5. 综合设计

地铁车站雕塑创作必须结合环境进行综合设计,必须有高度的艺术水平和文化涵养,严禁粗制滥造。雕塑建设应尽量结合车站所在地域的城市建设,追求共同进步。

3.5.4 地铁车站雕塑案例

1. 莫斯科地铁雕塑

莫斯科有150多座地铁站,4 000多列地铁列车在线运行,每天运送乘客多达千万人次。莫斯科地铁被公认为世界上最漂亮的地铁,其地铁站的建筑造型各异、华丽典雅。每个车站都由国内著名建筑师设计,各有其独特风格,建筑格局也各不相同,多用五颜六色的大理石、花岗岩、陶瓷和五彩玻璃镶嵌各种浮雕、雕刻和壁画,照明灯具十分别致,好像富丽堂皇的宫殿,享有"地下的艺术殿堂"之美称。

莫斯科地铁站中艺术气息浓郁。例如,以爱国主义为主题的革命广场站,雕塑的是以十月革命胜利和苏联红军反法西斯战争为主题。冲锋陷阵的苏联红军、站岗值勤的哨兵,一个个鲜活的面孔定格在激情澎湃的革命年代。观光客必访的共青团车站,里面金碧辉煌如同宫殿;还有些车站是以著名文学家为主题,配上各种人物的雕塑和历史题材的浮雕画面,在明亮的灯光照耀下,既展示了历史画卷,又显得富丽堂皇,使人们得到艺术上的享受,并从中获得精神上的教益(图3-12)。

图 3-12　俄罗斯莫斯科地铁车站浮雕

2. 纽约地铁

纽约地铁拥有468座车站,商业营运路线长度为373 km,用以营运的轨道长度约为1 056 km,总铺轨长度达1 355 km。虽其名为地铁,但约40%的路轨形式为地面或高架。

十四街八大道E线地铁站内的各个角落都遍布了许多小铜人雕塑(图3-13)。这些小铜人雕塑是美国著名的公共艺术家Tom Otternes的作品,主题是Life Under Ground。这些憨态可掬的小铜人雕塑,活灵活现、妙趣横生,生动逼真地述说着一个个地铁里发生的故事,讽刺了那些不遵守公共道德的行为,给人们以启示。Tom作品的风格常被描述成卡通式的、欢快的,但他的作品也传达着清晰的政治含义,他所表现的多是小人物的生活状态及其与生存环境的抗争。

图3-13所示这组雕塑最逗,令人忍俊不禁。一个家伙为了逃票,从门底下爬进来,不想被

图 3-13 纽约八大道 E 线地铁站内的小铜人雕塑

警察给抓了个正着,你看在门外还有一个在望风的女同伴呢。它用幽默诙谐的艺术形式表现了逃票的可耻行为,发人深省。

3. 武汉地铁

武汉作为全国历史文化名城、我国重要的科教基地,城市地铁在展示城市文化艺术方面扮演着重要的角色,其中地铁雕塑更是一种重要的艺术表现形式。下面以地铁 2 号线沿线的几个特色站点为例来详细了解武汉地铁雕塑。

汉口火车站地铁站。站厅层内设置了"黄鹤归来"的雕塑(图 3-14),与对面墙壁上设计的"江城印象"大型壁画相呼应,模拟游客站在黄鹤楼上观看长江两岸的景象,让人们回味"昔人已乘黄鹤去,此地空余黄鹤楼"的古风遗韵。在"黄鹤归来"雕塑区,4 只仙鹤凌空飞舞,长宽均9 m 的"池塘"里,铜铸的荷叶、莲蓬高低错落,几只红色"鲤鱼"往来穿梭,形成一幅"莲叶何田田,鱼戏莲叶间"的生态画卷。"江城印象"大型壁画展示了从长江大桥至长江二桥之间的江城夜景,龟山电视塔、晴川桥、武汉关等地标建筑一一入画,璀璨的灯光倒映在江面上,分外迷人。这幅长 40 m、高 2.8 m 的巨幅壁画,是用 134 万颗玻璃马赛克拼接而成的,画面颜色多达 60 多种。

走进宝通寺站(图 3-15),一幅巨大的山水瓷板画映入眼帘,佛香禅意,流淌于"山水"与"古寺"间,让忙碌的人们偶尔停下脚步,沉静心灵。这幅画由湖北美术学院教授秦岭创作。作品以"宁静致远"为主题,主要是以全国重点佛教寺院宝通寺为发散点,以洪山、古塔等为背景,以菩提树为点缀,构成通幅山水画,表达佛教的禅意;然后请广东佛山的厂家制成工业瓷板画,宽 25.2 m,高 3.2 m,瓷板画与原作相似度极高。湖北美术学院雕塑系用白铜锻造了 3 棵菩提树,镶嵌在瓷板画上,画面右上角题:"菩提本无树,明镜亦非台,本来无一物,何处惹尘埃。"

图 3-14　武汉地铁汉口站"黄鹤归来"雕塑　　　图 3-15　武汉地铁宝通寺站——"菩提树"

3.6　地铁车站壁画艺术设计

壁画是指"壁"与"画"的结合，从字面上来看，即指墙壁上的绘画，既具有意识形态方面的功能，又具有装饰与美化功能。壁画艺术存在于公共环境中，其内容、形态等因素各异，不同的设置与处理会发挥不同的功能，产生不同的美学感受。

壁画作为地铁艺术的主体，设计关乎整个地铁空间乃至城市的面貌，因此地铁壁画的设计需要精心的考量和审慎的判断。地铁壁画的位置通常位于站台对面的较长墙面，也包括天花部位。日本建筑师芦原信义在他的外部模数理论中提到：在一个大的空间中，人感到最适宜舒适的尺度是 20～25 m，若超出了这个尺度，就应考虑在每 20～25 m 距离内有重复的节奏感，或有材质、色彩上的变化，这样可以打破漫长距离的单调。地铁站墙面通常在 150～200 m 的长度之间，地铁壁画也可以应用这一设计理论。

壁画艺术是一种装饰壁面的画。它包括用绘制、雕刻及其他造型手段或工艺手段，在天然或人工壁面（建筑物）上制作的画。而地铁壁画与公交车、候车厅的样式、广告及其他公共设施一样都属于交通类公共艺术。地铁壁画作为地铁车站空间环境中的公共艺术，构筑了车站的文化空间，提升了空间的精神品质。

在地铁车站内，壁画艺术是公共艺术最主要的表现形式，也最容易成为乘客的视觉中心和焦点。如西安的地铁 2 号线沿线的永宁门站，站厅层中央，设计了一面长 14 m、高 2.65 m 金碧辉煌的、以喜迎中外贵宾为主题的《迎宾图》文化墙，在一片花团锦簇彩灯高挑的喜庆场面中喜迎外国游客。整个文化墙采用鎏金工艺，用大明宫及源自唐代绘画丰满仕女等唐代元素，全景式大角度地再现了大唐盛世的真实画面，使整座车站成为一个精美绝伦的艺术杰作。

3.6.1 壁画设计要求

壁画并非是壁面与绘画的简单叠加,它是整体环境设计的延续,受到环境的制约与影响。从壁画的特质来看,其与作为载体的空间环境的关联极为密切,壁画在一定程度上参与了建筑与空间环境的审美、实用及文化功能,对环境的作用不可忽视;而与此同时,后者对于前者的内容与形式,也具有直接的影响和反作用。

地铁作为一个城市的公共场所,它所连接的是城市的各个区域,因此,地铁壁画对于乘坐地铁的人群来说,其影响是潜移默化的。不同的地铁站点对壁画设计的要求又有所不同,以郑州地铁1号线的9个重点站为例:①紫荆山站的壁画要求展现青铜文化和都城文化相结合的题材内容;②郑州东站作为我国重要的铁路交通枢纽,连接祖国的八方四极,要向全世界展示郑州的现代都市的独特魅力,体现郑州的恢弘气魄和现代交通的时尚感、科技感;③会展中心站的壁画主题定位是体现郑州会展中心的现代感和时代感,而且还要和国际建筑师的设计作品进行衔接与呼应,设计语言更要突出国际化;④郑州火车站指的是郑州的老火车站,站点壁画的设计要突出对中国铁路历史文化的追忆;⑤二七广场站的地铁壁画主题要表现三商文化,该站壁画墙的设计要重点突出商业的内在文化;⑥绿城广场站的地铁壁画原先的主题是要体现绿色城市的美好,之后经过深入设计添加了反映市民娱乐生活的欢快场景;⑦农业南路站的地铁壁画设计主题原先要突出表现中国姓氏文化和河南特色的木板年画,后来要求重点表现木板年画;⑧黄河南路站主要突出表现郑州历史悠久的钧瓷文化;⑨桐柏路站的主题墙要求展现历史上郑州纺织业的记忆。

1. 整体性

壁画之整体性即与墙壁、壁面的协调一致性,是壁画对于墙面及整个公共环境的适应性。壁画应从属于环境,并与之形成一个完整有机的统一体,与环境互补、互相作用。不当的壁画创作并不意味着壁画自身完整性的缺失,反而是由于自成一体所造成的与公共环境的不相应,对人们的心理及视觉空间感造成不和谐、支离破碎的印象。因此,整体性的考量是壁画在材料、造型、结构、风格、题材等方面都需要具备的重要因素。

壁画艺术一般被归入环境公共艺术的范畴,视它为整体环境的一个组成部分。在进行地铁车站壁画设计创作时,设计者不能孤立地把壁画作品作为目标,而是应以文化的视角来注视人们的生存空间,根据环境所必须的物理、心理的感受进行综合性的设计,应更注重作品的意义、环境的整体性、艺术与空间工程技术的结合,以及人们与场所空间的关系。

整体环境观理论,要求地铁中的壁画创作必须以最大的可能,在材料、位置、形式内容等方面与地铁整体环境相适应,满足环境与人的需要。不仅如此,我们还应该从地下空间扩展到整个城市空间,把构成空间和环境的各个要素有机地、协调地结合在一起,把地铁空间整体环境作为城市整体环境的一部分,整体考虑,协调发展,把一些具有恒久价值的因素以一种新的方式与现代生活结合,以地铁环境促成对城市整体环境的贡献。

2. 公共性

公共性的考量,多倾向于在壁画情感、精神的表达上,与其所在环境所达成的内在气质的融合。作为公共艺术的现代壁画,因处于公共场所而具有大众性,它既尊重艺术家的个人表达,又需参照民众的空间意识与公共情感。它需要满足不同地域、文化、民族的人共同的欣赏趣味和审美习惯,它本身也成为社会习俗的缩影。深切的人文关怀与艺术共鸣,需要在各种差异性中寻找共性的全局式眼光,从而使壁画不以一种孤立的姿态出现,能够在参与和互动中与外部环境进行有益的交流。

"公共"对应的英文一词是"Public",代表着公众的、公共的,公开的。"公众",指的是社会的主体,即大众。"公共"是共有、共享的概念。壁画作为一种公共艺术,其与公众的接触可以说是强制性的,不论是主动参与还是被动参与,不论你喜欢、接受与否,它都会跟你发生一种视觉传达的关系,既然是公共艺术,那么它就必须关注公众,对公众负责。

当代壁画艺术的"公共性"主要体现在以下几个方面:

1)造型体量

公共环境周围的形态体量,直接影响着壁画的整幅构成设计,壁画整体画面体量的设计,需要更多地关注其造型与公共环境中各类因素的内在关联。换句话说,空间体量的大小,造型的形式,最终决定着壁画创作的空间尺度乃至幅面的造型形态。

2)色彩环境

一旦壁画的造型风格明确之后,壁画所处公共环境的色彩因素,就是影响壁画创作的另一个关键。环境空间的色彩是城市文明的重要标志,壁画的设计必须要与城市色彩结合起来,在壁画创作中,如果不能正确地与周围的环境色彩和谐相处,效果往往就会适得其反。艺术家在色彩设计上,最主要的考虑就是色调的倾向、色彩的组合以及与周围环境色调的统一协调等方面,只有这样壁画与环境的色彩才能够融为一体,壁画作品才能够体现和谐愉悦的美感。

3)人文社会因素

每一座城市在漫长的发展过程中都会形成自己特有的建筑风格、人文景观,在壁画的创作设计过程中,不论是格局样式还是风格色彩,都要充分考虑与城市的人文景观和城市风貌的融合统一。不同城市的建筑风格、艺术文化、人文地理、历史文脉等,都有其自身独特的内涵,这些东西是不可随意更改的,因此,在进行壁画创作之初就应该对该城市的人文社会环境做一定的调研分析,力求在设计上与城市环境空间找到对应关系,而不应该与城市建设最初的设计理念相矛盾。

4)城市文化环境

文化是城市的灵魂,每一个城市都有自己独特的文化,并随着社会物质生活的发展而不断丰富变化。在人类社会进入信息时代的今天,当代壁画在多元的城市文化背景下进行创作,不仅仅需要考虑画面构成等美学方面的因素,同时还需要考虑文化特质和内涵的问题,它的文化取向应当更加贴近当今人类生活,更加人性化而富有情感,更加多元化而富有个性。优秀的壁画不仅需要很好的创意、表现形式和艺术品位,同时深厚的文化内涵也是艺术作品的神韵所在和核心。

5）与公众之间的交流沟通关系

公众参与是壁画艺术创作的重要组成部分,当代壁画首先要在公共环境空间中找到与公众共鸣的结合点,以此展开一系列的创作。艺术家在创作中除了与公共环境进行互动磨合之外,作品的艺术价值还需要公众的参与、品鉴、认同和欣赏,只有将环境、作品、公众之间形成沟通交流的关系,壁画作品的艺术性和公共性才能真正得以实现。

6）"公开性"原则

当代壁画置于公共空间这样一种环境当中,它是面向公众开放的公共空间。在开放的环境中,壁画的创作不可能像创作自由艺术作品那样,只是单纯地表达艺术家个人的创作意愿和情绪抒发,而应该遵循"公开性"的原则进行艺术创作。面对公众千差万别的知识层面,不同社会地位和人生历练的人,都可以对壁画作品进行个人的解读、欣赏与评价。它的"公开性"原则并不仅仅局限为"面对公众开放"这样的概念,而是被无限地放大,艺术作品的艺术价值也将会在此得到最根本的检验。

3. 被接受性

20世纪后期,接受美学理论家姚斯曾指出:"作品的独立存在只是没有生命的文献,只有通过接受并产生影响,作品才能获得生命。"这种"以接受者为中心"的思想(即接受美学)的核心是:作品的审美价值和社会功能是设计者的作品和欣赏者的接受意识两方面共同作用的结果。

按过去传统的看法,一件艺术作品被创作出来,在环境空间中和观众见了面,就算是完成了。而姚斯的接受美学则认为作品的意义只有在阅读过程中才能产生,阅读并非被动地反应,而是主动地参与,与作品进行交流、对话,从而建立了一门全新的"读者学"。他的《接受美学与接受理论》还进一步指出:"理解本身便是一种积极的建设性行为,包含着创造的因素。"

接受美学的这些观点对当代的公共艺术创作有着重要的现实意义与深远影响。就地铁中的壁画而言,如果只从画面本身或空间着手创造,而不清楚地铁乘客的需求,不能在情感上与大众沟通交流,这样的壁画作品自身纵然再好,也不宜在地铁中展示,因为如果不为大众所喜欢并接受,最终只会造成更多的问题,而无助于地铁空间品质的提升。存在主义美学家萨特给出的结论观点更加鲜明:"精神产品这个既是具体的又是想象出来的对象,只有在作者和读者的联合努力之下才能出现。只有为了别人,才有艺术;只有通过别人,才有艺术。"

壁画创作关注作品本身,是以进入地铁空间的人,即受众为前提的,而今天一些壁画之所以不尽如人意恰恰是因为忽略了这一点。壁画作品面对的是普通大众,在创作之初就必须充分考虑这个特殊场所中"人"的审美需求,关注公众的归属感与认同感,这样才能建立起被公众接受、亲切相融且生动的观赏方式,从而使作品能够被公众所接纳,并得到大多数人的共鸣。由此,地铁车站壁画的被接受性是其成功的必要前提。

4. 共生性

地铁空间中的当代壁画必须根据时代的要求,发挥其多样的社会功能,同时,也要吸收新的元素。地铁站聚集的人多,流动量又大,自然也成为广告商们青睐的地方。当代壁画与商业广告对于公共空间而言,它们是相互独立的个体,但是当它们同时出现在某个具体的环境(在这里指地铁车站空间)中时又是相互影响的。正如法国社会学家(Lefebyrem)与博德里亚(Baudrillard)所说:"人们如不能思考文化与商品化在当代社会的角色,将不能适当地了解历史、政治、经济或其他现象的事实。"我们不是要去把一方压倒,而是寻求共生的可能。

壁画其实也是一种宣传的媒介,是以宣扬城市精神,满足大众需要为目的。在设计壁画时可以把广告中出现的一些元素运用到画面中来。如在材料上可以借鉴使用广告的摄影技术、灯光技术等科技手段,以获得画面中新的组合效果,题材上可以关注都市人的生活点滴,把大众所关注的物质元素融合在其中,使观者产生认同感和亲切感;设置地点上,壁画可更加灵活地出现,增强与观者的交流。事实上,二者在一起将构成一个循环的或者是一个螺旋上升的过程。美好的环境将使人们更敏锐地观察周围的一切,搜索自己喜欢的艺术作品。现代地铁壁画必将与有品位的、敏感的观众相关联。如果观众和艺术一同成长,那么现代的地铁空间才能成为无数人享受"阳光",体验生活乐趣的所在。

在多层次与多元化的文化时代,地铁壁画具有较为独特和明显的文化价值,它与所依附的文化背景一道,被社会公众引申出更广泛的话题,并融入社会的日常生活中,体现出地铁壁画艺术的"公共性",以及与社会大众所产生的双向互动性。从另一角度来看,地铁壁画所要强调的公共精神的基本态度,是建立在具有民主、包容和理性的公民社会基础及道德价值之上的一种"大众认同"。这种"大众认同"是公共艺术精神的内涵所决定的,也是公共艺术赖以生存与发展的社会基础条件,因此地铁壁画艺术必须体现人文精神。

艺术创作者通过与观众互动的创作方式来完成地铁壁画,即把公众参与作品的行为和身体体验的经历作为作品不可缺少的一部分,从而使作品超越传统视觉审美的范围,加强公众的触觉、视觉和心灵的感受,让以公众参与或社会评议的方式与壁画艺术作品交流对话,使公众成为作品中的主体和形式上的有机组成部分。这种参与、互动的方式深刻、直观地传达了公共社会领域的各种意向、价值观念及审美态度。通过这种方式让民众更能亲切地感受到壁画艺术所传达的意念。如2010年1月,京港地铁邀请一群京城高校学生参与西直门站虎年春节的涂鸦创作,以"虎年来了"、"五虎跃新春"等贺年文字为涂鸦要素,组成五只虎形图案画面,传统生肖文化与现代艺术形式结合给乘客带来了崭新体验。京港地铁希望通过西直门站"涂鸦墙"的展出,将街头的涂鸦艺术带入地铁,在弘扬中国传统艺术的同时也展示年轻一代的流行文化艺术,从而为4号线地铁文化的建设注入了新鲜血液,使之更加年轻化。

5. 地域性

地铁是一个城市文化的缩影。"虽然是一个铁皮工具,却承载着灵性的人",知名人文专家周晓虹如此说道。地铁文化越来越成为城市文化的缩影,明晰城市文化的特点和精神,提升城市文化的层次和品位。

优秀的地铁文化,甚至会影响城市文化的建设与发展,引领城市文化的走向。随着现代公共艺术的发展,公共艺术已从纯粹意识形态的纪念性、宣传性而转向对艺术形式语言的探索;开始关注到与地域文化及其生态环境的关系;强调设计对现实文化整体的关注与对话,开始参与对城市环境及公共设施形态的整体规划与合理设计。而作为公共艺术形式之一的地铁壁画也毫无例外地响应了这个发展趋势。

如北京西单车站站台上下行电梯顶部悬挂的《老北京》浮雕,中幡、跑竹马、太平鼓等北京"绝活"活灵活现,充分展示了老北京特有的文化特色。国家图书馆站采用"书"作为车站的主题,站台立柱侧面用银色的线条来模仿书页;在站厅层,墙上用绘画对应国家图书馆四大镇馆之宝:《永乐大典》《四库全书》《赵城金藏》《敦煌遗书》,反映了中国国家图书馆在图书界的权威性及完整性。圆明园车站站台浮雕以西洋楼残柱为背景,墙壁上设有大水法的远景浮雕,力求震撼的视觉效果;站台的立柱则被装饰成残缺的形状,讲述圆明园自建园至第二次鸦片战争被毁的历史,给人铭刻于心的视觉心理作用和潜在的爱国主义教育意义。

地铁壁画多元化的形式形成与环境的有效联系,体现了地铁壁画的文化哲学态度与精神。地铁壁画的艺术形式表达实际上是对环境文化哲学态度与精神的综合表达。在经济全球化的影响下,文化上某些方面的趋同倾向难以避免,正好像今天行走在中国不同的地区,其建筑风格和城市建设规划正表现出趋同,而这种趋同反映到居住在这一地区民众的生活之中,那种鲜明的地方特色也逐渐消失,这种趋于类同的生活反射到艺术中,地方特色的消减也是在所难免的。

公共艺术对塑造一个城市的形貌特征、历史、文脉,乃至精神灵性以及市民的素质、气质和审美品位等方面,肩负着不可替代的价值和作用。每一个小的地域文化都是大的中华文化的组成部分,其中的个性特征也就是地铁壁画自己独特的人文表现方式。

6. 民族性

公共艺术凝结了一个民族的审美习惯、审美理想和价值观念。它以自身的主题和形式营造独特的文化氛围,传衍一个地区甚至一个民族的精神文明,是对历史文化的"承上"和对未来文化的"启下",从中表现出不可替代的文明历史物证的价值。它可以说是一部"无字史书",能够真实记录一个城市的变迁甚至一个民族的兴亡。

不同民族的人文特征与民族精神是不相同的,表现在艺术上特点也是鲜明的,如中国壁画艺术的东方情结、墨西哥现代壁画的民族特性、苏联壁画艺术的纪念性、法国现代壁画艺术的清晰浪漫的情调、德国的单纯与设计趣味的倾向及美国当代公共艺术的随意性。

然而,这种自然渗透的人文色彩在当今世界信息共享及全球一体化背景下,显得更具有特殊的意味。在相同的知识、信息及时代精神之下,人的精神与价值观的呈现丰富了文化内涵的意蕴,提倡人文精神与民族意识的张扬,重现民间或地域性的色彩,深深地融入了人们的开拓发展精神之中。在人文与民族特性中地域文脉的传承,民族习性无疑隐含、传递着不同的信息,感悟和把握这种信息,在未来的艺术发展中,尤其是在世界趋同的状态下显得更具特殊意义。

如北京地铁西苑站提取了皇家园林红白雕花元素,站内装饰有白色古典浮雕,镶嵌其中的红色仿古装饰条与其他车站"现代简约"的风格形成鲜明对比;光洁的汉白玉雕出古典的"福"字,镶嵌在立柱上;"中国红"的装饰铝条镶满屋顶,两条白色的装饰长带延伸在屋顶两侧,用白色铝条拼出的雕花图案,古色古香。宣武门站车站长幅壁画《宣南文化》,反映了以先农坛为代表的皇家祭祀文化、以琉璃厂为代表的京城士人文化、以湖广会馆为代表的会馆文化、以大栅栏地区老字号店铺为代表的传统商业文化、以天桥为代表的老北京民俗文化等,描绘出具有中国特色和意味的文化传统。

中国是一个拥有着5 000年灿烂文明的古老民族。在这一漫长的历史长河中,逐渐形成了以爱国主义为核心的团结统一、爱好和平、勤劳勇敢、自强不息的伟大民族精神。这样的民族精神要体现在公共艺术作品的创作中,它应该蕴涵着本民族的精神品格、心灵境界、至诚至高的追求。著名美术理论家邵大澂说:"中国当代艺术中的民族精神就是当代中国人对本民族和人类命运的关注,对历史和当代社会的深刻思考,对本民族人民和土地的热爱。"艺术家理应抱着崇高的民族使命感、责任感和博大的仁爱心、悲悯心,时刻关注民族的前途和命运。"天人合一,外适内和"、"含蓄蕴藉,厚德载物"、"勤劳坚韧,和衷共济"等民族精神,是中华民族区别于其他民族的语汇符号,也应是在公共艺术上表达的理性精神和感性情怀。

7. 审美性

在地铁站这个空间里,所有的公众,包括教授、科学家、普通的劳动者和市民、饱经沧桑的老人或天真幼稚的孩子甚至不同民族的群体,都能自由地出入这个人流不息、车辆往来封闭的空间。公众会从自觉不自觉的空间角度或心理角度去关注艺术作品,审视作品的表现形式,解读作品的内容,以期从中寻得具有美感的形式,获得心理的愉悦和平衡。

例如京港地铁的负责人为了打造人文地铁的目标,非常重视公共文化建设和公益项目的规划与实施,推动了4号线美术馆方案的实施。如今,29幅油画印刷品正"分乘"4号线地铁的两列列车,每天在这个流动的空间里与上上下下四方的乘客亲密接触。该负责人为了让艺术品呈现出最佳的展示效果,还专门安装了一批适用于地铁列车的专用画框。季大纯、洪浩昌等6位当代艺术家画家参与的这一公益项目,主办方将这些艺术家的作品轮流悬挂在不同列车的车厢内,以45天为一个周期进行更换。据介绍,4号线每天共有40辆列车投入运营,日均客流量52.8万人。如此算来,每天约有两万余人有机会与这些艺术品碰面。

从某种角度上说,任何一个公共艺术作品都应是形式、内涵和精神的统一。它通过特有的艺术形式去感染公众,融入公众的审美情感,以自身积极向上的精神、生动活泼的审美情趣来感化公众。公共艺术犹如当今大众传媒时代的报纸、电视及广播等公共领域的媒介,它以艺术的表达方式去传达公共社会领域的各种意向、价值观念及审美态度等。

地铁环境艺术与人的关系非常亲密,与市民大众的社会生活息息相关,在城市物质与社会环境中不时地传递着美的信息,影响着人们的精气神和审美情操,使公众从视觉感官的愉悦舒适开始,至内心情绪的被激发,境界"天眼"的开悟意会,心理机制的调节平衡,这里贯穿着一个由此及彼、由表及里、由浅入深的人文关怀系统。

壁画艺术是属于民众的,也是服务于民众的,其参与性和互动性愈高愈能表达它的艺术价值。制作时应充分体现时代所共拥的风采和面貌,在艺术的表现中融进深切的人文关怀,尽可能地使更多观众产生共鸣,从而获得艺术性的享受与社会性的启发。壁画艺术是环境空间与精神相互作用的产物,它直接体现了人对自然的反映,通过具体的物质凝结,引发精神内涵又服务人类本身。

3.6.2 壁画设计原则

(1)统一原则。一条地铁线路的各个站点的壁画主题都应统一在整条地铁大的壁画主题规则之下,乃至以多条地铁线路交汇点——地铁换乘站为核心构建网络,将整个城市的地铁站点壁画网络统一在一个更大的原则之下。

(2)根据各个不同站点的具体地理位置并结合该地区的历史文化进行不同文化主题的确定。

(3)紧扣城市文化特色。地铁各重要站点的地铁壁画都要展现城市文化特色,以城市文化标志性元素进行设计构思。

(4)地铁壁画的设计要达到内涵的文化性、形式的美感、材质与色彩的和谐完美统一。

(5)地铁站点壁画的设计要考虑所处地铁车站室内大环境,室内设计的风格和色彩对壁画的内容与形式的制约关系。

3.6.3 壁画与车站的相互影响

壁画处于一个大的公共空间环境之中,并在空间环境中发挥着一定的功能与作用,壁画不仅是公共空间艺术的局部组成部分,而且是对现代空间环境艺术的延伸与拓展。"壁"是"画"的载体,"画"是"壁"的表达。对于壁画来说,地铁公共空间对其既存在一种依托关系,又有制约作用,二者相互适应,彼此互为增减,不同的地铁环境对壁画的材质、形制、主题产生不同的影响,而不同的壁画创作又适应着不同地区的地铁站建设,根据具体的特点与功能进行创作,与时代和谐,与大众契合。

1. 壁画对车站的作用

地铁壁画的实质是在钢筋混凝土的地下环境中,通过壁画等公共艺术品的设置,营建一个充满人情味、充满艺术气息和美感的文化长廊。

壁画通过与周遭的地铁空间所形成的对应转换关系,达到与地铁空间的互补与通融的效果。壁画对地铁空间大致有五大作用。

1)装饰作用

装饰性壁画首先对于地铁的环境美化起到重要作用,用以呼应和改善空间,根据不同的美学要求,对地铁空间环境进行形式美的补充或改善,构成审美装饰,提升环境的文化氛围。壁画的装饰性是其最为基本的功能,以色彩、线条、造型构成某种形象,这形象符合一种总体构想和内涵,弥补或协调所在的地铁空间,达到视觉美化的目的。相对于地铁空间的幽暗、密闭特性,一部分装饰性壁画能起到弥补环境缺陷的作用,如以几何体拼嵌而成,色彩对比强烈,装饰效果浓厚,则具有醒目鲜明的振奋视觉效果。这样的壁画可对单一的地铁视觉环境进行改善,化粗陋为美观,十分必要。

2）导向作用

在容易迷失方向的地下空间,地铁艺术可以起到指明方向的作用。设置在地铁空间里的形状独特、规模宏大的壁画,不仅能使乘客们区分站点,还能定义某个特定的位置。这类壁画通过直接描写当地名胜古迹、民族风俗、风土人情或自然风光来暗示站点所在地的特征,或通过图形导向人流,并通常与其他地铁标识结合,起到辨识、导向的作用,包括对所在地风土人情、名胜、民俗介绍式的描绘,也包括专门的图像标识信息,并辅以少量文字,为乘客提供指南。

3）调节作用

（1）视觉调节

地铁壁画具有视觉环境调节作用,它能安抚情绪、陶冶情操,让乘客们在候车之余,享受艺术的熏陶,体验大师们的情感波涛。

现代壁画对地铁环境的参与,是以营造地铁环境的视觉美感作为艺术创作的最根本目的,也是作为一种不可或缺的人类心理因素的驱使和感召的结果,反映了当代"人"的一种精神需要。

当人们穿梭于地铁空间时,不管建筑形式如何调整,心里总会意识自己是在一个人造的地下通道内,容易产生不舒服感。因此,合理的环境装饰,可以弥补空间的不足,起到调节视觉的作用。对于采用壁画作为主要的装饰手段,就是一种很有特点的选择,它不占据人的行为空间,却能有效地装点地铁环境,把负面影响的环境转换成"人性"环境,给环境以与众不同的效果。

当前把地铁空间用做另一种文化空间的例子逐渐增多。如布鲁塞尔的地铁 Clnceau 站约瑟芬维拉莱脱的作品《墙外》,它是绘于岛式车站侧墙上的大幅壁画,对岛式站台层面而言,车辆一侧紧靠壁面,若壁面为暗色调,容易产生狭窄感,而配上这幅统长的壁画:砖砌的拱门外是白色的小屋与宽阔的田野,道路伸向远方的天际,整个画面以橙色、白色、绿色构成,显得明亮,增加了纵深感,在顶面连续光源映照下,有良好的视觉效果,为地铁空间塑造了特殊的景观细节。

因此,无论壁画创作的手段如何,都会借助艺术的造型语言对地铁环境起到渲染和烘托的强化装饰作用,达到对环境空间某种程度上的修饰美化,提高环境的品质。

（2）空间调节

空间,也是视觉的空间。地铁壁画具有空间调节作用。地铁壁画多设于公共场所,它使过于宽大或封闭的缺乏人性的地下机械空间转变为更为丰富、更加有用的艺术空间。

壁画的介入形式,也并非仅限于墙体的最基本功能——封闭空间或隔断空间,壁画还可通过画面的内容成为建筑空间中的方向性的引导暗示,使空间得以连续,同时会削弱墙体所造成的空间围合感,使彼此空间有相互间的渗透。法国巴黎某地铁站墙面上,创作者有意识地把人们注意力吸引于某个方向,使地铁空间保持着某种程度上的连通,在视觉上使人感到空间的扩大,并使处于地铁空间的人具有了方向感,增加了空间的层次变化,使环境更富有人性。环境于人的亲切,无疑来自于它能够更充分地发挥其使用目的性。壁画虽具有相对的独立性,但它同时又从属于环境、依附于地铁建筑,是地铁环境的一个有机组成部分。所以,现代地铁壁画要时刻关注环境与空间的关系。

（3）心理调节

从对于地铁乘客的心理影响来说,壁画具有心理调节的显著作用。地铁是深入地下的一处狭长地带、幽闭空间的一种,而在欣赏壁画时,人脑则可随视觉物象的材质肌理与形态构成,产生放松的视觉感受和丰富的思维联想。壁画的存在能够改善并调节地铁空间的总体氛围,有时利用视幻觉,造成空间上的错位理解,打破平板单调的平板式墙面,从而给人带来无穷的想象。

4）改善环境

地铁壁画具有改善文化环境的作用,它能把周围的环境装扮成一个绚丽多彩的艺术空间,从而改善地下空间环境质量。

在封闭阴凉的地下空间中,壁画不仅能美化空间环境,还能给地下空间创造更多的人性环境,激发乘客们对生活和环境的感性与关怀,从而形成一个更具有创意的环境。

5）构筑人与空间的桥梁

作为环境公共艺术的壁画装置于地铁空间中,由于其设计的不同,使观者对其空间的感觉也不相同,它是沟通人与建筑的桥梁。人与建筑之间的情感交流可以通过壁画来实现,它使建筑充满了人情、文化、地域等特性,增加视觉上的层次感或深远感。壁画构架的功能桥梁,开拓了人的心理空间,拉近了人与建筑的距离。

现代地铁壁画设计关注人性,让人们的行为在不经意的状态下,成为艺术的一部分,注重与公众的交流。当这些作品充分考虑到公众的心理和行为之后,公众将会自然地感受到作品所散发的亲切感,也会积极主动地参与到作品中去。这些壁画艺术不是靠正面言辞的说教,而是希望能给人们心灵深处带来一丝感动、触动,使人们乐于出入于充满艺术氛围的地铁环境中。如美国尤蒂卡大道地铁站壁画,如同给地铁建筑空间穿上了美丽的外套,打破了原本空间的冷漠与乏味,营造了一个充满浓重文化艺术的氛围,最大可能地与人的需求和谐。这就是壁画艺术对环境所产生的极为有意义的作用。壁画经过艺术家们的处理,使原本单调的地铁环境转化为和谐的艺术空间,并在人们心里产生作用,使建筑整体空间环境具有极其饱满的精神内涵与审美价值,形成建筑与空间环境的"场所精神"。

越来越多的人感觉到,在科学技术和经济高度发达的今天,艺术作为现代人类之精神需要,其在生活中的位置不可低估。壁画作为其中的一个重要组成部分,皆在为人们提供生活中丰富细腻的感性认知和艺术享受,唤起人们感情的共鸣和灵魂的沟通。

6）宣传作用

地铁壁画的宣传性,是"通过壁画的形式强化地铁空间机能,并赋予地铁空间的主题和艺术形象产生对视觉的冲击,增强它们所描绘内容的感染力,从而在主题上产生广泛的宣传效应"。

宣传性壁画在地铁空间较为多见,如北京以人文奥运为主题的壁画系列。宣传性壁画注重视觉感染力与冲击力,从而产生宣传效应。它分为商业性与公益性两大类别,皆具有推广、号召、宣传企业或城市文化等功用。

地铁壁画处在人流量大的公共环境中,以持久性、直观性及美化环境的特征充当着各种宣传的重要代言物。比如 20 世纪 80 年代的地铁壁画《中国天文史》,采用高温花釉陶瓷工艺镶嵌在北京建国门站。壁画由三部分组成:第一部分是幻想与神话,描绘了远古先民对神秘宇宙的美好憧憬和天文科学的萌芽;第二部分是科学与技术,画面中的古天文台与各种天文仪器等一起象征了我国天文科学的进步;第三部分是现实与未来,画面中心是地球形象和我国首次发射的火箭与卫星,描绘了五大行星的真实写照,宣示人类以自己的智慧揭示了宇宙的奥秘,神话变成了现实。一幅长卷式的画面,概括地体现了从古至今我国五千年的天文发展史。壁画不仅昭示了其装饰空间的功能,在北京这样一个国际化大都市还起到了广泛的宣传效应。

但是我国地铁公共艺术发展还处在起步阶段,在地铁环境中,充满商业化的广告灯箱依然占据着宣传功能的主导地位,因此,究竟是要文化传播还是经济效益,这是一个政府和经营者值得权衡的课题。

7)纪念与教育作用

纪念性的壁画是较为传统、也较为多见的一种壁画类型,其目的多为纪念某历史事件或某历史人物,并以其特定的角度,为观众提供一种主题明确的、包含价值判断倾向的展示。其具体内容,多为历史纪念、先贤缅怀、弘扬民族文化等,具有明确的精神性和实用性,有一定的纪念及教育色彩,突显所在空间的人文精神导向。

8)强化场所效应

美国地理文化学家苏贾对"场所"的定义为:"首先,有一种启迪性的场所概念,即一种有界限的区域,聚焦行为,凝聚社会生活中各种独一无二的事物和各种一般的和普遍的事物。"按照此定义,地铁壁画可以定义为一种"有界限的区域"。

壁画在地铁环境中,通过其主题、内容及表现形式,形象性地对地铁场所中的机能和属性做意识上的提示,对乘客起到辨识的作用。它通过直接描写所在车站的名胜古迹、民俗风情等标志性的事件或事物来暗示地铁站的社区特征。因此地铁壁画可以"帮助培育普通市民的集体记忆"。在当代城市中,商业化的"代码和符号在广告领域里表现得最彻底、最直接,并已成为整个中间化社会的一个主要方面"。这种符号的充斥日益吞噬着城市空间的纯净化,把功能化和拜物主义推到了无以附加的地步。因此,我们需要公共艺术的美学符号的强化,还归城市空间人文面貌,把人们从"金钱经济"的城市符号的泛滥中解放出来。各种主题壁画对地铁环境的人文、精神化将起到重要作用。

以北京 4 号线为例,当人们走进动物园站站厅时,会立刻被设置在站厅墙壁上的儿童涂鸦壁画所吸引,壁画色彩强烈醒目,画幅尺度较大,瞬间识别快速能力强,也会强化存在于乘客脑中对于该站的集体记忆,儿童壁画成为车站所在地域的标志性景观。又如圆明园站站厅的大型浮雕,画面采用大理石雕刻,以代表性的圆明园建筑(西洋楼)残柱为背景,以御题《圆明园四十景》的文字形式为内容,加上建园、毁园、烧园三个历史年号,形成形象、文字、符号等造型语言和历史要素结合的现代空间构成形式,似重现当年的历史场景,墙面具有一定的象征和示意作用,在视觉和精神上感染乘客,具有很强的纪念意义。

9) 社会功能

(1) 城市文化的传承与共享

在某种意义上,一座城市有没有供人们进行文化与审美交流的大众活动空间,有没有娱乐和休闲的公共场所,有没有让公众与艺术家参与的公共艺术,是评判城市文化水平高低的重要标志。它们将直接或间接地影响着居民的生活方式、生活品质和社会群体的精神面貌。不同国家、区域、民族包含着文化传统、艺术爱好的迥异,这一切构筑了不同民族的人文特征与民族精神,各不相同的人文色彩渗透在各地的公共艺术的实践与创作中。

地铁壁画的设计是地铁文化的载体,肩负着区域文化的传承与共享的任务,居民会通过地铁壁画加深对本城历史、文化、区域的了解,在城市文化特色定位上达成共识,潜移默化接受审美普及教育。对于城市的精神文明建设,地铁壁画有着举足轻重的地位。

巴黎地铁,与凯旋门、卢浮宫、埃菲尔铁塔和巴黎圣母院等并称为"不能错过的景点",它构思设计了半个世纪,拥有 100 多年的历史,在这里孕育了独特的地铁经济和地铁文化。与享有"地下艺术宫殿"之称的莫斯科地铁不同,巴黎地铁车站占地面积不大,不讲究气派,不过每个车站都很有特色,别出心裁。例如位于巴黎地铁的巴士底站,站台的墙上绘制了当年法国大革命的巨幅图画,血雨腥风似乎就在眼前,经过的人甚至可以感觉到那隆隆的枪炮声,具有较强的历史文化氛围。

(2) 市民与壁画的互动

公共艺术是通过市民的广泛参与来反映社群利益与意志的艺术方式。因此,其社会和文化利益的主体必然是市民大众。"市民"是指参与并履行城市社会公民的权利与义务之契约的城市居民。他们每一个人都应该是创造城市社会公共生活、文化、制度及生存环境等形态的主人和成员。

地铁公共艺术不只是艺术家的事,更是整个社会的事;公共艺术是一种互动的艺术、双向交流的艺术,艺术要获得发展,必须让更多的市民欣赏、参与艺术活动,并在这过程中提高鉴赏眼光、增进艺术素养。"让公众参与进来,尊重公众的话语权,用公众视觉经验参与公共艺术创作,体现出平等交流与公共关怀的价值观,并拉近作品与公众的距离。"发展公共艺术,也为普及艺术教育、提高全民艺术素养提供了最好的条件。

2010 年 8 月 17 日,北京京港地铁公司在北京地铁 4 号线国家图书馆站举行地铁壁画展,将 4 号线动物园站、国家图书馆站、圆明园站等 8 个有着本站特色的壁画作品以灯箱广告形式进行了集中展示,同时,乘客在北京地铁 4 号线国家图书馆站进行拼图互动,拼出的图形为西单站扶梯中庭代表北京文化的《老字号》壁画作品。

(3) 促进地铁公共艺术运作机制的发展

地铁壁画可以促进地铁相关文化与艺术的完善与发展。"公共艺术是一项从属于社会公共事务和涉及公共行政范畴的文化事业。为了使更多的社会公民能够参与和享有公共社会的艺术活动及其资源的分配,主管公共艺术发展和管理的权力机构、运作机制及其法律制度的建设就成为必然的需要。"

例如费城的公共艺术就得益于公共艺术百分比的支持。所谓百分比公共艺术政策,即:"政府以立法的形式,从工程建设投资中提取一定比例的资金,用于城市公共艺术品的创作与建设。"1959 年,费城批准了 1% 的建筑经费用于艺术的条例,成为美国第一个通过百分比艺术条例的城市。

1965 年布鲁塞尔地铁动工时因受时代潮流所趋,计划在地铁车站内安置艺术品,于 1965 年正式成立了"布鲁塞尔地铁艺术委员会"。该组织成立之初并无组织条例及任期,主要责任在于推荐著名艺术家,执行与艺术家之合约,追踪协调艺术家与建筑师如何将作品安置在地铁内。直到 1990 年,委员会开始制度化,制定组织规章,于 1990 年 5 月更改名称为"布鲁塞尔都会区地下建筑艺术委员会"。委员会每年至少集会 4 次推动工作,除征选评鉴艺术家作品外,对平日维护艺术品及照明设备也编列预算。另外还评鉴地铁建筑、结构、位置、体积是否与环境配合适当,较过去工作范围扩大。

我国的公共艺术立法已经显得十分迫切和必要,我国城市建设中公共艺术的比重与欧美和日本相比还相差很远,而且也存在不少问题。例如公共艺术竞标中的腐败现象、地方保护主义,使得艺术品艺术性低、没有内涵。其次,我国艺术品设计者的业务提高和职业道德修养的自我管理需要加强。在当代社会经济国家化地影响下,城市公共艺术的发展也面临着全球性的挑战,同样需要国家出台政策、法规来进行约束。

2. 车站对壁画的限制

对于壁画而言,地铁公共空间的基本要素包括尺度、形状、方向、角度、材质、光,以及乘客在空间中的视点等诸多方面。这些因素既成为对于壁画的依托,同时也对其构成制约。

1) 地铁空间的尺度、形状与壁画

空间的尺度,指衡量空间大小、长宽的的视觉感受,对于地铁空间来说,这一尺度是人的尺度。较低的空间效果,会使人感到压抑;较高的视效,又使人感到疏远和生硬,因此,壁画不仅需要参考地铁的实际物质高度,也需要对乘客的精神视觉距离进行考量。如乘客与站台壁画之间所相隔的距离、长度与高度的比例呼应,壁画方位与动势、与地铁车厢尺寸的联系等等。

2) 地铁空间的方向、角度与壁画

地铁空间有其特定的方向特性,视觉冲击力强、大块面、空间连贯。这对壁画构图的动感因素有所要求,使壁画需要配合流动的意向,使观众在每个站台视点上具有相对独立的视点,同时又有连贯的方向顺序,沿着壁画指引的方向和路线行进,使空间具有导向的节奏感和方向感。各种视觉角度的壁画也会使乘客产生仰视、俯视、平视等不同视点的变化。

3) 地铁空间的材质与壁画

壁画的色彩、材质要与地铁空间达成融合,这包括选择与外空间相近的材质,达成协调一致的效果;也包括选择相异的材质,以差异突显对立与冲突,对外空间的质感不足进行弥补。越是对于地铁这一模式化的空间,壁画的材料表现力越是可以得到充分的发挥。

对于壁画来说,地铁车站对其既存在一种依托关系,又有制约作用,二者相互适应,彼此互为增减,不同的地铁环境对壁画的材质、形制、主题产生不同的影响,而不同的壁画创作又适应着不同地区的地铁站建设,根据具体的特点与功能进行创作,与时代和谐,与大众契合。

3.6.4 壁画设计趋势

随着社会的发展,地铁空间不仅是出行的起点、终点与转承枢纽,而且它已成为融合了文化、科技、生态元素的多元综合体。地铁空间的设计不仅要考虑高效便捷的实用性内容,还需要纳入人性化、地域化的考量。

1. 材料的多样性、形式的多元性

多样化的表现手段是其主要的特征与发展趋势。在过去的陶板高温釉之后,又出现了锻铜浮雕贴金、高温釉上彩、彩色琉璃镶嵌、石刻浮雕等多种表现手段。但不可否认的是,在日后的壁画材料和表现手法上均仍存在较广阔的探索空间,如镶嵌与拼贴的灵活化,铝材、玻璃、珐琅、面砖等其他载体的多元化,还有以计算机、电子信息技术为基础的灯光、多媒体等表现方式的新发展等。

2. 主题式的内容:地域性、时代性与民族特色

除了沿袭传统的主题之外,新的地铁壁画主题内容在新的时代背景下需结合新的时代性、地域性与民族特色。以往的国内地铁壁画更注重历史文化的主题创作,而社会生活、科技文化等更为日常化的内容作为当今时代的主题,有望成为地铁壁画新的发展方向。民族特色在各个地区都是被强调的因素,因为地铁壁画是展示地域性、提升城市文化品位最为直接的窗口。

地域性是壁画的特质之一,即对地域文化和人文特征的偏爱。它们通过直接描写当地名胜古迹、民风民俗、风土人情,或者是通过描写建筑所在区域的自然风光、街区风景和人文景观来暗示建筑物所在地的特征。

壁画所置于的环境还包括其历史的环境及社会的环境。壁画的艺术性也必须积极地反映时代的面貌,即将艺术性孕育于时代性中。壁画的永久性特点也决定其设计还必须具有前瞻性的时代意识。

地铁壁画不仅代表着国家或地方区域的文化和艺术水平,同时,旅客还可以从壁画上了解到国家或当地的一些历史故事、民间传说、风俗人情和风景名胜等,这即民族性。其中具有代表性的实例是北京雍和宫站。雍和宫及其周边是中国文化的思想库所在地,具有很强的民族性,是包含文化理念的游览胜地。雍和宫地铁站的壁画设计用金色板面,配以藏传佛教图案,将车站的宗教特色展现得淋漓尽致,其金碧辉煌的壁画,配以喜庆的中国红立柱,充满了宫廷氛围和宗教气息,与地铁环境融为一体,相得益彰。

3. 标识性与导向性

相对于过去传统的较为单一化的地铁壁画设计,个性化的导向作用可视为地铁壁画新的

发展方向,这是其所在空间功能与受众需求决定的。壁画作为公共空间中的公共艺术,首先要发挥所在空间功能的现实作用,而对于地铁空间来说就是清晰的指向性功能。这都需要壁画创作强调特色、多元展示,将实际功能与文化层面的需求进行良好结合。在形象上,突出其鲜明的个性,从而具有明确的可识别性,具体做法如采用视觉冲击力强、语言简练、大块面构图等表现方式。

4. 壁画与车站环境的融合

壁画所指向的空间已由月台对面的墙壁发展至通道墙壁及天花等更为广阔的领域,而顶壁、侧墙与站台的各种设施(如电梯、扶梯、通道等)的紧密结合也成为壁画更新的发展方向。整体环境意识作为壁画设计的前提是不可或缺的,可尝试打破原有的二维,向三维空间发展。一方面,这需要设计者与施工方的协商协作,包括壁画的绘制组或工艺制作厂家与施工方的通力协调合作,以及壁画安装时与现场方施工队的配合等①。另一方面,整体规划意识十分重要,对壁画的设置、效果做全盘的规划设计是达到与环境"共生"的前提条件。

5. 环保与生态型设计

由于地铁空间特殊的空气环境有高度的热度与湿度要求,且含尘量高,因此对于材料的防火防潮有特殊的要求。随着科技的发展,当今壁画在材料的可持续使用上有条件、有必要进行更为深入的探索。此为壁画设计最为重要的前提,否则一切艺术效果都是没有基础,甚至有害的。比如,漆壁画的设置和制作,过去多在木质板材上绘制,所用材料、辅料也多为天然材料,其防火防潮的性能标准不一。要使壁画制作完全符合地铁这一特殊环境的功能需要,就必须在材料应用和技术应用上有所不同。因此,对于环保型与生态型壁画的设计要求可视为我国地铁壁画的又一发展方向。

3.6.5　壁画设计案例

1. 斯德哥尔摩地铁壁画

瑞典斯德哥尔摩的地铁修建于 20 世纪 40 年代,起初人们构思着如何去装饰每个地铁站,后来决定让一百多位艺术家分别用自己的风格和艺术构思来装点一个站台,于是一个世界最长的地铁网变成了一个世界最长的艺术长廊,总长 108 km,每一站都是精心设计的艺术品。在一百多个地铁站内人们可以欣赏到自然界人类活动及动植物抽象仿真式样的绘画、壁画、雕塑以及各式各样的艺术表现手法(图 3-16)。

斯德哥尔摩地铁的几个站是在岩石中开凿出来的,留有洞穴状的"天花板"。它是古代和未来的结合,洞穴绘画是其点睛之笔。在其一百多个地铁车站中,有一半以上装饰着不同的艺术品,它们表现着不同的主题,给斯德哥尔摩地铁增添了生机勃勃的活力和艺术品质(图 3-17)。

---

① 张笑甜:《中国地铁壁画设计现状研究》,延边大学硕士学位论文,2008 年。

图 3-16 斯德哥尔摩地铁壁画　　　　　图 3-17 斯德哥尔摩地铁以植物为主题的壁画

图 3-18 慕尼黑地铁站

没有大理石,也没有花岗岩,更没有钢板一类的现代建筑材料,斯德哥尔摩中央车站利用天然的洞穴结构,开凿出全球最为独特的地铁车站。从宜家到 H&M,瑞典人始终向世界输出着实用的极简主义,地铁车站也不例外。洞穴的岩石随处可见,设计师在保留地质结构的同时,利用大量的彩绘和涂鸦让岩石焕发艺术的生机。时至今日,已有超过 150 位艺术家在此创建了超过 9 万件的雕塑、油画、版画、浮雕和装置等艺术装饰。

2. 慕尼黑地铁壁画

慕尼黑地铁壁画装饰以颜色为主题,被誉为"打翻设计的调色板"(图 3-18)。尽管没有伦敦地铁百年的悠久历史,但慕尼黑地铁之所以为众人所知,设计的运用功不可没。没有繁复的雕塑与壁画,也没有夺人眼目的多媒体装置艺术,慕尼黑的地下世界用最为简捷的理念粉饰自我,简约却不简单。它运用丰富的色彩让昏暗的地下世界焕发出不一样的光彩,极度艳丽的漆料让其如同地面之上的真实世界一般绚烂。没有德国人一贯的严谨,取而代之的则是大胆与前卫,置身其中,移步异景。

慕尼黑地铁的每个车站因其颜色与风格的差异而易于识记。尤其是近年新建的地铁站,其灯光照明的色彩与照射方式各有区别,背景色统一,有时强调冷暖色对比,形制上采用工业结构造型或抽象造型。墙体风格与地板、灯饰的组合自成一体，采用简约概念式设计，强调工业秩序感和整体感效果。

3. 莫斯科地铁壁画

莫斯科地铁一直被公认为世界上最漂亮的地铁，地铁站的建筑造型各异、华丽典雅。每个车站都由国内著名建筑师设计，各有其独特风格，建筑格局也各不相同，多用五颜六色的大理石、花岗岩、陶瓷和五彩玻璃镶嵌出各种浮雕、雕刻和壁画装饰，以彰显革命胜利为主题进行创意设计，车站照明灯具也十分别致，好像富丽堂皇的宫殿，享有"地下的艺术殿堂"之美称。华丽典雅的莫斯科地铁一直是俄罗斯人的骄傲（图3-19）。

图 3-19 莫斯科地铁壁画

共青团地铁站在科尔特瑟瓦雅地铁线以及莫斯科整个地铁系统中最有名气，它也是莫斯科的标志，部分原因是它处于莫斯科最繁忙的交通枢纽——共青团广场，这个地铁站是到莫斯科和俄罗斯其他地区的枢纽。它的设计主题是展示爱国史，激发民族的荣誉感，使人们对俄罗斯的未来充满向往。精美的大理石柱面，典雅的吊灯，以及站台顶部那些代表着建筑者精湛技艺的马赛克镶嵌画，大量的社会主义绘画，让人仿佛回到苏维埃年代。

4. 北京地铁壁画

地铁1号线，北京第一条地铁，即中国第一条地铁，于1969年10月建成，共设17个地铁车站。沿线地铁站创造了一批反映时代特征的壁画作品，如东四十条站，严尚德的《华夏雄风》、李化吉的《走向世界》；建国门站，严东的《四大发明》、袁运甫的《中国天外史》；西直门站，张仃的《大江东去》和《燕山长城图》。

从内容上看，这几处壁画都体现了与该地区文化或历史特色紧密相连的特点；从材料上看，壁画创作者都选用了陶板高温釉来表现作品；从壁画位置上看，都选在月台的墙面上。其中《中国天文史》与建国门地区著名的古天文观测台相应，暗示建国门的悠久历史。

5. 上海地铁壁画

上海地铁始建于 1990 年 9 月。1 号线为南北方向,开通之后在各车站打造壁画墙。如上海万体馆站以突显体育运动的主题,站厅墙面上的壁画《生命的旋律》选用面砖组成体育运动内容;陕西南路站的站厅站台壁画《祖国颂》以红色为主调,轻松而具有较强的向心力;黄陂南路站站厅层设置玻璃灯光组成的壁画《起源》,铺以白色方格小圆弧灯的发光灯板,以生命与劳动这一深刻内涵作为主题,主题立意与空间环境和谐一致、耐人寻味;人民广场站站厅房侧不锈钢组成近百米长的壁饰《万国建筑博览》,精彩纷呈,变化万千,引人入胜;徐家汇站的《上海印象》更是意蕴深远,惹人遐思(图 3-20)。

图 3-20　徐家汇站的壁画"上海印象"

2 号线为东西方向,壁画的设计更多地融入了上海的历史元素及城市发展、都市时尚等内容。如静安寺站的《静安八景》,先用传统单线刻画在形状不同的大理石上,再镶挂在金黄色的毛面花岗石上,将现代与古典元素融为一体。而中山公园站的《今日交通》以金属流线象征现代交通,毛面花岗岩浮雕象征现代大都市,二者有机结合,成为当今上海城市交通的一个缩影,整幅壁画气势恢宏。

6. 南京地铁壁画

2005 年,古都南京成为中国第五个拥有地铁的现代化大都市,其在规划建造过程中,建造指挥者就把壁画、雕塑等公共艺术作品作为其有机组成部分。一系列反映古都南京人文风貌及历史底蕴的壁画,丰富了市民生活,极大地提升了城市形象。地铁 1 号线 9 个站共 10 幅壁画的展示为我国的地铁文化建设添上了光彩一页。这些壁画彰显了古都南京深厚的历史文脉,六朝烟火、南唐金粉、晚明遗风与现代的地铁交相辉映,成为古都金陵一道亮丽的风景线,成为富有南京地域特色的"城市名片"。2010 年开通的地铁 2 号线中,11 个主要车站展现了中国主要传统节日精彩热闹的场景,整条线路汇成了一条长长的节庆画卷,充满着浓郁的节日气氛。在市民对轨道交通的印象中,地铁站台上的壁画占据着举足轻重的地位。

地铁1号线的壁画有奥体站——千里之行;奥体站——十运之光;元通站——璀璨新城;中胜站——云彩地锦;中华门站——名城遗韵;三山街站——彩灯秦淮;珠江路站——民国叙事;鼓楼站——六朝古都;玄武门站——水月玄武;南京站——金陵揽胜等等。例如,1号线的钟鼓楼站《六朝古都》,以"六朝古都"为创意主题,通过六枚铸铜朱红金印镶嵌在石墙中,画龙点睛地表现了南京作为古都的特点,展现出南京的历史与文化积淀;《金陵揽胜》瓷刻青花陶瓷壁画安放在南京火车站地铁出口上层通道墙面,壁画将古城南京的自然景色与古迹名胜:明孝陵、中山陵、总统府、中华门、石头城、夫子庙、雨花台、电视塔、渡江纪念碑、长江大桥等南京的十三处景色纳入横卷画幅之中,采用装饰手法,造型简洁、色调明快,充分展示了古城南京的山川景色与人文内涵。这些富有当地特色的地铁壁画作品,以其特有的魅力成为传播城市气质、体现城市文明,提升城市新形象的一张张崭新的文化"名片"。

南京地铁2号线有11幅壁画,都以各种重大节日为主题:明故宫站——重阳节;兴隆大街站——国庆节;大行宫站——春节;集庆门站——中秋节;马群站——元旦;钟灵街站——冬至;莫愁湖站——端午节;云锦站——清明节;元通站——元宵节……以2号线的苜蓿园站为例,最大的特点就是以中国传统佳节"七夕节"为主题。天花顶上描绘了中国爱情故事,通过冷色过渡为暖色的渐变手法,暗示牛郎与织女之间所处"天国"。此外,苜蓿园站有很多个立柱,每个立柱上都画有中外爱情故事,如西厢记、红楼梦等。再如大行宫站的"春节",通过将民间有关春节的神明和老百姓庆祝活动相融合,生动地表现了春节期间人们丰富多彩的活动,贴春联、放鞭炮、挂彩灯、吃年糕等,是节日生活的一个个精彩缩影。

地铁1号线的9个重点站的10幅壁画,在充分考虑南京历史文化的前提下,以"演绎传统,现代表达"为创作的基本定位和指导思想,将南京的人文特色展现给广大市民。这些作品紧扣六朝古都特色和江南本土文化,立体化地表现了南京深厚的文化底蕴与独特气质,构成一道亮丽的地铁艺术风景线。而近年随着2号线、10号线、S8号线、机场线等的开通运营,地铁壁画亦逐渐风靡南京。下面以南京站站、珠江路站、三山街站、元通站、奥体中心站为例进行详细介绍。

1) 南京站站,壁画作品——金陵揽胜

壁画位于南京站站北面站厅,画面以散点式构图展开。作品运用装饰手法,将南京的自然景色与古迹名胜融入通景横卷之内,形成跌宕起伏的章法形式。画面形象简洁,色调明快,充分展示了古城南京的山川美景与人文内涵。在材料运用上,作品采用瓷板雕刻加青釉底青花复合工艺,使得画面既有立体造型的视觉冲击,又有传统青花纯粹的美感,从而与南

图 3-21 南京地铁南京站站壁画作品——金陵揽胜

京地铁1号线南京站站的空间装饰色调——蓝色相协调(图3-21)。

2) 珠江路站,壁画作品——民国叙事

壁画安装在展厅层南北售票厅之间,乘客从站台经过主通道梯出站便能见到此画(图3-22)。作品选取民国时期的百姓生活和建筑作为表现主题,以"老照片"式的表现手法,体现了民国时期的俚俗繁华和悠悠往事;主体画面以青铜铸造,用"构成"的方式、装饰性的语言再现了民国建筑的凝重与气度,形成了立体的青铜浮雕与平面色丝网印刷图形相结合的视觉效果,使人们在回眸民国历史和回味民国文化的时候,真切地感受到南京的魅力。

3) 三山街站,壁画作品——灯彩秦淮

壁画以夫子庙灯会为主题,突出站点所处地域的文化特征(图3-23)。壁画中,夫子庙"天下文框"大牌坊下宛如一片彩灯的海洋,几十个娃娃手持荷花灯、莲花灯、狮子灯、兔子灯等,尽情嬉戏,表现出一派盛世的祥和与生命的欢乐。画面人物形象灵秀聪慧,色彩于火爆中透出清新雅致,整个画面在民族传统中饱含着现代气息。

图 3-22 南京地铁珠江路站壁画作品——民国叙事   图 3-23 南京地铁三山街站壁画作品——灯彩秦淮

4) 元通站,壁画作品——璀璨新城

作品借鉴绘画表现技巧,运用简洁清晰的方圆几何形与跳动变换的色彩,表现了未来河西新城之印象。在材料运用上,作品充分利用水晶材质的特性,结合简洁的形与明快的色,营造了不同光感下变幻炫目的视觉效果,让人在具体与抽象、幻想与现实中浮想联翩,光和角度的变幻增添了不同的视觉效果(图3-24)。

5) 奥体中心站,壁画作品——千里之行

作品位于站台层天桥西端,与作品"十运之光"遥相呼应。作品选取五种运动状态下的"足"作为造型主体,突出"奥体中心站"的运动主题。在造型手法上,作品以流畅的曲线分割画面,并使用多种石材与工艺,将"点、线、面"等构图元素与奥运五环色"红、黄、绿、蓝、黑"等视觉元素相结合,增加了作品的内涵(图3-25)。

图 3-24　南京地铁元通站壁画
　　　　作品——璀璨新城

图 3-25　南京地铁奥体中心站壁画
　　　　作品——千里之行

3.7　地铁车站诱导标识艺术设计

3.7.1　地铁标识系统的分类与构成

　　现代地铁车站作为都市要素而存在,不仅仅是作为交通功能的载体,更是融合了文化、信息、科技的多元综合体,换乘、商业、娱乐等城市功能集于一身,人在地铁车站中由于不熟悉路线而对标识系统的引导性和识别性提出更高要求。

　　标识是人类社会在长期的生活和实践中,逐步形成的一种非语言传达而以视觉图形及文字传达信息的工具,以为公众提供区别,辨认彼此事物,起到示意、指示、识别、警告甚至命令的作用。标识比语言有更强的视觉冲击力,拥有更大的信息量,并能更迅速、更准确、更强烈地传达信息。地铁标识系统设计就是针对地铁交通系统设计的标识设计,根本任务在于建立一套合理的视觉导向系统,并且提供统一的视觉形象和视觉符号,方便乘客出行;其根本目的就在于为乘客提供及时、合理的信息,通过可视化的文字、图形符号合理呈现在多个空间或者复杂相互转换的地方,明确标识出每个空间的身份,让观众无论身处何处,都能知道自己所在空间的名称,不至于如闯迷宫。当然,标识系统具有一定的规律性、一定的符号性。

　　地铁导向标识系统作为引导人们的信息导视系统,其导向标识必须充分发挥交通设施效能,把足够准确清晰的乘车信息提供给各类乘客,使人们生活在交通便捷的环境中。

　　1. 地铁车站标识系统的分类

　　由于地铁车站本身功能的独特性,多少年来,虽然它的建筑、室内设计都经历了风格流变,但是它的基本功能组成却始终未曾改变。按照功能的不同,地铁车站标识系统分为如下三大部分:进入车站的引导标识、出车站的引导标识、站台运行服务的相关标识。

　　1) 进入车站的引导标识

　　进入车站的引导标识包括车站的周边地区,特别是公交汽车站站点,建立如何进入地铁站的指示标识。应该在地铁站的所有入口处，树立具有一定高度的具有醒目视觉效果的、统一的地铁标志。同时也应为出租汽车和机动车进入车站广场建立引导标识、旅客上下客的地点标识，以通过标识对出入车站的车辆进行管理。

2）出车站的引导标识

走出车站的引导标识应在地铁车站内对周边状况作出清楚的交待，包括地面建筑、道路和交通的情况，有条件的，还应对周边的主要机构和公共场所作适当的介绍，使出站的旅客能借助标识，迅速找到自己的方向和交通工具。上海的部分地铁车站已设立了交互式的电脑自动查询系统，出站前就能将周边的状况摸清，并且在地铁车辆上提供多媒体信息服务，体现了现代化信息社会的特征。

3）站台运行服务的相关标识

车站服务标识是为旅客提供优质服务的一种体现，可以通过车站的平面示意图、公共的通道口标识等来实现。其实这些标识每一个车站都有，只是设计的方法与设置的完整性与科学性程度不同。大多数标识不仅要统筹规划，还要提高视觉上的更优质的满足感。

2. 地铁标识系统的构成

地铁标识系统主要由图形、文字、色彩以及空间环境构成。地铁标识系统图形又包括：地铁标识图形、指向标识图形、提示标识图形、引导标识图形、线路标识图形、咨询标识图形、禁止标识图形、服务图形等。

1）地铁标识系统——图形

（1）地铁标志图形

地铁标志图形是整个地铁识别系统的核心，地铁标志图形作为城市地铁的形象和符号，出现在城市的每个角落。城市地铁的标志图形从侧面展示了城市的不同地域、不同文化，同时也是城市实力的一种展示。

中国城市地铁标志设计的主要设计思路：北京地铁标志整个外形"G"代表北京地铁隧道，内部形态"D"代表地铁列车；上海地铁标志外形的"S"代表 Shanghai，里面"M"代表 Metro（铁路）；广州地铁标志的设计思路是：羊城拼音 "Yangcheng"的"Y"缩写，反映广州市徽"山羊"的图形，是一个抽象的"山羊"，具有明显的羊城地域特征，还有两条不断延伸的铁轨，体现了轨道行业的属性。

从中国地铁的标志设计作品整体来看，造型简洁，具备一定的地域文化，各个城市从不同角度展示自己独特魅力，有一定的代表性。但从整个国家地铁的发展形势来看，在不久的将来，中国可能有二十几个城市拥有自己的城市地铁线，每个城市一个标志，那么二十几个城市就有二十几个标志。这么多的标志形象，让每个第一次来到这个城市的人都要花费一定的时间去熟悉这个"新"标志，不利于城市间的交流，也非常不利于整个地铁行业的发展，不利于中国地铁整体形象的建立。

中国的地铁标志设计上要抛开局部观，站在一个国家的高度整体设计，创作一个能够代表中国城市形象的地铁标志作品作为中国的地铁标志。正如中国各银行标志的使用就是一个很好的例子,中国的银行不会因为城市的不同设计出不同的地方银行标志,统一的形象有利于银行整体形象的推广。

（2）指向标识图形

指向标识图形指的是具有一定指示、引导作用的标识图形。比如:出站引导问题,出站向哪去,每个出口外面是什么地点,什么单位等等。指向标识图形元素一般由图形、文字构成,经常用箭头符号作为辅助图形,强化方向感。

（3）提示标识图形

提示标识图形指的是能够提示乘客离某个地点还有多少距离等图形,让乘客对空间距离有一个判断。

（4）线路标识图形

线路标识图形主要是指提供站名、线路提示等的图形,这种图形一般会结合色彩加以表现。

（5）引导标识图形

引导标识图形指的是那些提醒在哪里购票、检票,在哪里乘车,在哪里换乘等的图形。

总的来说,这一类图形要求造型简洁、识别性强、色彩明快。当然,这些图形有时也会结合数字加以表现。如在地铁车厢内或在复杂的地铁线路中,对人们最具有识别性的就是数字,用动态数字图形能够为乘客提供及时的站名、站点服务,生动而方便,让乘客时时能够了解到自己所处的位置。

2）地铁标识系统——色彩

色彩是地铁标识系统的重要组成部分,鲜艳的色彩能增强车站站台的识别性,方便快速阅读和识别。目前,国际上对有些城市地铁线路较多带来的识别混乱的问题,通常的解决办法是采用色彩识别系统(颜色区别法),即用不同的色彩代表不同的线路来加以区分,使每一条地铁线乘客都能一眼辨认出来,通过线路的颜色信息,乘客可以清楚地知道自己身在哪条线上。在地下空间布局中采用鲜艳的色彩既能满足视觉导向和信息传达的要求,又可调节室内气氛。

色彩具有感性与理性的双重属性,感性方面主要体现在它具有一定的情感属性,如红色代表热情、勃发的生命力,黄色象征着活泼、亲和力强;理性主要体现在功能性上,即色彩区分,通过色彩的差别区别不同的物体或事物。地铁线路不同色彩的使用就是有效利用色彩的理性属性,即通过色彩的差别区别不同的地铁线路。色彩是地铁标识系统的重要组成部分,鲜艳的色彩能增强车站站台的识别性,方便快速阅读和识别。目前中国一些城市规划的地铁线路色彩如下:

上海标识色——1 号线,大红色;2 号线,浅绿色;3 号线,黄色;4 号线,深紫色;5 号线,紫色;6 号线,浅绿色;7 号线,黄色;8 号线,深紫色;9 号线,紫色,等。

北京标识色——1 号线,大红色;2 号线,浅绿色;3 号线,黄色;4 号线,深紫色;5 号线,紫色;6 号线,浅绿色;7 号线,黄色;8 号线,深紫色;9 号线,紫色。

广州标识色——1号线,红色;2号线,蓝色;3号线,橙黄色。

从目前中国地铁线路的色彩规律来看,普遍采用了红、橙、黄、绿、青、蓝、紫等易识别的色彩,并且采用暖色—冷色—暖色或者冷色—暖色—冷色交替的色彩搭配的方式进行,这种方式的优点是视觉对比强烈、醒目。

3.7.2 设计原则

1. 醒目性

地铁标识系统是通过视觉传达信息的,视觉传达效果在一定程度上会影响其功能发挥程度,所以标识系统的设计一定要遵循醒目性设计原则。醒目性设计原则的要求是,在标识系统的设计过程中,有意识地加强标识所传达的信息,提高辨识度,在短时间里吸引乘客的注意力。

醒目性设计原则的另外一方面是指标识反映信息的符号、文字等信息载体必须满足一定的大小比例要求,以便保证地铁乘客在车站或换乘大厅等空间中能很清楚地看到标识信息,而在较短的时间内对所处的方位和要到达的位置做出正确的判断。

醒目性设计原则还要求标识系统必须有独特性,以便乘客能够将地铁标识系统与其他宣传设施轻松区分开,以免发生混淆而影响标识功能的发挥。

2. 简单易读性

地铁乘客人流在阅读标识系统信息时有一个明显的特征,那就是在行进中阅读。对于一部分标识信息系统,特别是对于导向标识系统、禁止标识系统、警告标识系统等来说,标识本身就需要乘客边移动边阅读,只有这样才能保证地铁乘客的有序、快速、连续疏散与流动。

标识系统的主要功能是在视觉传达中向乘客快速传达各种信息,要达到这一目的,必须遵循简单、易读、明确的设计原则。标识中的文字与图形应该准确简明和规范地反映所要表达的信息,应该使各种不同层次的乘客很容易地理解与接受。

标识系统的简单易读性设计原则还要求必须准确规范地使用信息文字与图形,标识信息不能使用带有歧义的文字与图形。

3. 规范性

规范性设计原则是指标识系统在设计时,用以表达信息内容的标识信息,如文字、符号、语言、图形等必须遵守国家相关的规范与标准。汉字应该使用简体,词句、简称等都应该标准规范,数字必须使用阿拉伯数字,否则会影响乘客对标识信息的判断力而致使其做出错误的决定。

规范性设计原则还具有另外一方面的要求,是针对标识系统的设计风格,如色彩、尺寸、内容表述等。对于某一条单独地铁线路而言,标识设计风格应该保持完整的规范统一。对于地铁网络上所有的地铁线路而言,除了用以区分线路的标志性色彩之外,标识设计风格应该保持整体上的规范统一性。而对于与地铁车站相连通的地下街、地下商场等其他公共设施的标识系统,自身可以具有独立的系统风格,但其中属于地铁标识系统的部分,也必须符合地铁标识系统的整体设计风格。

4. 国际性

国际性设计原则对标识系统的设计主要有两方面的要求：一方面,标识系统应该尽量采用国际、国内的通用符号来传达信息,使不同地区、不同国家、不同语言的人都可以识别。例如,北京为迎接奥运会将市区所有公共厕所的英文告示门牌由"WC"改为"Toilet",便是考虑了世界通用性。有些符号可以通过图形就能正确、轻易地为乘客所理解与接受。

另一方面,标识系统中除汉语地名之外,应该尽可能同时采用中文和英文双语系统来传达信息,地名应该使用中文和汉语拼音。

5. 协调性

地铁标识系统的协调性设计原则强调的是标识牌和指示牌要有合适的尺度,其安置方式与位置要有利于人们停留观看。

地铁标识系统中的信息载体如文字、符号和图形等,其设计制作尺寸应与乘客的阅读距离保持一定的比例,在确保乘客能够看清楚的前提下,兼顾乘客阅读的舒适性,正确传达信息。

6. 互逆性

地铁标识系统的互逆性设计原则主要针对导向性标识系统,特别是其中的指向性标识系统部分,它是指标识信息牌正反两面的指向信息是相反的,标识系统的正面信息可以指导出站人流快速、有序地下车出站,而进站人流又可以根据标识系统反面的表述信息很顺利地进站乘车。对于定位性标识系统或地域信息标识来说,标识正反两面所表述的信息不具有互逆性特征,而是具有同一性特征,即正反两面所表述的信息是相同的。

7. 功能性和艺术性

地铁车站的导向设施需要服务于不同年龄段、不同文化层次、不同地域的乘客。导向设施的职责就是把最全面、最清晰、最易懂的信息提供给各类对车站环境不熟悉的使用群体,使其快速准确地到达目的地,最大限度方便乘客。

整个导向标识系统的核心是功能,一切的导向设计目的都是在功能的基础上进行的,地铁导向标识系统在功能上应当具有很强的识别性、指示性和便利性。导向标识设计的功能性是衡量地铁车站导向系统的原则,其功能性的强弱会直接影响导向的作用。导向设计以简洁明确的符号直接传达指定的意义,通过箭头等指示符号指示区域及特征,并引导目标地的方向、位置;辨别不同的场所;警示危险;了解公用设施的功能、属性等。进行地铁导向设计时,只有具备完整的使用功能性才能发挥其实用价值,起到准确的导视作用而不造成资源的浪费。

标识设计的艺术性不仅要体现在使用功能的完备上,更要在形态表现、细部元素等方面体现人文精神及视觉的美感。地铁导向设计的艺术性还包括个性化、独创性、人文精神内涵、情感等层面,是达到标识功能性完美程度的表现。

此外,将地铁车站艺术性的导向设计与地域文化相结合,对整体环境也会有很大改善,为整体环境增色。随着人们艺术鉴赏能力、艺术修养普遍提升,地铁导向标识系统仅仅具备导向基本功能设计已不能满足人们的审美需求。在完善功能性的基础上,需要打破陈规的符号及文字说明方式,以艺术形态载入标识设计中,使导向标识的功能性和艺术性统一,不仅为人指引正确方向,而且给人们的生活增添情趣。

8. 地域性和文化性

文化性设计与地方性设计是相辅相成的,地铁导向标识设计要符合地下环境空间的要求,并体现地域风格及特征,标识的信息内容应注重体现文化内涵、传达传统历史文化。设计的标准化、国际化的需求已经成为一个规则,设计给我们的生活带来便利的同时,也产生了新的问题需要我们解决,在国际化的浪潮中每个不同地域的文化很可能被同化甚至消失,尤其交通导向设计更会面临被同化甚至消失的可能。在地铁导向设计中,不仅要考虑来自各国人们的导向识别能力和习惯,还要考虑标识导向系统要有自身城市特点,使人们在容易理解和接受导向信息的基础之上,也体现出地域性。因此,我们在设计中应注意文化的传承,在对艺术符号和传统文化的简单沿用的基准上,挖掘更深的文化内涵和精神促进历史的延续和城市的发展,这也是反映城市的文明程度和国际化的具体体现。

9. 整体性和规划性

整体性原则是标识设计的原则之一,地铁导向标识系统设计要与地铁车站周边的整体环境相协调、相融合,在进行设计时,标识的尺度、造型、材料、色彩等要素都要协调统一,符合自身功能特征的情况下与整体空间环境协调;导向标识的造型形态、结构等与环境特征相联系,以达到整体形式上的统一。在地铁系统设计中应使标识本体与周围环境相和谐,为人们快速准确地传达视觉形象的同时提供视觉协调。

同时,地铁导向标识设计是一个极具关联性的设计,它不是孤立的。它的设计要与城市的环境设计及规划紧密联系在一起,如在地铁车站的哪些地方分布导向标识才能更行之有效等。不同城市的地铁导向标识系统还要考虑其不同环境特征及体现不同地域风格,达到既整体又有个性,这样才能更好地使人们对环境产生认同感。

10. 系统性和标准化

导向设计是一个系统,它通过各种形式为人的识别信息而服务。系统化的设计将各种形式的导向设计进行整合,使人们在体验中得到相互补充,加强记忆,更有效地起到指引的作用。地铁标识设计需要有个系统的视觉形象,使人对环境能更清晰地认知。对于同一类型的导向标识设计,其风格应该统一,形成较为稳定的视觉导引体系。

地铁导向标识系统标准化的内容和目的是秩序。功能显示、方位显示都是标识系统设计的重要内容。设计时应该严格按照规范和统一的原则,坚持标准、统一的图形和文字,设计风格统一,以达到最佳效果。目前地铁标识导向系统与地面交通标识系统的衔接和过渡不够,缺乏规范化和系统化的设计与管理,无法满足多元化的信息需求。因此在设计导向牌时需要按一定的原则对其进行设计,为了满足导向标识牌的不同内容的需要,提供一定的标准尺寸和型号。在外观和构造上,需按车站建筑构造的关系和标识的功能来进行设计,从而达到地铁整体形象视觉方面的统一,人们不需要整个空间进行搜寻,只需注视部分固定的区域就能找到标识方向。伴随地铁交通的逐渐发展,其导向性标识系统设计的系统形象也必须逐渐完善建立起来。考虑到城市的对外交流,还应增加英文作为信息传递的辅助媒介。

3.7.3 诱导标识构成要素与设置要求

诱导标识系统可以按多种方式分类。按信息动静的不同,分类有:电子动态类、静止信息类;按功能的不同,分类有:资讯标识、导向标识、确认标识、安全警告标识和辅助导向标识;按设置方式的不同,分类有:落地式、悬挂式、吸墙式、吸地式。[①]

1. 静态诱导构成元素及设置

导向类标识,包括乘车导向、线路导向、行车方向导向、发车预告、换乘导向、出口导向、售检票导向(售票、检票、补票、兑零、充值等导向标识)、交通设施导向(楼、扶梯、电梯)、服务设施导向(公厕、公用电话、付费储物箱、客服中心、警务室等);定位类标识,供乘客确认其目的地场所的标识;安全警告类标识、禁止及警告类标识以及资讯类标识,都属于静态诱导标识。

静态诱导标识系统的主要构成元素包括图形符号、文字、色彩、箭头、尺寸等。

1) 图形符号

图形符号是以图形或图像为主要特征的视觉符号,它不依赖语言,能够比较直观、具体和准确地把信息传达给人们,能弥补文字传递信息的不足。图形既有感性的形象,又有理性的内容和含义,因此能起到文字和色彩都不能替代的作用。

地铁车站诱导标识系统的图形符号大多为公共图形符号,包括楼梯、自动扶梯、公共厕所、问讯处等服务设施的图形导向。

图形符号通常是由图形符号、符号衬底色和(或)边框构成。除了符合国家规范及国际准则外,还一定要注意发挥其在整体静态诱导标识系统中视觉传达中心的作用。在构成图形符号标志时,要注意以下几点:①应使用边框或符号衬底色形成图形符号区域;②边框或由衬底色形成的图形符号区域形状应为正方形,也可通过圆滑边框倒圆角改善边框外观,但应保持边框为正方形,一些特殊符号也可为圆形;③在图形符号区域内,不应添加文字等其他视觉元素。

2) 文字

文字是最直接、最不易被误解的导向系统元素,它包括文字所采用的语种、字体类型及字号等。

3) 色彩

合理运用色彩会使标识在视觉上醒目,有利于标识内容的识别,保证图形符号、文字的醒目,增加视觉的张力。原色(红、黄、蓝)是指不能用其他色混合而成的色彩,间色(绿、橙、紫)是由两种原色之间互相调配而得来的明度及纯度仅次于原色的三种色彩,为达到色彩鲜艳明快的目的,标识中应该更多地使用原色和纯色,少用间色。

而且,由于人的生活经验、风俗习惯、民族传统、文化知识、年龄阶层等因素的影响,人们对

[①]　孙明:《城市轨道交通地下车站标识导向系统研究》,《铁道标准设计》,2008(4)。

色彩会产生不同的联想,如红色一般代表防火、停止、禁止,黄色代表警示,绿色代表救急、救护、允许、安全等。地铁车站标识按功能的不同也应使用不同的色彩,使人们可以根据色彩一目了然地区分其内容。

除此之外,字体的白形和黑形的视觉感受是不一样的,通常情况下,深底浅字的效果比浅底深字的效果扩张性强,传达信息的速度要快。浅底深字中的字体显得很单薄,而深底浅字中的字体则要更丰满;浅底深字中的字体干扰性强,尤其是当文字等信息量集中时,而深底浅字则没有这种情况。另外,对于具有正反两面的悬挂式标志,则有进出之分,可以从字体色彩中加以区分,其中的图形符号、文字、数字、箭头都需统一采用进出的标准色,这样就很容易辨别①。

4)箭头

导向标识应配有指向明确的箭头,箭头以不带框为宜,箭头细节处理方式大致可分两种:一种是箭头两条边的末端与箭头的杆部平行,另一种是箭头两条边的末端被切成直角(图3-26)。

图3-26　箭头

2. 动态诱导构成元素及设置

出入口动态信息显示标识显示本线和换乘线路实时运营状态信息;换乘通道口动态信息显示标识,显示本线实时运营信息、换乘车站的实时运营信息;检验票口或检验票闸机上的动态信息显示标志,显示检验票机当前的工作状态;站台层动态信息显示标识,显示列车到达时间及列车运行方向等实时运营信息;列车车厢内动态信息显示标识显示当次列车开行方向、沿途停靠站点预报信息、换乘信息等;公益及临时信息显示地面重要资讯、地面公交资讯以及宣传类信息。

电子动态诱导标识系统由于集视、听、声、光、形、色于一身,因此元素也较静态诱导标志系统多。文字显示屏即采用文字停留或滚动显示的电子动态标识,它的主要功能是信息发布,相应的构成元素包括文字、色彩、停留时间等。而视频显示屏的构成要素主要有:色彩、文字、图片、动画等。

文字同静态诱导标识系统一样,中文字体建议采用正统的黑体字,英文字体采用最常用的Arial字体。色彩包括文字显示屏的背景色和文字所用色彩,背景色一般为深色,文字色彩采用红、绿、黄三种。文字大小建议按中视距(4～5 m)要求设置。文字显示停留时间建议不少于15 s,同一信息显示最大间隔不大于45 s,具体时间间隔应由信息内容而定,同时需考虑一般人的平均阅读速度(5～8 字/s)。

3.7.4 诱导标识设计案例

1. 英国伦敦地铁

在1933年,英国设计家亨利·贝克设计了伦敦地下铁路系统分布图,使交通系统的视觉

① 上海市城市交通管理局:《上海市轨道交通运营服务标志设置指导手册》,2005。

识别设计达到了系列化和标准化,开创了现代地图的一种新模式,这张版图在设计上进行了三大变革,即色彩变革、图形变革和字体变革。这一设计的诞生成为视觉导向识别设计最早的典范,奠定了现代交通导向版面设计的基础(图 3-27)。首先,他利用鲜明的色彩清楚标明了各个不同的地铁路线、方向、站名,人们可以直观地瞬间判断出自己的位置及要搭乘的路线和方向。其次他把路线简化成直线,把站点和线路交叉点用圆圈表示,把最复杂的线路交错部分放在图的中心,完全不管具体的线路长短比例,只重视线路走向、交叉和不同的线路区分。此外他还创造了简单的无装饰字体'铁路体'(RailwayType)①。这套新字体识别功能突出,运用效果好,推动了公共交通领域的应用字体的设计向简明易懂的方向发展,推动了世界范围的交通文字的发展。伦敦的新、旧地铁除了融合硬件设备外,几条线路还进行系统的导向标识,不同的线路用色彩分开,每一条线路用一种标准色标注,在线路的交叉站做了更为细致的引导,色彩上有明显的识别性且统一,功能设计上考虑得也十分充分。

2. 法国巴黎地铁

地铁站的导向标识系统是十分重要的功能设施,是帮助乘客辨别方向和疏导乘客的指示物。巴黎地铁站的导向设计都非常简洁、有效,十分方便快捷(图 3-28),如路线图清晰、符号明确,所有的换乘路线导向设计都合理高效、通畅快速,转乘的人能以最短时间对路线快速识别并清晰掌握从而直接转入到地铁。由于法国是世界艺术之都,历史文化资源丰富、人文艺术氛围深厚,有着令人无法抵抗的艺术魅力,因而艺术味浓厚成为巴黎地铁站导向系统最大的特色,很多地铁车站的设计都具有独特的艺术气息,具有很高的艺术价值。地铁站台的装饰布置设计别出心裁,即使只是一刹那瞥见,或是短暂停留,都能使人久久不能忘怀。

图 3-27 伦敦地铁导视系统　　　　图 3-28 巴黎地铁入口标志

3. 日本东京地铁

日本是亚洲最早建设地铁的国家,同时也是地铁交通系统最为发达的亚洲国家。为发挥快速轨道交通的高效交运输能力,必须依靠设置科学合理、设计简洁、准确的标识系统。随着

① 章莉莉:《城市导向设计》,上海大学出版社,2005。

113

快速轨道交通系统的不断发展,日本快速轨道交通车站中的标识系统进行了多次的改进,目前已趋于完善,同时也建立了相应的设置与设计理论。

日本在地铁站标识系统的规范化建设中,首先规范了标识系统的设置,以使标识的设置更加准确、合理、科学,并成为日本各城市标识系统设计技术标准的首要组成部分。

日本的地铁标识系统一般都是由相关的政府机关指定设计标准,然后由各建设单位依

图 3-29 东京地铁导向标识系统

此设置、建设,如名古屋市交通局指定的《名古屋市交通旅客 Sign Manual—高速铁道编》。标准主要规定了标识的设置、线路标识色、标识的尺寸、底色及文字色、图形符号的选用标准、标识排版规格、与标识尺寸相对应的标识灯具选用等等,即将标识的构成要素进行全面的规范。各轨道交通的建设主体则依此手册,根据各车站的实际情况,进行个案设计(图 3-29)。

4. 深圳地铁

深圳是中国大陆地区继北京、天津、上海、广州后第 5 个拥有地铁系统的城市。截至 2014 年 6 月,深圳地铁共有 5 条线路、131 座车站、运营线路总长达 177 km,地铁线路长度居中国第 5。

深圳地铁的标志由两个代表地铁(Metro)的 m 与代表两条相向而行的地铁线的两条平行横线变形而成。整个标志自下而上,标志图案的下半部分代表严谨、有序、规律;上半部分代表舒展、灵活、开拓。主要特点如下:

(1) 标识牌规范化、国际化。深圳地铁交通导向标识采用国际规范标准和国际惯用符号设计,通俗易懂。如出站指示牌采用中英文两种语言,深刻体现深圳这一国际化都市海纳百川的博大胸怀。

(2) 以人为本,最大限度地方便乘客。在每个地铁出口处都有巨型的阿拉伯数字的出口编号、"地铁线路图"标识牌,地面附近街区地图标识牌帮助乘客检索当前地铁位置和地面上的综合信息(图3-30)。这些措施能有效地缩短客流出闸机后的站厅滞留时间,保证了人流的有序、快速疏散。

图 3-30 深圳地铁导向标识系统

（3）导向标识系统的设计风格一致，采用统一的材质、形式、规格、色彩等，形成一个连贯的体系，有效指挥人流移动、疏散。从地铁站外主要道路口设置的醒目行人指示牌，到站内售票、问询、票价、进站、乘车方向、地铁线路图、列车等明确而清楚的指示牌，以及站台上、车厢里先进的 LED 屏和等离子视讯系统显示列车到站时间等，都体现了深圳地铁导向标识体系的连续性、系统性。

（4）标识系统采用简单易懂的名称、编号及线形指示，每个标识种类统一的图形和布置，结合地下空间环境要素、乘客需求科学设计，满足乘客乘车、疏散等功能需求。标识牌内容简洁明了，引导车站中乘客安全、顺利并迅速地完成旅程。

（5）导向标识系统设计、平面设计和造型设计充分体现了人体工程学、环境行为学、心理学、色彩学、美学等多学科的综合运用，并考虑到地铁多线运营、维护检修等多方面因素。

5. 南京地铁

南京第一条线路于 2005 年 4 月 10 日正式通车，是中国大陆第 6 个建成并运营地铁的城市，也是大陆地区唯一盈利的城市轨道交通。截至 2014 年 8 月，南京地铁有 5 条线路、92 座车站，线路总长达 180.2 km，日均客流量超过 150 万人次，地铁线路长度居中国第 4、世界第 13 位。

南京地铁标志以一朵梅花（南京市花）为主体元素，中间饰以变形的"M"作为"花蕊"点缀梅花，使其形象更加生动（意思是地铁法语"Metro"的第一个字母），"M"出头一点又是汉字"市"的变体，意思是地铁作为南京市的市内交通，亦表示着纪念 20 世纪 30 年代风靡南京的南京第一条轨道交通"京市铁路"。

南京地铁指挥部非常重视车站导向标识系统的建设工作，早在 2002 年初南京地铁 1 号线土建建设之时，就着手对车站导向标识系统开展调研工作，在分析总结了国内城市轨道交通导向标识系统经验和教训的基础上，从南京地铁今后整个轨道交通路网的高度，高起点地进行了导向标识系统的规划与设计。

4 地下综合体环境艺术设计

4.1 环境艺术设计要点

城市地下综合体的产生是随着地下街和地下交通枢纽的建设而逐步发展的,其初期阶段是以独立功能的地下空间公共建筑而出现的。伴随着社会的高度发展,城市繁华地带拥挤、紧张的局面带来的矛盾日益突出。高层建筑密集、地面空间环境的恶化促进了城市,尤其是城市中心区的立体化再开发活动,原本在地面的一部分交通功能、市政公用设施、商业建筑功能,随着城市的立体化开发被置于城市地下空间中,使得多种类型和多种功能的地下建筑物和构筑物连接到一起,形成功能互补、空间互通的综合地下空间,称为地下城市综合体,简称地下综合体(图 4-1)。

城市地上地下一体化整合建设的综合体作为新兴的城市建筑空间,其环境艺术的设计需要综合考虑外部空间和内部空间的人性化设计,既要体现生态景观的功能,又要发挥文化展示的功能。

地下综合体需要通过采光、通风、温控设施等来调节室内环境,这些设施通常有设备空间且需要布置于地面上,包括人行道、绿地、广场等,有时则结合建筑布局。外露地面设施不可避免地会对城市视觉景观产生破坏,设备产生的废气、噪声和热量等也会给人们带来心理和生理上的厌恶情绪,如果布置在人流比较集中的公共区域,还会对城市活动与地面交通造成负面的影响。在设计中,通过整合地下综合体的外露地面设施和城市环境,将地下综合体内部的设施与周边环境共同整合设计,可以很大程度上降低其对公共空间景观风貌的影响,甚至可以形成独具特色的地标景观。

图 4-1 大阪难波公园城市综合体

4.1.1 设计原则

对地下综合体进行人文环境艺术设计,即是将人文环境艺术的设计理念应用到城市综合体的设计中,提升地下综合体的环境价值和艺术价值。这样的设计不仅会给人们带来快捷和便利,也将带来健康和舒适。为了满足地下综合体人文环境艺术设计的功能需求和价值追求,在创作时必须遵循几条基本的原则。

1. **整体性**

在地下综合体环境艺术设计中,除了具体的实体元素外,还涉及大量的意识、思想等理念,可以说地下综合体人文环境艺术设计是物质和精神的大融合,必须从整体上进行通盘考虑,要注重周边环境的营造和融入,体现人文环境艺术设计的整体规划思想。在人文环境艺术设计中,要充分运用自然因素和人工因素,让其有机融合。可以说,整体和谐的原则就是要强调局部构成整体,不做局部和局部的简单叠加,而是要在统筹局部的基础上提炼出一个总体和谐的设计理念。从更高层面上讲,环境艺术设计中的整体规划原则,要体现人和环境的共融与共生,使二者相得益彰。

2. **生态美学**

地下综合体环境艺术的设计应在景观美学的基础上,更加注重其生态效益,即给予生态美学更多的关注。在进行地下综合环境艺术的设计,应遵从生态美学的两大原则,即最大绿色原则和健康可持续原则,使设计体现出地下综合体景观的自然性、独特性、愉悦性和可观赏性。

3. **人性化**

对地下综合体环境艺术的设计,应认识人与环境的相互关系。环境是相对于人类而言的,人类在从事各类活动时,在被动适应环境的同时会下意识地改造环境、为我所用。所以环境的设计要强化和突出人的主体地位,要能够满足人的初级层面需求,将"以人为本"的概念融入到对地下综合体环境艺术的设计中去。在设计中做到关心人、尊重人,创造出不同性质、不同功能、各具特色的生态景观,以适应不同年龄、不同阶层、不同职业使用者的多样化需求。

4. **与时俱进**

地下综合体环境艺术的设计脱离不了本土化和民族化,故而必须对传统设计有所继承和发扬,尤其对有着几千年文化底蕴的中国而言,如何把中国传统设计中好的元素加以传承,已成为中国环境设计师的必修课程。如传承中国传统设计中追求的雅致、情趣等意境,利用自然景物来表现人的情操。另一方面环境设计又必须适应时代的发展和需求,在传承的基础上,集合时代的特征,有所创新和突破,赋予设计以新的内涵,而不是一味地复古。

5. **科学发展模式**

在今天人类大肆破坏环境的背景中,科学发展越来越得到人类的高度重视。从本源上讲,我们开发和利用自然是为了更好地改善自己的生存、生活环境,但过度的开发和无节制的滥采,不仅仅造成了自然资源的损减,更使环境遭到严重的破坏。科学发展的原则,是要求环境艺术设计必须真正落实到"绿色设计"和"可持续发展"上。设计过程中,我们一定要有"环境为现代人使用,更要留给子孙后代"的意识。从具体的地域环境设计或室内环境设计看,除了低碳环保元素的要求,还要注重材料本身的健康和使用寿命,要体现环境设计的前瞻性和可预见性,不能因为一时的美观和实用,有损长久的生存和发展。

4.1.2　设计策略

城市地下综合体与城市空间相互渗透、融合,吸纳了更丰富的城市功能,其所具有的开放和公共属性越来越显著。另外,城市地下综合体的建设也带来了城市基面的立体化发展,创造了丰富的城市空间形态,为活动人群提供了体验空间环境的多层次视角,在体现城市环境特色方面体现出了巨大的潜力和优势。因此,城市地下综合体的空间环境已经突破了单纯的室内环境的范畴,而成为城市环境体系中的组成部分。强化地下空间环境的特色化和场所感是提高地下空间环境品质的有效途径,也是实现与城市整体环境互动发展的载体。强化地下城市综合体环境艺术的策略主要体现在三个方面。

1. 延续地面城市意象

凯文·林奇提出了城市构成要素:路径、标志、节点、地区和边界。地下空间则可以与城市空间相似的方式来分析,透过模拟各种城市公共空间的情景,来获得地面公共活动的重现和城市意象的延续。

1) 路径

模仿地面行进中两侧景观的变化,在地下空间中产生观察活动。地下综合体中的商业街、走廊、通道和垂直交通等类似于城市的公共通道,它们对于形成连贯、整体的空间意象具有重要意义。对于路径的布局有两种形式:一是在驻足停留空间的两旁或单侧布局,使活动空间具有较强的私密性;二是路径穿越不同的活动区域布局,有利于营造开放、热闹的空间氛围(图4-2)。

图4-2　地铁车站综合体侧面的墙体绘画

2）标识

起到空间标识和流线转换作用。在城市中，一个非常简单的物体，一座房子，一家商店或一座山都是构成城市的标记。而在地下综合体中，路标则可以是一个特别的商店、雕塑、一种装饰要素或一个中庭这样的空间(图 4-3)。

3）节点

形成活动流线中重要的空间高潮。在地下空间中，中庭、广场和重要的流线交叉点即为节点。规模较小的地下综合体，可以围绕最重要的节点空间形成核心式布局；规模较大的地下综合体中，则可以采取以核心公共节点搭配数个次要公共节点的核心节点组合布局模式。

4）区域

形成地下公共空间的延伸。具有明确的功能或设计特色的区域均可以看作是区域，有时也可将综合体中的一层看成是一个独立的区域。区域的延伸作用体现在两个方面：一是将其设置于地下空间的端点，使路径得到延伸；二是延伸至周边区域，形成空间的渗透、穿插。

图 4-3 地下综合体中的景观导向标识

5）边界

形成对地下公共空间的认知，同时划分各功能空间。在地上与地下的衔接处，边界形成两种空间在高差和景观环境上的过渡，在地下综合体内部，边界作为不同功能区域的交汇处，需化解空间形式的变化和空间意象的转换等方面的矛盾，使整体空间环境连贯和谐。

当然，地下综合体的各意象要素不是孤立存在的，在地下空间中活动也不应该是穿越一系列封闭而单调的功能空间，而是从空间场景的连接和转换中获得连贯的意象感知。正是各意象要素之间相互结合、共同作用，丰富和深化了地下城市综合体的空间形象，加强了整体的特性，从而形成一个可识别的地下空间环境，在人们心理上创造出难忘的总体印象，在脑海中构建出整个地下城市综合体的"认知地图"。

2. 体现公共空间属性，强化整体认知意象

在地下综合体的空间设计中，不但要重视地下空间开发利用的功能形态，更要重视人居环境品质和人们对地下公共空间的认知感受，综合考虑人的心理和生理需求进行人性化设计，达到提高其内在空间品质的目的，从而将更多城市功能及"人"的公共活动引入地下，改变以往人们对于地下空间封闭、方向感差和形式单调等负面印象。

地下综合体中承载公共活动的空间主要包括不同形式、不同性质的地下广场、地下中庭、

地下商业街、下沉广场、主入口等。这些空间不仅是地下综合体整合城市要素的媒介，在物质层面上完善了地下综合体的内部功能，更是强化地下综合体与整体环境特色的空间纽带，在精神层面上构建起地下公共空间的场所特质。因而，根据地下公共空间的不同功能和属性，突显其认知意象是地下综合体设计中彰显城市环境特色和场所感的关键。

1）强化出入口空间的可识别性

一方面可以突显出入口形态的标志性，通过醒目的建构筑物和独特的环境设计，达到吸引行人注意力、增强识别性的目的，另一方面也可以在出入口空间设计中引入具有地域特色、时尚文化和人文精神的环境元素，创造出入口空间的主题特色，使人形成关联性和象征性的认知感受。当然，上述设计手法都应建立在与城市整体环境协调统一的基础上，在协调的大原则下创造出亮点，是出入口空间设计的关键（图4-4）。

图 4-4 各具特色的出入口景观设计

2）丰富空间环境的趣味性

和地面商业街类似，地下商业街也承担着联系各功能单元的交通空间和商业空间的双重职能，为了缓解地下空间对人们的负面心理影响，地下商业街设计对空间形态的多样化和街道空间的趣味性往往有更高的要求。可以通过街道剖面的形式和高宽比的变化来塑造多样的空间感受，形成富有动感和收放有序的空间序列。要注重对线性空间段落的划分、高差的变化、趣味小品的加入、地面铺装的转换以及休息座椅的设置等，这些都可以做出对空间的暗示，营造多样化的内部空间形态，给步行者提供丰富的空间感受。

3）注重生态景观的引入

长期以来，地下空间的开发都是单纯地强调其功能性，忽视了对地下空间生态景观的追求，使得地下空间给人以封闭感，影响了地下空间中人的体验。未来的地下空间开发应充分重视生态景观功能的发挥，以优美的生态景观吸引人的视线，改变地下空间给人的封闭感，从环境心理学的角度改善空间体验。这种开发的理想层次是与未来建设生态型的山水城市与节能型城市发展趋势相一致的。处于地下综合体内的人们所看到的不应该只是各种僵硬的人造建筑材料和眼花缭乱的商品，而应该引入自然的生态景观作为视觉焦点。在地下空间中加强自然要素的运用，如引入自然采光、设置绿化景观等，不仅可以辅助地下空间节约能耗，而且有助于加强感观上的舒适度。中庭或公共空间中的绿色植物,往往能使本来狭小的空间具有一定的趣味性,不同形式排列的植物还能划分空间,丰富空间层次。

4) 延续城市人文历史特色

城市中心区地下综合体的建造,不仅具有改善城市中心区的环境,提高其综合效益的功能,还承载着提升城市文化形象的任务。因此,不仅需要在一定程度上创造良好的内部环境,使人们在地下综合体中进行各种活动时感到安全、卫生、方便与舒适,同时还应使人们感觉到当地的人文特色,感受到时代与传统的气息。地下综合体内各种功能设施单独地来看都具有不同的文化意象,简单的组合可能会给人无主题的感觉,无法形成地下综合体自身的个性。

城市中的地下综合体不应该是千篇一律没有个性的,每一个地下综合体都应该形成自身独特的形象和品格,以增强其可识别性。这需要在解决交通矛盾和商业效益的同时,主动创造以人为本、可持续发展的地下综合体空间环境,通过灯光、壁画、大量富有人情味的景观、体现当地人文历史特色的小品设计来进一步改善城市中心区地下综合体的环境,塑造城市中心区的个性,提升地下综合体的品位。

5) 塑造节点空间的主题意蕴

随着人们参与地下空间的活动越来越频繁,在其环境塑造中,应更加注重人文关怀,引入城市文化和记忆。尤其是地下综合体的节点空间,通常是作为路径的交汇点或者使用者观赏休憩的场所,应通过营造充满文化气息的节点环境、塑造令人印象深刻的主题艺术品,在空间组织开合有度、收放裕如的序列结构,通过中心开放空间节点来引导视线的方向性,强化空间的主题意境。

3. 增强文化认同感,塑造场所精神

城市活动、城市文化是城市生活的重要组成部分,也是城市公共空间的另一重要魅力所在。它能够提供给使用者有趣的城市体验,自然而然地产生共鸣,强化对地下城市综合体文化上的认同感。因此,通过引入城市活动、植入城市文化,将城市社会生活融入地下城市综合体中,已成为塑造城市地下综合体场所精神较为常用的设计方式。

舒尔茨认为:"场所是由特定的地点、特定的建筑与特定的人群相互积极作用,并以有意义的方式联系在一起的整体。"也就是说,场所不仅是单纯的物质空间,还承载了人们对空间的历史、情感、意义的认知,场所精神是在特定空间中,人在参与的过程中获得的一种有意义的空间感受,它的获得要求建立在满足基本功能的基础上,能反映出场所环境的特征,并创造出容纳人们活动的、具有强烈的人文气氛的建筑空间。因此,要使地下综合体的场所精神得以树立,首先要结合人们在综合体中的活动路径、模式,营造开放的休憩、逗留场所,使人在舒适的空间使用过程中产生对地下公共空间的认同和归属感。进而,在公共空间的设计中通过延续城市传统风貌、引入特殊文化元素、再现城市事件等建筑景观设计方法,使地下空间拥有和地面一样的传统城市活动,让人们在认知意象中形成地上地下活动的关联。同时,在城市活动中获得有趣的感知体验,也能改变人们对于地下空间单调无味、与城市关系薄弱的固有不良印象。

城市地下综合体的场所精神随着时代的演进在不断发展变化,在城市地下综合体设计中应该具有一个可持续的全面的场所文化观,包含对过去的关怀、对当下的包容,以及对未来的展望,反映出场所空间对不断发展变化的生活形态的适应,促成城市场所精神的"现代性"转变。

4.2　下沉广场环境艺术设计

我们把广场的地坪标高低于地面标高的广场称为下沉广场。在现代城市中,下沉广场在解决地上地下空间的过渡问题、交通矛盾以及不同交通形式的转换上有着明显的优势,因此被广泛应用。

4.2.1　景观特性

1. 步行性

步行是一种市民最普遍的行为方式,也是一种当今社会被人们公认的健康的锻炼方式。可步行性是城市广场的主要特征,它是城市广场的共享性和良好环境形成的必要前提,它为人们在广场上休闲娱乐提供了舒缓的节奏。由于下沉广场地面高差的变化,人们常选择步行的方式进入广场内部,也往往通过步行在广场中休闲娱乐。因此在对下沉广场进行景观设计时要考虑为人们提供在下沉广场中步行的适宜的环境氛围和空间尺度。

2. 休闲性

下沉广场休闲性的一个重要根源来自它独立的形态。由于其竖向发展,下沉广场阴角型城市外部空间形成一种亲切的、令人心理安定的场所。事实上,下沉广场空间跌落下沉的重要界定方式在相当大的程度上隔绝了外部视觉干扰和噪声污染,在喧嚣的都市环境中开辟出一处相对宁静、洁净的天地。扬·盖尔在《交往与空间》中提道:"只要改善公共空间中必要性活动和自发性活动的条件,就会间接地促成社会性活动。"因此,下沉广场为城市健康的社会性活动提供了场所,强化了城市的休闲气氛。

4.2.2　设计原则

1. 整体性

下沉广场作为开放空间,在城市中不是孤立存在的,它应该和城市的其他空间形成完整的体系,共同达到城市的空间系统目标和生态环境目标,即居民户外活动均好、历史景观的保护等。把握下沉广场整体设计的原则对城市景观的意义重大。换句话说,就是从城市的整体出发,以城市的空间目标和生态目标为依据,研究商业区、居住区、娱乐区、行政区、风景区的分布和联系,考虑下沉广场应建设在什么位置、建设成多大规模,采取适宜的设计方法,从总体宏观上,发挥下沉广场改善居民生活环境、塑造城市形象、优化城市空间的作用。

城市下沉广场景观设计时对整体性的把握应注意以下几点。

1）与周围建筑环境的协调

下沉广场多由建筑的底层立面围合而成，围合的建筑是形成下沉广场环境的重要因素。下沉广场内的整体风格要与周围的建筑风格相一致。在设计中，无论是大的基面、边围还是具体的植物、设施，都应该注意在尺度、质感、历史文脉等方面与广场外围的整体建筑环境风格协调一致。

2）与整体环境在空间比例上的协调

作为城市内的开放空间，下沉广场的空间比例也要与周边环境协调一致。如果局部区域的整体空间比例较开敞，而下沉广场下沉的深度与其大小的比值过大，就会形成"井"的感觉，影响整体城市的意向。

下沉广场空间比例上的整体性还体现在广场的内部，要注意广场中的台阶、踏步、栏杆、座椅等各种设施的尺度与广场的整体空间尺度相协调，既不能小空间放大设施，也不能大空间少设施，以免造成空间的紧张压抑或空旷单调。

3）考虑广场交通组织

设计中要注重广场内的交通与场外的城市交通合理顺畅地衔接，提高下沉广场的可达性。下沉广场的选址及其出入口的设置都是下沉广场内部交通与场外交通整体性把握的关键。对于交通功能型下沉广场，对其整体交通组织的把握更是关键。设计中不仅要起到交通枢纽的作用，也要同时考虑行人穿行的便利。

2. 人性化

"人性化"是现代城市设计理论的主流方向，空间的人性化也是近年来讨论最多的问题之一。日本建筑师丹下健三曾说："现代建筑技术将再次恢复人性，发现现代文明与人类融合的途径，以至现代建筑和城市将再次为人类形成场所。"这里的"场所"，也包括下沉广场这个符合时代需要的广场类型在内。下沉广场同城市广场一样要满足人们社会生活的多方面需要，在解决了复杂的交通组织，和地上地下空间过渡的同时，也要满足人们休闲娱乐、商业服务的需要。下沉广场更要注重下沉空间的尺度给人们带来的心理影响以及所形成的物质空间环境对人们社会性活动的影响。

要想设计出真正人性化的作品，就要综合考虑不同人群的生理需求及心理需求，切忌盲目追求所谓的形式艺术。真正的艺术也应该是为人类服务的，而不应该违背人性关怀的宗旨。在设计中人性化的设计原则不仅体现在下沉广场功能的丰富性上，更体现在环境设计中对人们行为心理的思考和关注。只有抓住人们内心对广场空间真正的需求，才能提高场所的舒适度，使其具有独特的魅力。

3. 生态性

人类在建设城市活动中的生态思想经历了生态自发—生态失落—生态觉醒—生态自觉四个阶段。生态性原则就是要走可持续发展的道路，要遵循生态规律，包括生态进化规律、生态平衡规律、生态优化规律、生态经济规律，体现"实事求是，因地制宜，合理布局，扬长避短"。近年来,科学家们都在探索人类向自然生态环境复归的问题。下沉广场作为城市开放空间系统的一部分,也应当坚持生态性设计的原则。

4. 情感性

情感是人性的重要组成部分,有了它的存在,空间才会富有生机,正因为如此,研究情感以及空间的情感化是人性化空间环境的有机组成部分。然而人口的聚集以及交通工具的迅速发展,使城市的空间结构日益膨胀和复杂,城市问题也应运而生。城市的迅猛发展使人忽略了自身的情感需求,一味追求功能化、经济化,机械的价值观代替了以往的人本主义价值观,城市中的情感空间日益减少,灰空间、失落空间不断增加。

现代社会追求的情感空间的情景统一比过去具有更广阔的含义和特征。现代人的生活是丰富多样、自由自在的,人们需要的是类似于传统广场、街道带来的人性化感受的同时,又富有新时代特征的多样化、平等、共享的城市情感空间。因此,在下沉广场景观设计中创造情感空间应当具备以下特征:

1) 宜人的尺度

应当按照人的感性尺度进行设计,空旷的大空间容易使人产生失落感,压抑的小空间使人产生紧张感。在对下沉广场的景观设计中应注重空间尺度,创造变化且多联系的小型化空间。

2) 舒适性

首先是要满足安全性的基本要求,包括为人提供不受干扰的步行环境,不使空间产生视线死角,在夜间增加照明使人产生安全感。除此,还要满足人的私密心理。如此,才能为人们提供一个身心放松、释放情感的环境空间。要考虑人们真正的心理需求,营造让人们感觉亲切舒适的多层次空间环境。

3) 自然性

虽然生活在城市中,但是我们渴望回归自然。一个和谐自然的空间少不了植物和水景的应用。在下沉广场的景观设计中要合理应用植物与水体,创建自然和谐的公共空间。

5. 文脉性

文脉最早源于语言学范畴,它是一个在特定的空间发展起来的历史范畴,包含着极其广泛的内容,从狭义上解释即"一种文化的脉络"。文脉的构成要素非常多,大到城市布局、景点设置、地形构造,小到一幢房屋、一座桥、一尊雕塑、一块碑等,都是文脉的体现。当游人踏上一块陌生的土地,景观就是他们了解这座城市历史文脉的最直观途径。所以在设计一个下沉广场时,要时刻注意文脉的体现,既不能抛开不管,也不能生搬硬套盲目强求。具体在文脉设计中,要把握好以下原则。

1) 空间的连续性

空间连续性是指下沉广场虽然有相对明确的界限,但是在景观设计上不能脱离周围的文脉特点,要与周边的建筑和谐一致。

2) 历史的延续性

历史延续性原则是在下沉广场的设计中要反映出这座城市悠久的历史文化特色。一个例子是哈尔滨市博物馆附近的一个下沉广场,独特的铁艺围栏显现出俄式建筑的风格,与哈尔滨整个城市布满的俄式风情的建筑交相辉映,延续了这个城市的历史文化风采。

3) 人的生存方式与行为方式的绵延

人的生存方式与行为方式的绵延原则也可以理解成以人为本的原则,也就是下沉广场的设计要考虑对人类生存方式与行为方式的支持。设计师必须了解设计项目所在的地区,其原有居民有着怎样的生产和生活方式,这种生产和生活方式有可能延续了数百年,有着丰富的民俗、文化的内涵,在设计的过程中,应当尽可能兼顾和关照到原有的居民生产、生活方式,使其得以保存。

6. 时代性

人生活在特定的社会和特定的时代,审美观念受时代的影响。在下沉广场的景观设计中,除了要传承文脉的特色,也要注意体现时代的审美意识。我们既要借鉴前人的设计美学观念,更要以现代人的视点去研究设计美学,从而建立现代城市公共艺术设计的审美意识,指导下沉广场的景观设计,使广场既能体现当代都市风尚,又不失文化传承。

4.2.3 景观设计要点

1. 空间尺度

下沉广场尺度的处理是否得当,是广场空间设计成败的关键因素之一。下沉广场的尺度对人的感情、行为等都有巨大影响,既要有围合感,又不能使人觉得像掉在"井"里,使在其中活动的人摆脱外界干扰,又不感到在地下。

1) 平面尺寸

芦原义信在《外部空间设计》中建议外部空间设计采用两种尺度方式:一是"十分之一"理论,即外部空间采用内部空间尺寸的 8～10 倍;二是"外部空间模数理论",即以 20～25 m 为外部空间模数,它反映了人们"面对面交往"的尺度范围,可以作为交往空间设计的重要参数。

2) 水平面与垂直界面尺度

资料显示,当下沉广场的界面高度约等于人与界面的距离时(1∶1),水平视线与界面上沿夹角为 45°,大于向前的视野的最大角 30°,因此有很好的封闭感。当界面高度等于人与界面距离的二分之一时(1∶1.7),和人的视野 30°角一致,这时人的注意力开始涣散,达到创造封闭感的底限。当界面高度等于人与界面距离的三分之一时(1∶3),水平视线与界面上沿夹角为 18°,就没有封闭感。当界面高度为距离的四分之一时(1∶4),水平视线与界面上沿夹角为 14°,空间的容积特征便消失,空间周围的界面已如同是平面的边缘。

广场的尺度除了具有自身良好的尺度与相对的比例以外,还必须具有人的尺度,如环境小品的布置要以人的尺度为设计依据。

2. 绿化

经过精心的种植规划所创造出的纹理、色彩、密度、声音和芳香效果的多样性和品质，能够极人地促进广场的使用。人们能够被吸引到那些提供丰富多彩的视觉效果、绿树、珍奇的灌木丛以及多变的季节色彩的广场上。它们不仅能吸引行人进入下沉广场，而且能够大大提高进入者的环境感受。对于下沉广场而言，在相对较小的空间内利用不同植物为在那里休憩或穿行的人提供视觉吸引物是很重要的。大多数人喜欢待在广场内是因为其绿洲效应，需要有赏心悦目的东西吸引他们的注意力。下沉广场中应选择羽状叶、半开敞的树木，这样使用者的视线能够穿过它们看到广场的不同部分。这类树木还能使高层建筑产生的强风穿过其中并得到消减。如果在下沉广场内部种植一些树木，它们会很快长得超过步行道高度，这样，即使广场除了穿行以外没有其他用途，这些树木的枝叶也能丰富街道体验（图 4-5）。

3. 吸引物

提升下沉广场使用率的关键就是要有引人注目的东西能将行人吸引进来，广场的下沉尺度越大，吸引力必须越大。当然，必须为被吸引下来的人们提供合适的休憩场所，以供人们欣赏周围的环境。下沉广场内可参与的公共活动也是吸引人们进入下沉空间的重要元素。

4. 无障碍设计

由于下沉广场是由高差变化引起的，会在一定程度上造成不便与障碍，因此在出入口、踏步和坡道等处要考虑方便残疾人和老年人的设计措施，对于有着交通联系使用功能的下沉广场更应考虑无障碍设计。出入口处要加大标识图形，加强光照，有效利用反差，强化视觉信息。地面铺装材料要平整、坚固、防滑、不积水、无缝隙或大孔洞。只要有可能，广场的不同高差之间应当除踏步外配置坡道，或者用坡道代替踏步。对于有电梯和自动扶梯的下沉广场，电梯的位置宜靠近出入口，候梯厅的面积应满足要求。自动扶梯的扶手端部外应留有轮椅停留和回转空间，并安装轮椅标志。应努力确保残疾人不会被排除在任何一个空间的使用之外。

图 4-5　巴黎 des. hols 中央商场下沉广场

4.3 共享空间环境艺术设计

4.3.1 设计原则

城市地下综合体的共享空间应该迎合人们的心理需求,吸引人们的脚步。地下商场应当营造良好的购物环境,从而吸引顾客;地下文化建筑应当营造良好的文化气息,消除地下空间封闭、阴冷的感觉,使进入者获得精神上的享受;交通建筑应当让人觉得安全方便,流畅快捷。这就要求城市地下综合体对共享空间的环境艺术设计予以重视,提升地下综合体共享空间的环境品质。

1. 营造舒适感

在地下空间环境的共享空间设计中,首先要从空间考虑,在建筑设计一次空间的基础上进行深入设计,考虑空间的私密性,使空间布局合理,符合使用规律,创造使用上的舒适性,同时应注意二次空间的形态,避免比例狭长不当的空间带来不舒适。视觉上的舒适感一方面取决于空间本身的舒适程度,即它的比例与形态等,另一方面则由室内空间中的光线、色彩、图案、质感、陈设等决定。此外,在地下建筑室内设计中应特别考虑听觉、嗅觉、触觉方面的舒适性,通过控制噪声,设置背景音乐,利用采暖、通风、制冷、除湿设备等方法来解决机械噪声大以及寒冷、潮湿、通风差、空气质量不好等问题。

共享空间是人们活动的地方,它不是一个静止的视觉形象,必须考虑人流活动的多样性与多变性,以创造丰富的、富有层次的共享空间环境。此外,还应能提供灵活的空间,有助于人们根据需要调整和改变他们的环境。这也是一种舒适性的要求。

2. 设计宽敞感

共享空间设计可以通过体量、空间的比例尺度、界面的虚实,以及色彩、光的明暗处理创造出室内空间感。空间感既是指空间的实际大小,也是指空间处理后给人的心理上的体验。地下无窗建筑物的封闭感要求地下建筑的室内设计应具有宽敞的空间。除了提供较大的高敞空间外,地下建筑室内宽敞感的创造还受视觉、错觉、光、色彩、图案及空间中家具陈设的布置与设计的影响(图 4-6)。

空间的自由度也影响到人对空间宽敞的感知。一个具有宽敞感的空间,使用起来比较方便,人在其中的活动也自由通畅,不会产生拥挤堵塞的感觉。事实上,宽敞感的意义远超出空间实际大小的概念。一个实际面积较小但经过精心设计与组织的房间会比一个较大的但缺少空间自由度的房间感觉要宽敞。

在地下空间建筑设计中,当建筑设计

图 4-6 日本大阪难波综合体地下广场

完成后,就需要在一次空间的基础上,根据建筑的不同功能需求,合理组织安排空间与流线,创造不同的空间。二次空间的创造不一定完全需要依靠实体围合空间,可以借用家具、绿化、水体、陈设、隔断等多种方式创造出一种虚拟空间,又称心理空间。这一点与地面建筑并无本质区别。

地下空间环境中的二次空间形态构成有以下几种方式:①绝对分隔,即根据功能的要求,形成实体围合空间;②局部分隔,就是在大的一次空间中再次限定出小的、更合乎人体尺度的宜人的空间;③象征性分隔,即通过空间的顶、底界面的高低变化以及地面材料、图案的变化来限定空间;④弹性分隔,这是一种根据功能变化可随时调整的分隔空间的方式。这里需要强调的一点是在地下建筑室内设计中,二次空间的限定与分隔应具有整体感,空间流线宜简洁明了,避免过分复杂的变化,防止人们在地下空间中迷失方向,为地下建筑的防灾设计提供便利。

3. 加强方向感

对于地下空间环境,一般情况下,人们很难体验到其外部形状,而仅仅能对内部的空间有大致的了解。地下空间形态通常较为单一,缺少地面环境的参照,因此地下空间的功能特征不是很明确,也就是说对于特定用途的空间,很难从空间的角度来确定其性格特征;地下空间由于缺少参照物,以及自然光线,光线亮度不够,再加上空间较为封闭,人的视线有限,人们很容易丧失方向感。随着城市地下设施利用形式趋向将地下商业空间、地下交通空间及其他地下公共空间连接在一起的复合化开发利用,复杂的功能布局也影响到人们的方向定位。

进入一个陌生的地下空间环境,人们只能依靠完善的标识系统来到达自己的目的地,因此,标识系统在地下公共空间的重要作用不容置疑。地下公共空间标识系统的完善与否直接影响人们对地下公共空间的积极评价。可以说,随着城市地下空间开发利用规模的日益扩大,其标识系统的重要性也愈加突显。通过合理设置各种标识系统不仅可以更好地引导人流,缓解人们潜在的心理压力和紧张情绪,还能进一步营造出地下公共空间风格独特、舒适愉悦的环境氛围,更多地渗透出对地下空间使用者的关怀。

有效的标识系统在地下建筑室内设计中非常重要,它主要由招牌和地图组成,以加强和补充建筑的可读性。在那些复杂的、不易理解的地下环境中,人们往往只有依靠清晰的标识设计来辨别方向。

4. 组织流动感

由于地下空间封闭内向,因此特别强调流动空间的创造,尤其是在用于交往和娱乐的公共空间中,需要创造一种动态的气氛环境来打破地下空间的封闭和沉寂。可利用一些动态要素,利用人在空间中的流动,结合丰富的光影变化、结合室外环境的自然景色,为地下空间环境增添生机与活力。

4.3.2 设计要素

在封闭的地下空间环境内创造宽敞的空间感需要有机地结合整个室内环境气氛,综合考虑室内设计的各种要素,从色彩、光线、装饰图形等方面进行分析推敲,最终创造出丰富的地下空间室内环境。

1. 色彩设计丰富人的视觉和心理感受

色彩的运用影响到整个室内环境的吸引力及可接受程度。色彩的效果依靠多种因素,它必须被放在整体环境中,综合考虑功能、美观、空间形式、建筑材料等要素。在地下建筑中,运用色彩创造出一个温暖、宽敞的室内环境是地下建筑室内设计的一个重要问题。与地面建筑一样,地下建筑室内色彩设计也应遵循以下基本原则:

(1) 充分考虑功能上的需要,并力求体现与功能相适应的性格和特点,满足人们在心理,生理及使用上的要求。如在地下餐厅的色彩设计中,应给人以干净明快的感觉,设计时以乳白、淡黄等色调为主色调。橙色等暖色可以刺激食欲,但应注意彩度的适宜。彩度过高的暖色可能导致行为上的随意性,易使顾客兴奋和冲动,出现吵闹和喧哗等现象。

(2) 力求符合构图原则。确定好色彩的基调,正确处理色彩的协调与对比、统一与变化等各种关系,体现稳定感与平衡感,做到上轻下重。

(3) 密切结合建筑材料,表现材料的自然本色。同一色彩用于不同质感的材料,效果相差很大,设计时必须使人在统一之中感受到变化,在总体协调的前提下感受到差别。

(4) 合理利用色彩丰富和改善空间效果。利用色彩的温度感(冷暖的感觉)、重量感(上轻下重,地面采用色深明度低的颜色,天花反之)、体量感(暖色膨胀,冷色收缩)及距离感(暖色近,冷色远)创造出一个温暖和宽敞的地下人工环境。地下空间环境宜以暖色调为主,可带给人一种温暖干燥的心理感受,能帮助抵消地下空间环境中寒冷、潮湿的感觉。色彩所带来的宽敞感和空间围合表面的色泽有关,又受感光量的影响。一般明亮淡雅的颜色加上较高亮度的照明,会使空间显得更大更宽敞。

2. 装饰图形与材料运用加强空间的质感

围合的地下空间环境内表面具有多种处理的可能性,包括颜色、线条、图案以及天然材质的运用,这些要素的合理运用有助于强化空间的宽敞感,丰富视觉感受,创造一种高质量的室内空间环境。线条的运用可改变不同方向上的尺寸大小,由于人们通常会高估垂直方向上的空间尺寸,甚至夸大这种效果,因此墙上的垂直线条会使空间显得更高,而斜线的动态和运动感则能够引起人的注意,如地面上对角线的运用及斜向图案的运用,可特别有效地使空间变大。空间表面上图案的应用也可以提高空间的宽敞感。由于在实际的三维空间中,远处的物体不如近处的清晰,因此可以运用视错觉的方法,在墙面接近天花的地方,有意识地缩短图案之间的距离,或在地板与地毯周边的地方减小图案的大小与间距,利用这种透视上的错觉来加强空间的宽敞感。

在三维空间中,天然材料的运用常会比线条和图案的运用产生更多的视觉趣味。天然材料是指取自自然界、极少经人工加工,具有天然的不规则的材质和纹理,基本为暖色调的材料。木材、石材是典型的天然材料,由黏土烧制的砖块及那些用天然的纤维制成的织物也都可以被视为天然材料。天然粗糙材质的表面可以产生复杂的光影效果和由于触觉所带来的温暖感等。有时,局部暴露的岩石墙壁与木材装饰的天花、墙壁结合使用,加上间接光源,会产生一种特殊的效果。在地下建筑室内设计中,使用线条、图案和材质来提高空间的宽敞感必须适度,设计者应避免过分夸张的处理。

3. 镜面、凹室与窗式墙壁带来视觉的趣味

在无窗的地下空间中,可在墙面和天花上使用镜面来造成空间延伸效果,以增加空间的宽敞感。当整面墙都铺满镜面时,空间会显得加倍的大。人们在由镜面围合的空间中走动时,视野的变化常常会带来许多意想不到的效果。镜子高反光的特性还可以使空间更明亮。镜子除了可以被简单地放置在墙面和天花上之外,还可以在空间的转角处呈角度放置,这样人们就可以通过它看到较远处的一部分空间,但并非全部,这会激起人们的好奇心,增加室内空间的趣味性和复杂性。镜子也可以沿着拱腹或楼梯下部设置,甚至包住柱子或别的建筑结构构件以减轻其笨重感,创造出透明的、明亮的空间效果。

在地下空间的墙壁上用凹室或窗式壁龛,内置植物、雕塑等物品,并间接地从上部用灯光照亮它们,能够创造视觉的趣味点,并令空间显得宽敞。墙上的壁龛可以安装上玻璃,成为像商业展示橱窗那样的"替代窗"。而凹室的深度会打破原有墙面的完整,暗示超出墙面以外的空间,可以创造窗外另有天地的错觉。在凹室放置游动的多彩的鱼,伴随着水、植物、岩石等这些自然元素,会为无窗的地下空间环境带来生命力。此外,背后设置灯光的玻璃墙面或有色玻璃墙也可以结合使用。对于更大更深的凹室空间来说,不仅可以布置为景观,也可以用作工作空间或休息会客区域,看起来也更有趣、更宽敞。

4. 传递与反映外部景象,传达真实的外部信息

利用光学仪器的反射与影像系统可以为在地下空间中的人们及时地提供外部环境的真实现状,包括天气情况、光线的变化以及外部活动等。采用反射景观的装置有时就像一个潜水艇中的潜望镜,通过光学透镜与平面镜的组合,能够向下传递外部景观。但它缺乏传统窗户的感觉,人们通常必须走到观察点才能获取外部的信息。而影像系统则可以通过遥控旋转位于地表的摄像机拍摄地面上变化的外部景观,并传送至隔绝的地下空间。影像系统已被广泛用于安全监测。随着大屏幕高清晰度显示屏及电脑技术的发展,影像系统正越来越多地应用于传递外部景观。除传递真实的现场外部景观,影像系统还可以提供与真实外部世界无关的供人们休息娱乐的声音或画面图像,使在地下空间中的人们得到精神上的放松与休息。

5. 人工照明使地下空间环境绚丽多彩

在地下空间中很难完全依靠自然采光,即使可以通过自然采光,也很难使自然光到达建筑内部的所有空间。因此,在自然光不能完全到达的地下空间中,人工照明作为自然光的补充是必不可少的。在进行室内人工照明设计时,应综合考虑照度、均匀度、色彩的适宜度以及具有视觉心理作用的光环境艺术等,从整体考虑确定光的基调及灯具的选择(包括发光效果、布置上的要求、自身形态),争取创造出符合人视觉特点的光照环境。

1）创造具有自然特性的人造光

人工照明具有光强比阳光小且光色不全等缺点。因此设计人造光系统来模拟自然光的特性是一个重要的方法。人造光系统可以模拟阳光的颜色、稳定性及在方向与强度上的变化。模拟自然光谱的全光谱灯泡可以提供紫外线照射，以利于地下空间中人们的生理健康。将全光谱灯泡隐藏起来进行间接照明，或置于假天窗之上，会使人误以为是日光在照明。通常的全光谱人造光属于"冷"光源，较适于照度要求高的场所，与传统的白色冷光荧光相比，全光谱人造光可改善视觉的清晰状况。而且，人造光模拟自然光不应只模拟正午时分的日光颜色，应在无窗的地下空间中使人造光能够模拟阳光在一天之中的规律性变化，具体的做法是根据外面一天之中阳光的周期性变化来改变人工光的颜色和强度。

另一个自然光与人造光不同之处是其进入空间的方式。阳光侧向进入室内，其照射效果以及给人的感受远胜于单调乏味的顶光源。模拟日光的人造光在某种程度上会给人以自然采光的假象，但必须仔细加以处理。

2）以人造光为背景的天窗及墙上的窗格

使用人造光模拟自然光的颜色、强度等可以改善无窗的地下空间光环境。将具有自然特征的人工光放置在具有半透明玻璃的天窗之上，可以造成一种天然采光的假象。如果半透明玻璃没有与天花平齐而是反凸向上的，则宽敞感和视觉的趣味都将加强。由于天窗通常呈半透明状，不很清晰，所以这种幻觉很接近真实状况。另一个相似的方法是将人工光放置在半透明的玻璃墙之后，使光从侧向进入空间，既可提高视觉的趣味性，又扩大了空间感，墙也成为地下空间的一个重要的装饰元素。

3）天花与墙壁上的间接光线

为令空间显得宽敞，可在天花板与墙壁周边使用均匀的间接光线。在墙上均一的间接光线使空间显得更大，在天花板上的间接光则使空间显得更高。

墙壁或天花板上的间接光可使用全光谱光源，这样看来更自然，有时人们会感到是在天空下而不是在天花板下。

4）人工照明

对于灯光设计来说，变化的光线所起的作用是很重要的。这并不是为了简单的变化而变化，而是通过变化加强对不同空间的限定，并反映出空间的不同功能。可以通过在沿着过道的主要目的空间增加光的照度来引导人们的运动。实际上，通道系统、空间活动的节点和标识都可以通过不同强度的灯光模式得到加强。用人工创造出类似自然光的、变化的光线会使空间更丰富、更有活力。

在地下建筑中，应尽可能提供天然采光，也可以设计人造光体系来模拟自然光的特性。空间应有足够的照度以满足功能使用的要求。照明设计应能够加强空间的宽敞感，创造出富有活力的、多样化的地下建筑内部环境。

4.4 公共设施环境艺术设计

4.4.1 卫生设施

地下公共空间环境中卫生设施的造型要根据环境的氛围和需要,既要满足使用要求,又能符合人们的视觉和心理需求,并与环境和谐一致。例如从人们普遍熟知的历史文化入手,可以让设计从一开始就具有亲和力;仿生的卫生设施造型设计可以吸引孩子的兴趣;情节或气氛的营造不但可以使设施变得生动可爱,对环境也具有积极的意义。

色彩的搭配也应该同时考虑功能及对人的心理和环境的影响。目前多数分类垃圾桶设计通过不同颜色来细分功能,如红色代表危险垃圾,绿色代表可回收垃圾,黄色代表一般不可回收垃圾等。颜色还具有调节气氛和人的心理的作用,如绿色的垃圾桶可与环境色彩相合,且可以给人卫生的感觉。颜色分明的垃圾设施有利于人们的认知和使用。

4.4.2 休憩设施

城市公共休憩设施应体现两种不同的意义:一方面是它的实际功能意义,它为停留、交往、游戏、观赏等目的所设,满足人们的生理和行为需要,同时也与周围环境相互协调,必要时可以和其他的公共设施联系在一起,做一体设计;另一方面,它又作为一种符号存在,反映特定的历史和文化、地域特征和独特的个性,反映时代的特点和风格。

休息设施的设计要遵循合理性、功能性、文化性、人性化等原则。

1. 合理性

合理性的要求来自多方面,如技术层面、使用方面、造型风格、造价上的合理等。

1) 技术层面的合理性

很多设计精美的作品在最后阶段被舍弃并不是由于设计上的原因,而是材料、加工工艺或结构上的问题。就算历尽艰辛让纸上的方案转化为地下空间中的实物,这些作品也让人感到面目全非,无可奈何之下被替换的材料以及拙劣而粗糙的加工会破坏设计的初衷与美感。所以,在设计中应当慎重选择材料,并深入研究工艺。

2) 使用方面的合理性

公共休憩设施是城市地下综合体公共设施的一部分,它们为最广大的普通大众所使用,其中有些人会施以粗暴的或是意料之外的行为。蓄意破坏公共设施的行为在国内外任何一个城市都是存在的,这就使得公共设施时刻处于危机之中。对于这个问题,市民的素质不应该成为设计师逃避责任的借口,它迫使我们思考是否能够在最初的方案设计时就尽量减少这类行为发生的几率。

3) 造型风格上的合理性

现代社会已经日益走向多元,时尚潮流的变革使人们注视城市的眼光一次次地改变,公共休憩设施也不例外。但是,公共休憩设施不是商店橱窗内的摆设,不能今天放明天拿,走在时尚的浪尖潮头,很多时候我们需要的是一种相对持久和经典的风格。设计师可以用敏锐的触角去感受时尚的细微脉动,但在面对公共休憩设施的设计时必须摒弃人云亦云的盲从态度,更多关注设计中的简洁与纯粹。这样说并不意味着我们是极少主义者或是简约派,只是不同的设计领域对设计有不同的要求,让公共休憩设施用自己的语言来表达它们的内涵,这比任何夸张的外形、繁琐的堆砌,或是对潮流盲目的追随都要强得多。

4)造价上的合理性

设计师在设计公共休憩设施时,要考虑到它具体会被放置在一个怎样的地下综合体环境中,城市的经济发展如何,不要盲目追求高造价,要注重产品的经济性。尤其是我国目前还是发展中国家,更要在合理的基础上尽量减少设计预算,不要铺张浪费。

2. 功能性

功能性原则是城市公共休憩设施设计的一条基本原则,也是它们存在的依据。公共休憩设施是为最广大的普通大众所使用的,它们必须具有实用性。这种实用性不仅要求公共休憩设施的技术与工艺性能良好,还应体现出整个设施系统与使用者生理及心理特征的相适应。设计师与工程师的区别在于设计师不仅要设计一个"物",而且在设计的过程中更要看到"人",考虑到人的使用过程和将来的发展趋势。

3. 文化性

城市的文化品位给城市带来活力,使城市具有魅力,不能想象一个现代化大都市没有文化特色的景象。任何公共休息设施的设计都不能与文化相脱离,必须与文化紧紧相连。也只有将文化与设计紧紧相连,才能突显设计的独特性,才能将设计更好地与周围的环境相结合,提升设计的品位,为人们提供更好的服务。

4. 人性化

人既是城市物质环境的创造者,同时又是使用者。城市公共休憩设施的设计必须考虑人的要素,以人的行为和活动为中心,把人的因素放在第一位。城市地下综合体公共空间中的公共休憩设施与其使用者——人相比,它应当以突出人,而不是以突出自身为宗旨。公共休息设施若是在设计上过分夸张、喧宾夺主,或是给使用者带来任何不便都是违背这一原则的。

5. 审美观

社会在发展,时代在前进,科学技术也在不断进步,设计的美学原则也会随之发展、完善和创新。

1)对比与统一

对比是设计艺术中最重要的形式法则。所谓"对比"就是使性质相反的各要素之间产生比较,从而达到视觉最大的紧张感。这里所说的"具有相反性质的要素",可以是物质的形态、大小,也可以是色彩、明暗、肌理质感,或是主体与背景之间的关系等。在这种比较过程中,事物不同的特点将更加明显。从一定意义上讲,对比实际上是一种对矛盾的强化。而与此相反的原则就是"统一",即对矛盾的弱化,也就是矛盾的调和。

在设计的范畴里,统一也意味着在矛盾和对比的视觉要素中寻求调和的因素。因此为了获得设计的整体效果,我们常用各种手法来获得统一的目的,如统一的色彩、统一的结构、统一的节点设计、统一的材料等。

2) 对称与均衡

两种要素相互关系所显示的内容由中间一条竖线或横线造成等分的两部分,其形状完全相同,我们称之为"对称"。两种要素相互关系所显示的内容由一支点支持,并获得视觉上的平衡,我们称之为"均衡"。一方面,对称形式虽然具有一定的静态美和条理美,但是对称形式易使人的视觉停留在对称线上,产生静感和硬感,在心理上易给人以单调、呆板的感觉,这是在运用对称形式上应加以注意的问题。另一方面,由于均衡形式的支点不够明确,安定感会比对称形式稍差一些,如果处理不当,则易于造成杂乱。注意聚与散,疏与密的变化,是处理好均衡美的关键。在城市公共休憩设施的设计与放置中,恰当地处理好对称与均衡,可以取得较好的设计效果。

3) 节奏与韵律

节奏与韵律都是音乐中的术语。在视觉艺术里,节奏的含义是某种视觉要素的多次反复。同样的色彩变化、同样的明暗对比多次反复出现,可使人体会到一种美妙的音乐节奏感。在现代设计中,通常用"反复"、"渐变"等手法来达到营造节奏的目的。对音乐而言,利用时间的间隔使声音的强弱或高低产生有规则的节奏,就会形成韵律。设计艺术中的韵律,是由造型元素按照一定规律的节奏变化产生,它使人体验到一种和谐的秩序感和有生命力的律动感。

6. 系统化

公共休憩设施是城市地下综合体公共设施的一个重要组成部分。围绕着它,每天上演着市民生活的活话剧。如果说地下综合体公共空间是舞台,那么周围的建筑与环境则是巨大的舞台背景,城市公共设施就成为鲜活的背景道具。道具应该符合剧情及背景的需要,公共休憩设施也应该符合大众公共生活的需求,并与周围的环境(包括物质环境和人文环境)保持整体上的协调。这里值得我们注意并深思的是,公共设施与环境的协调决不止于表面层次,更应追求一种精神及意味上的深层次统一。

公共休憩设施也是一个系统,除了与周围环境协调一致,其自身也应具有整体性。各种公共设施之间,虽然各有功能诉求,但彼此之间应相互作用、相互依赖,将个性纳入共性的框架之中,体现出统一的特质。

7. 可持续发展

这里的可持续发展原则包括两个方面:一是要注重生态环境的协调均衡和保护,尽可能采用绿色天然材料,或是人工合成的可以回收再利用的环保材料,不至于对生态环境产生破坏;二是要注重设计上的可持续性,当一个空间中休憩设施要更新时,要考虑到新的休憩设施与旧有的环境和设施之间的协调性和延续性,既要有所改善,也不能显得太过突兀。

4.4.3　导向设施

导向设施使人一看就知道目的地在空间的位置。地下综合体内的导向设施是为在综合体内活动的人们确定位置与方向服务的,它包括地图系统、导视标识系统等。

导向设施的人性化设计应该体现以下几点：①应该采用国际、国内的通用符号传达信息，使不同地区、不同国家、不同语言的人都可以识别；②要考虑各类人群的识别能力，如小孩识别能力较差、老人视力相对较弱等，设计时要尽量简洁易懂，要尽量设置触摸平台或声音系统为视力残疾者服务；③适当加大尺度或采用醒目的色彩为运动中的人服务；④标志牌和指示牌要有宜人的尺度，其安置方式与位置要有利于人们停顿观看，宜放在出入口、交叉口、分歧点等需要说明的地方；⑤注意灯光照明设计，为所有时段中活动的人们服务；⑥必须选用坚固、容易修理、清洗、更新的材料；尺度、色彩、造型要考虑与环境协调，给人以美的享受。

1. 标识系统的分类

地下综合体公共空间主要包含地下商业空间、地下交通空间、地下文娱空间等，其标识系统按功能可划分为交通指示标识和商业广告标识两大部分。其中交通指示标识在地下公共空间中的作用尤为重要。

1）交通指示标识

在地下公共空间标识系统中最重要的是交通指示标识。心理学家告诉我们判断自身在环境中的位置是人的本性之一，在易识别的环境中人们感到有安全感，当人们无法根据所处环境提供的信息确定方位时，就会感到不安。在封闭的地下空间中，由于人们看不到熟悉的外部环境和自然景观，很容易在规模庞大的地下建筑中迷失方向。交通指示标识能为人们提供地下建筑的整体情况，明确自身在建筑中所处的位置，同时为人们指明方向，帮助人们找寻恰当的路线到达目的地，也使人们对地下建筑的总体组织布局有所了解。

2）商业广告标识

地下公共空间标识系统中的商业广告标识就是指商店招牌和广告。地下商业空间是地下公共空间中极其重要的组成部分，地下商业空间的广告标识系统在整个地下公共空间标识系统中占据十分重要的地位。设计良好的商业广告标识系统是商业建筑中最活跃最具吸引力的元素。它由商业广告和招牌两部分组成，与建筑和空间的组织相呼应，有助于形成美感和有节奏韵律感的地下商业建筑环境，渲染商业气氛。

2. 标识系统设计

地下综合体公共空间的方向标识系统的设计主要归纳为两大方面：一是空间导入系统的设计，即通过建筑手法，对地下公共空间建筑本身的空间布局进行精心设计，使地下建筑空间易于识别和记忆；一是方向诱导标识系统的设计，即通过对各种视觉导向标识的设置，帮助人们在地下空间定位方向。

1）空间导入系统

地下商业空间环境不足之处在于，城市开敞空间及外部空间自然环境缺乏容易在人们心理上造成外部空间环境在意象结构上的脱离，产生封闭、迷乱的感觉，所以应首先加强地下公共空间、城市印象的联系，来增强地下商业空间节点识别性。

应建立地下商业空间各意象元素与城市开敞空间的对应关系。城市的广场、绿地、街心公园是城市开敞空间的重要组成部分，同地下公共空间的某个空间环境结点对应起来，会大大加强地下公共空间节点的吸引力,地下公共空间的这个节点也能成为城市空间环境的重要识别点。城市大型公共建筑或综合体建筑是一个城市的重要标志,也是城市居民主要的日常活动场所,若建立起地下公共空间主要意象元素与城市主要建筑物的对应关系,能大大增加地下公共空间的印象性。

对于任何建筑物或建筑综合体而言,入口都具有重要作用,它通过控制进出建筑物的活动来控制建筑的布局,而人们也总是期待着一走近建筑物就能看到入口所在。但对于地下建筑来说,由于其形体大部分或完全位于地下,在很多情况下,入口实际上是地下建筑唯一可见的要素。因此它不仅在空间过渡方面,而且在建筑物的外观形象方面都起着别的要素所无法替代的作用。在空间过渡方面,它通过从上到下、从亮处到暗处、从开放到封闭的转换,使人从地表的熟悉模式和景象环境过渡到一个未知的环境。好的入口空间可以减轻或消除人们对地下空间的恐惧感。

人们在地下公共空间会有意识地进行环境定向。通过这种对自身位置的判断,一方面使自己在地下空间中的各种行为活动得以实现,另一方面在心理上可以获得安全感。地下空间中方位感的获得,需通过加强地下空间内部各意象元素的可识别性。

地下空间中的路径不仅限于方向上的指引和传导,而更应具有"场所"效应。两侧的行为设施,如店铺,其步行化的特性为道路的形象设计提供了更大的灵活性。地下公共空间路径的设计,主要从如下方面进行考虑:①对地下公共空间通路进行必要的室内特色设计,使人们在思想上产生显著的认知;②地下公共空间通路两侧由其内侧界面、顶界面(天棚)、底界面(地面)构成,应对其进行具有特色化的色彩设计、照明设计、图案设计,增强通路的特征,增强人们空间方位感的形成;③在地下公共空间通路两边设置有特点的空间和专门用途的活动场所,增强地下公共空间的可识别性。

地下公共空间最普遍的行为是购物和通行,在通道附近设置有别于购物行为的活动设施,如休息厅、娱乐厅等,这些特殊的活动场所会使一些地方具有鲜明的形象。有特点的空间、通路形成特定关系,会使地下公共空间通路特征鲜明。可将地下公共空间通路设计成起讫点清楚、具有连续性和明确的方向性,来加强地下公共空间特定路径的形象。起点和终点可以是功能意义的,如作为休息场所,也可以是空间意义的,如下沉广场,还可以是环境意义的,如放置雕塑。人们习惯于把这种通路作为向导,常会把沿着通路的其他特征也连续化。这样的通路有助于人们意象中建立地下公共空间的整体联系,给人们提供明确的方位感。

2)诱导标识系统

设置方向诱导标识系统要达到的效果是:在方向诱导标识系统设置好以后,标识系统能"主动"地指挥人群的合理流动。方向诱导标识系统的设置位置应适当,标识系统应设置在容易看到的位置以及人们需要做出方向决定的地方;形式的重复、延续,可加强人的知觉认知、记忆的强度和深度。所以标识系统应连续地进行设置,使之成为序列,直到人们到达目的地,其间不能出现标识性盲区。另外,标识设置应在约定的位置上,这样人们不需要搜寻整个空间,而只需注视部分特定的区域即可找到方向标识。还有一些特殊情况,如火灾,当烟雾向天花板聚集时,出口上方的标识就可能被挡住,那么需要在主要疏散线路出口附近较低的位置处再设置出口标识。

标识系统在视觉上一定要醒目,重要的标识要能达到对人的视觉有强烈的冲击效果。另外,标识上的文字、符号等要足够大,以便人们能从一定的距离以外就能看到、读出。但需要指出的是,标识自身尺寸,需与所在空间的尺度协调。用以表达方向诱导标识信息内容的元素,如文字、语系、符号等,必须采用国家的规范、标准以及国际惯用的符号等,使人们易于理解和接受。

方向诱导标识必须与其他类型的标识,如广告、告示、宣传品、商业标志和其他识别标志等区别开来,以免人们混淆而影响到方位方向的确定。方向标识上的词句必须精简、明确,尽可能去掉可有可无的文字,让人一目了然,在正常流动的情况下就能方便地阅读和理解标识上的内容。方向诱导标识上的内容应该采用众所周知的专门用语和正确的内容,所指内容尽可能具有唯一的解释,以免引起人们的误解。

4.4.4 商业设施

地下商业设施多以商业街的形式呈现,优雅的环境以及商业设施的艺术性可以为地下商业提供一个良好的环境(图 4-7),主要可以体现在以下几个方面。

首先,宽敞的街道、清晰的指示系统、适度的节点设计是首要条件。街道的宽度要适中,既要宽敞舒适也要考虑到人们在街上时的视线范围和心理感受。在我国,商业步行街普遍存在的问题是人多、过于拥挤。如何能让街路宽敞且不影响人的正常消费心

图 4-7　大阪堂岛地下街

理成为重要问题。然而,商业步行街又不能过宽。因为过宽,"街"的感觉就可能会被"广场"的感觉取代。此外,从街道与建筑物的高度来看,街道两边的建筑物过高会形成峡谷效应,给人造成很大的压迫感。这些在设计之初就应该用环境艺术设计的理论来分析研究,反复推导后再进行设计。

其次,醒目的商店招牌、漂亮的店面和橱窗、丰富的商品是重要条件。在现今社会,人们在消费时已经不仅仅看价格,多数时候还要求有良好的购物环境,没有良好的店面形象很难吸引客户。所以,必须要以装修的精度来进行地下商业街和商业设施的立面设计。设计良好的艺术环境和布置得当的店面,可以激发消费者的购买欲望。

再次,足够的休憩活动空间、优美温馨的休息场所必不可少。在步行街的环境设计中,必

须要在公共空间中设置足够的休息场所,在造型颜色等方面一定要与步行街整体设计风格保持一致。

4.4.5 娱乐设施

地下公共娱乐设施仅仅满足功能上的需求是远远不够的,还应考虑艺术美学上的设计。

地下休闲娱乐设施的艺术性体现在休闲娱乐空间设计的内涵和表现形式两个方面。娱乐空间的内涵是通过空间气氛、意境以及带给人的心理感受来表达的;而表现形式主要是指适度美感、韵律美感、和谐美感塑造的艺术性。

其中,空间气氛和意境需要考虑由于对象、性质、功能的不同,地下娱乐设施的设计也会产生差异化的不同,而人对于环境的心理因素更是参差不齐,因此设计时必须要体现差异性和针对性;娱乐设施的表现形式上也应体现各种角度上的设计美学,满足使用功能适度的同时符合人体工程学;在形态上的点、线、面上呈现有规律的重复变化,在造型的大小、密度、曲线渐变、色彩冷暖、材质肌理等方面有层次地显现其韵律美感;从造型、色彩、材质、陈设等既有大小、高低、粗细、软硬、曲直等对比体现与其他设施的和谐之美。

4.4.6 信息设施

地下空间公共环境中信息设施的设计主要体现在其场所精神的设计。从人的生理层面上说,公共信息设施设计在功能上应当满足便捷快速传达和与时代接轨的功能;而从人的精神层面来说,公共信息设施设计在传达时应当具有文化意义的提升和审美意义上的追求。提升公共信息设施的场所精神,正是在它对人生理层面的完善基础上,精神层面更高追求的体现。不同的公共信息设施设计作为环境的一部分,可以体现不同的场所精神,应通过对自然及人工环境的解读,进行人为能动加工,通过形象化、补足和象征的手法去创造新的人工自然,从而实现更大程度上的认同。

心理学中的格式塔学派强调几何感知中视觉形式的简洁性。为了在城市中辨识方向,人们必然把环境简化成可以理解的简洁的记号和线索模式。城市地下环境中人的公共信息设施之和通过一系列功能结合在人的感知中,综合成为场所精神,从而提升其环境艺术性。

4.4.7 无障碍设施

无障碍设施是城市公共空间辅助设施的重要组成部分,应将无障碍需求纳入环境设计的标准中,从设计思路上保证地铁空间运转顺畅,使残疾人易于到达目的地,从设计手段上保证这些场所按其使用性质提供从入口到目的地的无障碍通道及其必要设备,使残疾人可以同健全人一样自由进入,从室内到室外,都确保残疾人"行"的自由,扩展其活动范围。

在地下空间环境艺术设计中,无障碍设计的涵盖面非常宽泛,规划环境布局的设计方案、装饰材料等诸多因素都会导致障碍的产生。以"无障碍"反向解读,即将所有产生或可能产生障碍的因素全部剔除,经过整合后的设计行为即为无障碍设计。

首先,无障碍设计的设施基础可以通过建造来完全实现,但追根溯源,无视先天和人为因素,将所有自然人平等看待,这一观念应贯穿全部设计主线,保证无障碍设计细化与应用是所有设计的基础考虑因素。

其次,无障碍设计要求设计师要有较强的环境保护意识,并与周边服务设施设计风格一致。其所设计的产品要易于加工生产、要节约能源减少消耗、要使用易分解不危害环境的材料、要开展绿色生态设计和可持续性设计等,在考虑人性化设计的同时结合视觉景观以及心理因素的考量,给人美的享受。

4.4.8 环境小品

环境小品作为供欣赏或使用的构筑物,因其具有功能简明、体量小巧、造型别致、富于意境、讲究品位等特征而成为公共空间艺术环境中不可缺少的组成要素。恰当的环境小品设置不仅可以辅助功能,提供方便舒适的设施,而且有助于活跃地下空间气氛。

地下空间环境小品艺术品位的价值有以下几点。

1. 景观价值

景观性和装饰性是每一个环境小品都有的共性。小到一个电话亭、一个垃圾箱,如果没有适当的艺术加工,那么它们只是一件城市公共设施,只是功能的实现与完成,绝不能称之为环境小品。没有了环境小品的城市空间只能在一种简陋的状态中生存,使用者仅仅得到物质的满足缺失了精神的享受。只有不同造型、不同材质、不同色彩、不同组合的环境小品冲击着人们的视觉,空间才不显得生硬死板、缺乏生气。

2. 适用价值

环境小品在广场中的作用是其他建筑与设施不能替代的。如广场中的植被绿化,纯粹的绿化和绿化与环境小品组合的效果是不同的。植物作为一种景观元素并不能表达所有的思想和意境,只需添加一涌喷泉,一块顽石,一座雕塑,便会激活整片绿化。只有铺装和绿地的广场,人们是不愿长久停留的,但添加了座椅、景亭、廊架后,空间的亲和力便显现出来。

3. 文化价值

作为人类精神追求下的产物,环境小品包含着设计者和使用者的美学观念以及所处城市赋予的文化内涵。伊利尔·沙里宁曾说过:"让我看看你的城市,我就能说出这个城市的居民在文化上追求的是什么。"从哪些地方去看呢？不外乎城市的建筑、街道、广场等,而作为人们精致生活体现的环境小品应该更能展现出城市的文明与文化程度,因为它既能延续城市的地方文化特色,塑造城市景观,又能充分展现城市与时代文化的融合,完善城市的生活环境,满足人们追求精神文化的需求。

4. 情感价值

一个好的环境小品不仅能给人视觉的享受,而且还能给人无限的联想。设计师通过模拟、比拟、象征、隐喻、暗示等手法,可以创造出丰富多彩、情感充盈的作品。

5. 生态价值

环境小品与其他景观元素共同构成的优美环境有利于陶冶人们的性情,提高公民的个人修养,改正自身的一些不良卫生习惯,共同维护城市的环境质量。同时环境小品中的水景小品和植物小品在调节小气候、降低污染、消声、除尘等方面也有很大的作用,它们通过物质循环与能量循环来改善城市的生态环境,能产生很好的生态效应。

6. 经济价值

环境小品构成的良好的生活环境和城市景观,有利于提升城市形象和知名度,使市民心情舒畅,身体健康,提高生产效率和服务质量,并由此带动相关的产业如旅游业等的良性发展。

4.5 水环境艺术设计

水环境艺术设计,就是将水作材料运用在空间设计中,配合其他材料综合运用,形成一个个区域的水空间,既能调节整个大环境,又能达到风格的统一,令空间品位升华。水环境的出现之所以逐渐受到人们的重视,不仅因为水环境(诸如喷泉和瀑布)能为空间添加声音和动感,还因为它能把更多的氧气送到空气中,增加空气湿度。作为地下空间设计来说,设计水环境的主要原因是它们能更好地将周围环境因素、空间内的整体氛围相统一,并且营造出一种处于地面大自然环境中的感觉。

此外,亦可依环境需要对水体作单独的设计,让其伴随空间的层次而加以改变。水景处理具有独特的环境效应,可活跃空间气氛,增加空间的连贯性和趣味性,利用水体倒影、光影变幻产生出各种艺术效果。

4.5.1 表现形式

水环境有静态水环境和动态水环境之分,但其设计目的基本一致,即做到地下设计地上化。设计师通过设计把自然引入地下,使地下空间更加灵动。水环境所体现的形式十分丰富,常见类型有水帘、水幕、壁泉、涌流、管流、叠水、虚景等,而每一类型又有许多不同的表现形式。

1. 水帘与水幕

利用水起到分割空间和降温增湿的作用,一般都借助于玻璃、墙体等垂直高大的物体来设计,使水从高处倾泻而下,形成一个垂直平面的水的帘幕,从而营造出一种朦胧、惬意的气氛,例如现代很多餐饮空间的设计,就引用水幕作为隔断进行空间分区。

2. 壁泉

壁泉形式又可分为墙壁型和雕塑型。人工水顺着墙壁顺流而下,或从石砌的墙缝中流出成为墙壁型壁泉(图4-8)。此类水景易于营造一种小桥流水的情景。雕塑型壁泉则是将水与挂于墙面的雕塑结合,使水从雕塑的某个部位流出,常见的如狮头吐水、跃鱼吐水等。雕塑型壁泉占用空间小,且具有一定的气势,是现在欧式、田园、中式风格装修中常见的手法。

3. 涌泉

一般是使水从水池底部涌出，在水面形成翻涌的水头，也可使水从特殊加工的卵石、陶瓷或其他构造物表面涌出。涌泉有流水的动感，却没有水花飞溅，也没有大的声响，可以营造一种宁静的气氛，在地下空间中独具特色。

4. 叠水

它是一种利用水的连续高差，使水从构造物中分层连续流出的水景。这样的水景容易使人参与其中，是一种互动性强的水景设计形式。它占地空间比较大，不过相对来说是一种较易造的水景。

图 4-8　大阪钻石地下街水景

5. 管流

水从管状物中流出称为管流。以竹竿或其他空心的管状物组成管流水景，可以营造出返璞归真的乡野情趣，其产生的水声也可构成一种不错的效果。此水景多用于茶馆等高雅的地下空间环境，给人造成一种"高山流水"的感觉。

6. 虚景

此处的"虚"水是相对于实际水体而言的，它是一种意向性的水景，是用具有地域特征的造园要素如石块、沙粒、野草等仿照大自然中自然水体的形状，来营造意向中的水。如地中海风格中的沙石墙面、贝壳、海螺等元素的带入都是为了强调海洋的理念，虽然设计中没有出现"水"，却给人一种"水"的感觉。

4.5.2　设计要求

1. 功能性

水环境的基本功能是供人观赏，它必须是能够给人带来美感，予人赏心悦目的体验，所以设计首先要满足艺术美感。但是随着水环境在地下空间领域的应用，人们已经不仅满足于观赏要求，更需要的是亲水、戏水的感受。设计中可以考虑将各种戏水旱喷泉、涉水小溪、戏水泳池、气泡水池等引入设计中，使景观水体与戏水娱乐水体合二为一，丰富水环境的功能。

水景具有微气候的调节功能。水帘、水幕、各种喷泉都有降尘、净化空气及调节湿度的作用，尤其是它能明显增加环境中的负氧离子浓度，使人感到心情舒畅，具有一定的保健作用。

2. 整体性

人们对建筑景观的第一印象不是建筑造型的独特和出类拔萃，而是它与其周围环境的协调和空间环境的组合,即建筑环境空间的整体美。彼得·沃尔克说:"我们寻求景观中的整体艺术,而不是在基地上添加艺术。"从整体角度看问题,这是水环境空间设计的首要条件。

水环境是工程技术与艺术设计结合的产品,它可以是一个独立的作品。但是一个好的作品,必须要根据它所处的环境氛围、建筑功能要求进行设计,地下水环境局限性要比室外水景局限性大很多,所以要充分考虑地理位置、空间大小、景观植物的配置等,并且必须与地下设计的风格协调统一。

3. 经济性

在总体设计中,不仅要考虑最佳效果,同时也要考虑系统运行的经济性。不同的水体、不同的造型、不同的水势,运行经济性是不同的。如在北方比较缺水的城市,居住环境中的人工水环境设计应加以充分的利用,应以小而精取胜,尽量减少水的损耗。在设计的过程中,设计师应考虑到水体的养护问题,使其真正做到"流水不腐"。在选材时应注意,自然的材质看起来最容易与水融合,木材、石头、玻璃和陶土可以与水和植物形成最佳的组合,从而让使用者感到更亲近自然。

4. 文化的可持续性

文化的可持续性体现为传统与现代的结合、本土化的设计等。一个优秀的设计作品不仅要与周围的自然环境浑然一体,同时必须具有文化内涵,要与民族文化传统融为一体。

5. 可靠的技术支持

景观设计一般由建筑、结构、给排水、电气、绿化等专业组成,水景设计更需要水体、水质控制这一关键要素。如何使区域内的水位保持恒定标高,如何使水质达到设计要求(物理与化学治理),这些都需要强大的技术支持。

6. 生态审美性

生态审美在注重景观外在美的同时,更加注重景观的内涵。其特征有:

(1)生命美:作为生态体系的一分子,景观要对生态环境的循环过程起促进而非破坏作用;

(2)和谐美:人工与自然和谐共生、浑然一体,在这里和谐已不仅是指视觉上的融洽,还包括物尽其用、可持续发展;

(3)健康美:景观服务于人,在实现与自然环境和谐共生的前提下,环境景观应当满足人类生理和心理的需求。

模拟自然的水体生态景观,对于生物多样性、景观异质性和景观个性都是有利的,并能促进自然循环,以稳定的城市栖息地生态走廊的框架来实现水资源可持续发展的原则。

4.5.3 设计功效

1. 净化环境和消除噪声

水纯净、清爽,水的声响对人有宁神镇定的作用,潺潺的水声非常悦耳,流速缓慢的水声像蝉声一样能使空间变得更加恬静,喷泉的水声在大的空间里会压制人的喧闹声和周围的嘈杂声。因此,在地下设置水景,不仅能净化空气,而且能缓和并掩盖地上四周交通的噪声。

2. 降温

在地下空间内设水面,能利用蒸发来降低地下建筑室内的温度,环境中的人工水帘、水幕和喷泉可以提高蒸发降温的效果。近年来,在建筑的玻璃外壁上应用水幕、挂流等,以及在墙上设置叠水和壁泉的实例日益增多。这种水景景观效应好、有动感,还有降温作用。

3. 增益于景观

水体受自然地理环境影响与制约,它的形态变化也对环境产生影响。水可能是所有景观设计元素中最具吸引力的一种,它极具可塑性、可静、可动、可发出声音,可以映射周围景物,所以可单独作为艺术品的主体,也可以与建筑物、雕塑、植物或其他艺术品组合,创造出独具风格的景观。在有水的景观中,水是景致的串联者,也是景致的导演者,水因其不断变化的表现形式而具有无穷的迷人魅力。

4.6 绿色植物环境艺术设计

无论是在室内空间还是在室外空间,植物都是柔和视觉线条最好的景观元素。地下空间的规划应纳入大自然的景观元素,绿色植物可以作为地下室内中庭空间的一个主要视觉因素,即使在很狭小的空间中,植物也可以成为趣味视觉中心。

植物的形式可以很复杂,也可以以相对透空的植物划分空间,透过植物间的缝隙,绿化创造出丰富的视觉效果,使人们感到空间的延伸。植物也可以和光一起使用,从而产生自然多变的光影效果。应选择耐阴性强的植物,通过富有层次感的植栽设计,使地下空间的环境更加清新自然。

由于受到地下空间的限制,许多大自然的生态因素不能被引入地下空间,最适合地下空间的生态因素是水生动植物,因此,一般将生态与水体这两个景观元素放在一起经由水体设计,搭配水生动植物,增加水体的丰富性。

4.6.1 绿化效果与作用

众所周知,绿化是地面自然环境中最普遍、最重要的要素之一,绿色植物象征生命、活力和自然,在视觉上最易引起人们积极的心理反应。将绿化引入地下空间环境,在消除人们对地下与地上空间视觉心理反差方面具有其他因素不可替代的重要作用。

总结起来,地下空间环境中的绿化具有以下效果与作用:

(1)在视觉心理上增加地下空间环境的地面感,减少地下与地上视觉心理环境的反差和人们对地下空间的不良心理反应;

(2)适度平衡和净化空气质量、调节温度、吸收噪声,提升地下空间环境质量及美学质量;

(3)组织和引导空间,有助于地下空间与地面外部空间的自然引导过渡、空间分隔与限定、空间暗示与导向等;

（4）增加异质性和亲近感，丰富地下空间的表现力，满足人们回归大自然的心理渴望；

（5）在调节精神、放松心情、营造舒适性，尤其对调节视觉、消除疲劳和紧张感方面具有独特作用，在火灾发生时能够抑制火情、防止火势蔓延，对地下建筑起到保护作用。

4.6.2　绿化方式

根据地下空间内部环境特性以及植物种植习性，可将环境绿化分为 4 种基本类型：固定种植池绿化、立面垂直绿化、移动容器组合式绿化和方便种植的水体绿化。

1. 固定种植池绿化

固定种植池绿化是在地下空间内部设立固定种植池，利用植物直立、悬垂或匍匐的特性，种植低矮灌木或攀援植物。因地下空间绿化是在建筑结构上再做绿化，其特殊性应从三个方面加以考虑：

（1）需要考虑建筑物的承重能力，种植的重量必须在建筑物的可容许荷载以内；

（2）需要考虑快速排水，否则植物烂根枯萎，很难存活；

（3）需要保护建筑结构和防水层，植物根系具有很强的穿透能力，可能会造成防水层受损而影响其使用寿命。

2. 立面垂直绿化

立面垂直绿化是利用植物沿地下空间立面或其他构筑物表面攀附、固定、贴植、垂吊形成垂直面的绿化。垂直绿化不仅占地少、见效快、绿化率高，而且能增加地下空间的艺术效果，使环境更加整洁美观、生动活泼。在地下空间装饰中，精心设计各种垂直绿化小品，如藤廊、拱门、篱笆、棚架、吊篮等，可使地下空间更有立体感。垂直绿化具有绿化投资少、效益好，省时、省地、省资源，改善生态环境，降低气温、吸尘、减少噪声，改善环境质量等优点。

要搞好垂直绿化，首先要选择好垂直绿化的材料，选择得当就能发挥它的最大效益。在选择材料时，一般要注意其功能、生态和观赏等原则。

3. 移动容器组合式绿化

移动容器组合式绿化即根据地下空间使用要求，以种植容器组合的形式在地下空间布置观赏性植物，可根据季节不同随时进行变化组合。可组合移动容器机动性大、布置较灵活，是地下空间中应用最为广泛的一种绿化形式。

4. 方便种植的水体绿化

地下空间环境中的水体绿化是绿化领域思维定式的革命性改变。地下空间环境中水体的运用和水上植物的装饰，使地下空间更富观赏性和趣味性。水体绿化，就是在水中种植水生植物，或者种植水生浮盆，甚至可以让陆生植物在水体中生长。地下空间中，只要有水池，甚至缸、钵、碗，都可以进行水体绿化。

4.6.3　环境绿化空间类型

依据地下空间环境自然光照条件的特殊性，我们将环境绿化的空间类型分为三大类，即：

全地下式空间、半地下式空间和下沉式空间。

1. 全地下式

全地下式空间即一般意义上的地下空间,是相对于具有自然光照条件的地下空间而言的,具有恒温恒湿、封闭独立、空气流动差等特点,其绿化主要是根据地下空间的内部特性选择合适的植物导入,并充分做好养护管理工作。

2. 半地下式

半地下式空间主要指地下中庭空间,它是相对于全地下式空间而言的,是重点绿化空间。半地下式空间既处于地下空间环境中,又具有一定光照条件,是地下空间内部的"室外空间",当前一些具有太阳光导入的地下空间也属于此类。地下中庭空间是指在大型地下公共建筑中由多层地下建筑各种相对独立的功能空间围合并垂直叠加而形成的中庭空间。它一般有大型采光玻璃顶棚,可得到充沛的光照,其内部可进行自下而上的立体绿化,周围各层功能空间在水平方向又延伸扩展并交汇到中庭开阔空间,使得地下空间结构形成深邃、立体而丰富多变的层次。

3. 下沉式

下沉式空间是指与地平面有一个高差并连接地下建筑的出入口和地面的开敞式的过渡空间。它包括在大型地下建筑综合体中已较为普遍应用的下沉广场以及近年来比较流行的下沉庭院等。人们通过下沉广场从地面进入地下空间,可大大减少地上与地下的环境反差。沿下沉广场周围布置的地下各功能空间,通过大玻璃门窗或开敞通道,亦可得到一定量的天然光照和空间开敞感。下沉庭院是地下建筑的各功能空间围绕一个或数个与地面开敞的天井或下沉式小庭院布局,并面向天井或小庭院开设大面积玻璃门窗等形成的。下沉式空间由于具有充足的光照条件,是地下空间中最理想的绿化场所,其绿化可以参照地面绿化方式进行。

4.6.4 设计方法

1. 全地下式环境绿化艺术设计

全地下式空间一般包括地铁车站、地下商业街、地下步行道、人防设施等。其绿化地点可选择楼梯、过道、墙壁、立柱、吊顶、墙隅、地下商铺内部等处,受空间大小的制约,主要应采用移动容器组合式绿化和立面垂直绿化。在空间条件允许的情况下,则可以适当利用固定种植池绿化和方便种植的水体绿化。全地下式空间由于自然光线受到严重的限制,其植物导入就成为绿化成败的一个关键因素,需要选择极度耐阴且适应温室生长的植物,如八角金盘、桃叶珊瑚、厚皮香、油麻藤、吊兰等。

1)楼梯

较宽的楼梯,可隔数阶布置一盆花或观叶植物,形成良好的节奏、韵律。在宽阔的转角平台处可配植较大型的植物;扶手、栏杆可用植物任其缠绕,自然垂落;在楼梯下部也可营造假山、喷泉等。

2）过道

过道与走廊使水平空间相连,也会有一些阴暗、不舒服的死角,可沿过道用盆栽相隔一段距离排列布置,用造型极佳的植物,遮住死角,封闭端头,可达到改善环境气氛的目的。

3）墙壁与立柱

地下空间的墙壁与立柱通常使用广告、油画等无生命的装饰品,而绿化可以带来无限生机,一般来讲,缠绕类和吸附类的攀援植物均适于立柱绿化。也可安装绿化箱,将植物固定在墙壁上挂栽,能提高绿化面积,美化环境,提高装饰效果。

4）墙隅

植物的枝叶、花型、线条优美多姿,对地下空间内部角隅的生硬线条能起到很好的柔化、缓和作用。可以选择观景、观叶、观果植物组成丛配植组景,也可以配以优美的花草灌木组景。

5）吊顶

吊顶往往是极具表现力的地下空间一景。它可以是自由流畅的曲线,也可以是层次分明、凹凸变化的几何体等。用天花板悬吊吊兰等植物,是较好的构思。

6）地下商铺

其内部多用盆花、插花装点,同时对花盆、套盆、花架等可移动容器的选择更应讲究。

2. 半地下式环境绿化艺术设计

如前所述,半地下式空间主要为地下中庭空间,其绿化设计可根据中庭大小、需求的不同,组合拼装,即在地下公共空间将各种绿化景观元素进行拆分组合、拼装,建成小到两三平方米,大到几十平方米的小型绿色园林。在这种小型园林中既可采取固定种植池绿化、方便种植的水体绿化,也可采用移动容器组合式绿化组合造景;另外,中庭空间一般具有多层建筑围合的立面垂直叠加空间,因此,非常适合沿着内部阳台进行立面垂直绿化。选择能适应半地下式空间特殊人工环境的植物种类是绿化设计的基础。即使是在设有玻璃顶棚的地下中庭空间,日照时间和强度仍会小于室外的情况,为植物提供的环境条件与自然界差别也较大。因此植物应尽可能选择源于南方的短日照植物以及原产于热带、亚热带的耐阴性植物。

由于中庭以垂直空间为主,主要采用种植池种植的设计形式,其内部植物中乔木的自然生长高度与冠幅应与中庭体量相适应。竹子、棕榈科和榕属植物能较好适应中庭恒温少光的小气候,成为主要乔木的首选。而对于大体量的中庭,秀气挺拔的竹子、高大粗壮的高山榕、多姿多彩的酒瓶椰子、海枣等都是不错的选择。

移动容器组合式绿化要以常绿观叶植物为主,配置各类有季相变化的植物、花卉等。除此之外,植物还应与中庭空间中其他景观元素,如雕塑小品、水体等在风格上有所联系,或协调统一,或衬托对比。

立面垂直绿化一般选择爬藤和垂吊植物,使其贯穿在中庭空间,如常春藤、绿萝、吊兰等。绿化设计所营造的丰富室内空间以及建筑小品等共同组成了具有人性化的公共空间,贴近自然,使人们流连忘返。

3. 下沉式环境绿化艺术设计

下沉式空间绿化大部分可以参照地面绿化,其与地面绿化设计最大的不同之处在于下沉式空间一般具有跌落状退台以及围合垂直面。它不仅可在下沉地面设置固定种植池、水池喷泉等,适当布置移动组合式绿化,还可利用围合垂直面以及退台进行各种立面垂直绿化设计。

下沉式空间通常是人流密集的场所,其绿化不宜大面积种植草坪等遮阳效果差的植物,其植物选择应做到因地制宜。可以设种植池进行点缀,栽种各种大型树种,做到立体绿化。还可种植各种移动式季节性花卉,或者种植一些常青小乔木以增大绿量。对于下沉式广场,由于与地面有一个落差,适合布置小型瀑布等水景。植物、水帘、水声以及溅起的水花可以增添景观的生动性和趣味性。

4.7 光环境艺术设计

4.7.1 影响因素

通过资料的整合和调研的分析,地下空间照明设计由功能性照明和艺术性照明组成。功能性照明从实用功能出发,根据空间的不同,合理地分布照明器材,是满足基本地下工作运行需求为主的照明。艺术照明从人的视觉感官出发,运用光色和照明手法营造不同的空间艺术氛围,协调和美化空间环境,是满足人的视觉和心理需求作用的照明。

在地下空间照明设计中,不仅要注重一般照明、标识照明、应急照明等传统意义上的功能照明设计,还要关注照明的艺术性和人性化。照明的设计应满足指示性、安全性、舒适性和艺术性。这就要求我们传承和发扬传统的照明设计手法,结合现在的照明设计技术手段和理念,达到现代地下空间照明设计的要求。

1. 空间的视觉层次

我们知道,在展览建筑空间的设计中,要对参观的路线进行合理安排,对参观者获取展示的信息进行分时间和分区域的展现,这样做不仅使得视觉上有不断的更新,展示的空间场景信息也更容易被识别和获取。在地下空间中,人们对指示信息快速获取的需求比展览空间中更加明显,所以通过照明设计来加强和突出这些信息的识别是一个行之有效的手段。

在地下光环境设计中,首先要对空间所涉及的信息进行整理,根据空间功能的不同,明确区分重要和次要空间,以确定照明的重点。通过分析地面、墙面、广告灯箱、艺术品、标识牌等空间元素,分析其包含信息对行人的重要性,对其进行一般照明、重点照明、特殊照明的先后顺序区分,确定照明层次。通过照明层次来表达空间的层次性,使得人们观察空间的目光通过照明的引导进行舒适自然的移动。当需要表现多个空间层次的时候,应该协调和均衡考虑对多个视觉焦点的组织,避免照明的杂乱无章,造成通常所说的"眼花缭乱"。适当的明暗对比也能加强空间的的变化和层次,通过调整照明的明暗,由明向暗或者由暗向明的变化,会从视觉感知上造成空间打断和分割,形成层次效果。

2. 空间的节奏感

节奏是指事物有规律地变换和重复,从而形成一定的韵律美感。通过照明手段来达到空间的节奏感,就是利用光的物理特性、分布构图、控制投射角度方式等手段,造成光的扬抑、虚实,从而限定空间,改变空间比例。通过视觉改变来影响人们对空间的心理感受。格式塔学派(Gestalt Psychology)指出,通过连续、相似的图形能刺激和加强人的视觉感官反应,造成良好的视觉效果。因为相似的元素进行有序重复的排列构图,能够对人的大脑进行反复的刺激,使得人与排列的元素进行反复的"对话"和"交流",使信息在大脑中反复地整合,建立明确的认知系统,增强人们对认知对象的识别。

3. 空间导引性

地下空间中往往要通过复杂的诱导标识系统来引导乘客辨别方向和识别位置。由于人们文化意识的多样性和差异性,长期接受各种各样的符号信息,同一种符号并不能够让所有人都理解。如何快速地分辨方向和识别位置成为一件困难的事,需要设置合理、明晰的标识指示系统来做正确的提示,引导人们的行为。适当地辅助利用照明增强空间的层次性,对人视觉辨向和定位进行辅助补充,空间的导向性效果会更好。

光照的明暗变化能直观地被人感受到,改变视觉焦点,引导人视线的转移。灯光的明暗变化调整,可以作为加强地铁空间环境导向性的一种很好的手段。

另外,明亮的光照容易形成人流的聚集,成为主要的活动空间。可以根据人这种趋光的心理,通过调整灯光的明暗和色温来划分空间,区分主次空间的照明效果,合理地调整行人的聚集区域和逗留时间,将人们趋光心理作为隐性的引导元素应用在地下照明中。灯光指引辅助指示牌上的文字指示信息,可以减少人们的逗留,达到快速有效疏散的目的。这种方式也能够被所有人认同并接受。

4. 空间氛围

考虑到光的特性,不同颜色和色温的光会给人们带来不同的视觉和心理感受。在设计中应针对不同功能的空间分别选择不同的光源,营造不同需求的空间氛围。

采用不同的光源照明方式也能营造不同的空间环境氛围。如常用的高照度、配白光,亮度高,在没有特别进行照明设计的情况下,整个照明环境效果均质通透,严肃感强;如要营造轻松感较强空间,就需要亮度低、柔和的光照;色彩偏黑、暗淡的光会降低人们对空间的识别和认知,带来不适、压抑感等。在地下空间的光环境艺术设计中,应充分认识不同空间功能,灵活合理地利用光的色温、照度等特性以及照明方式来限定空间,调整空间,突出和优化空间氛围,创造出舒适快捷又协调统一的光环境。

避免眩光也是营造良好空间氛围需要考虑的问题之一。有无眩光是评价地下空间光环境品质好坏的基本要素,由于地下照明光源和分布方式的不同,不可避免地造成一定量的眩光。眩光主要是由于光源的照度过大或过亮在发光和反射表面造成的,会形成过亮不协调的光斑和光晕,阻碍人们视觉对空间的真实观察和认知,破坏和降低人们的视觉效率,分散注意力,造成眼睛的不适和视觉疲劳,严重的眩光和长时间在眩光的光环境下活动会损害视力。所以在地下光环境艺术设计中应注意避免眩光,合理选择适合照度、数量的光源,灵活控制光源的布置和照射方式,减弱和消除眩光对人们认知空间的影响。

影响空间氛围的因素还有光照水平,光照水平的不同,主要影响光的照度和亮度两个物理特性的表现——即影响人们对光照照度和亮度的主观认识。如同一照度的光源采用不同光照方式,人眼会对其表现的不同光照亮度和强度有新的的感受和评价。可以简单地理解为,光照水平的不同会影响光源进入人眼的光通量,从而影响人们对光环境的认知和感受,达到营造不同空间环境氛围的目的。

5. 装饰材料

空间的装饰材料是塑造空间的重要元素,材料的选择直接影响着照明设计。材料的固有色和材质表面的反射系数对光环境的影响很大。同一光源,照射在不同颜色材料表面上,会给人不同的视觉感受。不同的光色配合不同的材质,会形成不同的照明效果,设计者可以根据空间的功能和表现需要,合理地搭配选用,创造出舒适丰富的空间。材料的反射率不同,通过吸收和反射,会产生不同照度的反射光,也会直接影响空间的整体亮度和空间氛围。

6. 内部结构

在地下空间光环境设计中,照明设计应该密切结合地下空间环境中的空间结构设计整体综合考虑,进行多样的布置和艺术处理,使得空间功能与艺术装饰相得益彰。照明不仅起到装饰艺术的美化作用,还能彰显建筑结构的构造美,与之协调并完美结合,二者共同创造空间的艺术氛围。照明可以突出或者强调需要特殊表现的构件,也可以利用照明的一些手段,视觉上弱化或隐藏不必要的建筑构件,同时建筑构件也可以作为光源的一些装饰"灯具",隐藏或者遮挡一些光源光线,结合漫反射光的柔和照射达到理想的光照效果。

当空间环境具有艺术性需求时,光照应配合和烘托结构,使得人们感觉到空间与结构的感性,烘托出丰富的空间艺术氛围。当人们不再把结构仅仅看作是承重或支撑构件而将其作为具有丰富表情的表达语言时,结构才真正展现其感性的一面。用光表达结构空间的感性已成为近期地下综合体空间设计的重要理念。

4.7.2 自然光的作用

1. 生理作用

自然光作为生命之源,对于地下空间使用主体的生理作用至关重要。从成分上分析,自然光由紫外线、可见光和红外线三部分构成,其中与人的生理活动最为密切的是紫外线和光谱中的可见光部分。就人自身的生理需求来说,适当的日光照射可以促进人的血液循环、预防骨质软化及一些疾病。

在地下空间中,自然采光与环境的作用体现着使用主体的生理需求。举例来说,地下环境的密闭性会导致空间中细菌、病毒的滋生,利用自然光的杀菌效果,可以为人们创造健康、洁净的空间环境。此外,地下空间的闭合环境使得内部空气流通较差,进而造成内部空间的潮湿阴冷,通过自然光的引入可以在一定程度上提升内部空间温度,并可促进内部水分蒸发来保证环境的干爽,在一些地下空间中,利用中庭的设置甚至可以实现空气的自然流通。通过对地下空间湿度、温度、通风等小气候的调整,自然光可以使其属性更加趋近于自然,这也是满足使用者生理需求的重要手段。

2. 心理作用

自然光对于人的心理影响主要表现为视觉上的刺激,这种刺激传达到大脑,与人的主观意识相互作用。这种影响早在古埃及时期即被用于神庙建筑中,在当代的空间类型中,也存在众多利用自然光作用于人心理的典型案例。相对于地上建筑,自然采光在地下空间中对于使用主体的心理的作用更为明显。这种心理上的作用大致体现为三个方面。

1)导向性

在地上建筑中,门、窗的存在为内部使用主体提供了参照物,人们可以透过门、窗看到外部空间,从而实现方向定位。对于地下空间来说,其封闭性致使内部空间与外部环境相隔绝,造成外部空间参照物的缺失。这种参照物的缺失会造成使用主体的方向感减弱,进而导致其对空间导向产生误读。利用使用主体的趋光性,在地下空间中引入自然光可以为封闭的空间创造全新的参照系,可以以光为载体为使用主体在空间中进行重新定位,在实际应用过程中,避免了封闭式空间所存在的疏散与防灾等安全隐患。

2)人性化

人的自然属性决定了其对于自然光的依赖,也决定其对于环境的诸多需求。在人固有的思维中,地下空间通常与潮湿、黑暗联系到一起,而缺乏光照的封闭式地下空间更会使人产生压抑、缺乏自由等消极感受。地下建筑中向外观景的受限是人们对于这种建筑物产生不满的一个原因。在城市地下有人空间的环境中,人们不论有意还是无意,都渴望利用设计手段将自然光引入地下空间,使空间自然属性增强,这对于缓解多种的负面影响具有非常积极的作用。此外,通过将采光界面与空间形态设计相结合,将外部环境引入内部空间中,将会改善空间的景观,这也是利用自然采光实现地下空间人性化的重要方面。

3)空间营造

在不同光线作用下,空间会呈现出不同的氛围。利用自然光对空间进行塑造的方式历史悠久,从古埃及的神庙到中世纪的教堂,均对空间的光环境进行了精心的设计。相对于地上空间来说,地下空间对于光的作用更加敏感。因此,从内部需求出发,可对地下空间的自然采光进行设计,利用自然光的反射、折射、散射等传播方式,创造出强烈且多变的空间情感,实现空间艺术性的升华。

4.7.3 自然采光设计

在地下空间环境中,自然采光可增加空间的开敞感,改善通风效果,并在视觉心理上大大减少地下空间所带来的封闭单调、方向不明、与世隔绝等负面影响。概括起来,地下空间环境利用自然光的方法主要有被动式采光法和主动式采光法两类:被动式采光法是通过利用不同类型的建筑窗户进行采光的方法;主动式采光法则是利用集光、传光和散光等装置与配套的控制系统将自然光传送到需要照明部位的采光法。

无论是被动式采光,还是主动式采光,地下空间环境采光技术都是要利用自然光线,希望尽可能多地将自然光线引入地下,从而充分满足工作、生活在地下空间环境的人们对自然的渴望。

在地下建筑中,自然采光不仅仅是为了满足照度和节约采光能耗的要求,更重要的是满足人们对自然阳光、空间方向感、白昼交替、阴晴变化、季节气候等自然信息感知的心理要求。同时,在地下建筑中,自然采光可增加空间的开敞感,改善通风效果,并在视觉心理上大大减少地下空间所带来的封闭单调、方向不明、与世隔绝等负面影响。因此可以说,自然采光的设计对改善地下建筑环境具有多方面的作用,不仅仅局限于满足人的生理需求层次。

1. 被动式自然采光法

1) 高侧窗采光法

可在半地下室高出地面部分(约占半地下室高的 1/3)的外墙上开设高侧窗以采光,或沿地下室外墙开设与地面相通的采光井,并朝向采光井开窗以获取自然光线。这种地下建筑自然采光形式适用于地下仓库、车库或某些业务办公等空间,此类空间通常附建于主体地面建筑,并且对自然采光在照度及视觉环境艺术上要求不高。

2) 天窗采光法

天窗采光,又称顶部采光。它是在房间或大厅的顶部开窗,将自然光引入室内。这一采光方法在工业建筑、公共建筑(如博展建筑和建筑的中庭采光)应用较多。由于应用场所不同,天窗的形式不一,可谓千变万化,难以统计。对于地下空间建筑采光法,根据不同的建筑功能,天窗形式主要有以下五种:矩形天窗、锯齿形天窗、平天窗、横向天窗、下沉式(或称井式)天窗。

3) 院式(天井式)

地下空间围绕一个与地面相通的下沉式小庭院或天井布置,并朝向庭院天井开设大面积的玻璃门窗以摄取自然光线。下沉庭院式地下建筑面积和规模都不大,较适于中小型文化娱乐或教学等使用功能的要求。

4) 被动式光导管采光

被动式光导管采光是让阳光从改进的采光口顶部入射,经过内壁涂有高反射材料的管体多次反射后,达到底部反光部件,可使地下空间内光线均匀,创造良好的采光环境。

5) 下沉广场

下沉广场常用于城市中面积较大的外部开敞空间(市中心广场、站前交通广场、大型建筑门前广场及绿化广场等),使地面的一部分"下沉"至自然地面标高以下,一般为 4 m 左右。下沉广场使广场空间呈现正负、明暗、闹静、封敞等空间形态的变化。沿下沉式广场周边布置的地下建筑朝向下沉广场开设大面积玻璃采光门窗,或设通透的柱廊,使广场周边的地下空间与广场开敞的空间融为一体,既使地下空间得到自然采光,又使人们通过下沉广场进入地下空间,很大程度上减少地上、地下空间的差异感。采用下沉广场的地下建筑多为购物、文娱、休闲、步行交通等多功能公共活动类型。

6）中庭共享空间式

地下中庭共享空间是由大型多层地下综合体的各层、各相对独立的功能空间围合并垂直叠加而形成的直通地面的中庭空间,其顶部所覆盖大型采光穹顶,一般由空间网架加上采光玻璃面构成,既能躲避风雨、烈日、严寒等恶劣气候的影响,又能使中庭空间充满阳光,并能使围绕中庭的地下空间在一定程度上摄取自然光线。对大型深层地下建筑综合体而言,中庭起着接受阳光和光通道的作用;中庭内大量种植的花草树木、叠石、流水以及喷泉等建筑小品在阳光的照耀和光影的变幻中,构成了生机勃勃的"地下立体"花园。由于中庭周围各层功能空间在水平方向延伸扩展并交汇到中庭开阔空间,沿垂直方向向上与地面开敞空间融合,使整个地下空间结构形成深远、立体而丰富多变的层次。地下中庭共享空间设计是改善大型、大深度地下建筑综合体内部空间环境的重要手段。

2. 主动式自然采光法

在很多情况下,地下空间环境是完全隔绝的,因此无法利用侧窗和天窗采纳自然光,这就需要主动太阳光系统将自然光通过孔道、导管、光纤等传递到隔绝的地下空间中。主动太阳光系统的基本原理是根据季节、时间计算出太阳位置的变化(太阳高度角,方位角),采用定日镜跟踪系统作为阳光收集器,并采用高效率的光导系统将自然光送入深层地下空间需要光照的部位。目前已有的主动式自然采光方法主要有镜面反射采光法、利用导光管导光的采光法、光纤导光采光法、棱镜组传光采光法、光伏效应间接采光法等五类。

1）镜面反射采光法

所谓镜面反射采光法就是利用平面或曲面镜的反射面,将阳光经一次或多次反射,把光线送到室内需要照明的部位。这类采光法通常有两种做法:一是将平面或曲面反光镜和采光窗的遮阳设施结合为一体,既反光又遮阳;二是将平面或曲面反光镜安装在跟踪太阳的装置上,作为定日镜,经过它一次或是二次反射,将光线送到室内需采光的区域。

2）利用导光管导光的采光法

用导光管导光的采光方法的具体做法随系统设备形式、使用场所的不同而变化。整个系统可归纳为阳光采集、阳光传送和阳光照射三部分。阳光收集器主要由定日镜、聚光镜和反射镜三大部分组成。阳光传送的方法很多,归纳起来主要有空中传送、镜面传送、导光管传送、光纤传送等。阳光照射部分使用的材料有漫射板、透光棱镜或特制投光材料等,使导光管出来的光线具有不同配光分布,设计时应根据照明场所的要求选用相应的配光材料。

3）光纤导光采光法

光纤导光采光法就是利用光纤将阳光传送到建筑室内需要采光部位的方法。光纤导光采光的设想早就已提出,但在工程上普及应用则是近十多年的事。光纤导光采光的核心是导光纤维(简称光纤),在光学技术上又称光波导,是一种传导光的材料。这种材料是利用光的全反射原理拉制的,它具有线径细(一般只有几十微米,而一微米等于百万分之一米,比人的头发丝还要细)、重量轻、寿命长、可绕性好、抗电磁干扰、不怕水、耐化学腐蚀、光纤原料丰富、光纤生产能耗低,特别经光纤传导出的光线基本上具有无紫外和红外辐射线等一系列优点,以致在建筑照明与采光、工业照明、飞机与汽车照明以及景观装饰照明等许多领域中广泛应用,成效十分显著。

4）棱镜组传光采光法

棱镜组传光采光的主要原理是旋转两个平板棱镜,产生四次光的折射。受光面总是把直射光控制在垂直方向。这种控制机构的原理是当太阳方位角、高度角有变化时,使各平板棱镜在水平面上旋转。当太阳位置处于最低状态时,两块棱镜使用在同一方向上,使折射角的角度加大,光线射入量增多。当太阳高度角变大时,有必要减少折射角度,在这种情况下,在各棱镜方向上给予适当的调节,也就是设定适当的旋转角度,使各棱镜的折射光被抵消一部分。当太阳高度最大时,把两个棱镜控制在相反的方向,根据太阳位置的变化,给予两个平板棱镜以最佳旋转角,把太阳高度角10.84°范围内的直射阳光在垂直方向加以控制,被采集的光线在配光板上进行漫射照射。为实现跟踪太阳的目的,可对时间、纬度和经度进行数据的设定,利用无线遥控器来进行操作;由太阳能蓄电池来供应驱动和控制用电,而不需要市电供电。

5）光伏效应间接采光法

光伏效应间接采光法(简称光伏采光照明法),是利用太阳能电池的光电特性,先将光转化为电,而后将电再转化为光进行照明,而不是直接利用自然采光的照明方法。它具有以下优点:①节能环保;②供电方式简单;③寿命长,维护管理简便,可实现无人操作;④相对综合成本低,节约投资;⑤安装不受地域限制,规模可按需确定。太阳能电池供电特别适用于解决无电的山区、沙漠、海上及高空区域的用电问题,应用领域广。

总之,在地下空间设计中,应尽可能多地考虑自然光线的引入。在条件允许的情况下,采用被动式采光法,充分利用自然光线;在条件相对较差的情况下,利用现有技术手段,采用主动采光法,将自然光通过孔道、导管、光纤等传递到隔绝的地下空间中,充分满足工作、生活在地下空间的人们对自然的渴望。

4.7.4 艺术照明设计

艺术照明设计最根本的就是光源,光源的表现效果除了受光的自身特性和灯具的影响外,还与光源的排列分布方式有关。在地下空间中光环境的艺术照明常用的光源分布表现方式可分为:点式、线式和面式照明。可以根据地下综合体内空间的功能和表现的需要,充分巧妙地对三种布光形式进行艺术化的组合搭配,达到光环境的艺术表现效果。

1. 点式照明

利用点光源,按照一定的构图和布局需要进行设置,可单独、也可以成组成行组合成线、面,进行分布。点光源的光照利用效率高,照度、色温等光学特性表现较强,数量多可进行构图分布,配合空间中的其他元素可产生一定的韵律感、次序感等形式美的艺术效果。

2. 线式照明

线性具有无限延伸的趋势,给人留有轨迹的印象,让人联想到运动,具有一定动感效果。采用线式照明,利用线性的光带、光线组合,不仅让光照明亮清晰,还有一定的视觉引导性,产生视觉上的动感,活跃空间,增加趣味性。

线性光源除了有直线和曲线外,根据需要可以组合成很多种几何图案,如圆形、三角形、椭圆形以及其他多边形等。安装的位置多沿着空间的边界和轮廓,吊顶、天花板等构件的凹槽,立面与顶面、地面的交界处等,起到明确划分空间界面的作用,亦具有一定的导向性。尤其是人流较多的空间场所,利用高照度、高显色的荧光灯,作用更明显。

3. 面式照明

面式照明是利用面式光源或者利用灯具将光线聚合形成面进行照射。面光源照明特点是光照、亮度等均质充足,光照效果更加温和、柔情,多为漫反射照射。面式照明多用于站房内的立面面墙、顶面和地面等大面积的空间界面。面光源可以在垂直墙面上塑造很好的照明层次,同时使横向空间更具延展性。控制投光的角度和范围,可以建立空间秩序,改善空间比例,强调趣味中心和明确空间导向。面式光照组合形成的灯光构图还可以作为一件照明艺术品参与空间艺术氛围的营造。

5　结论与展望

5.1 结论

前四章的表述与分析,初步架设了一座探究"城市地下空间→地下空间环境→心理舒适性→环境艺术→整体环境艺术设计→车站环境艺术设计→综合体环境艺术设计"的桥梁。在对城市地下空间环境艺术设计研究与实践进行阶段性归纳总结时,有以下三点极其重要。

1. 人群心理舒适性是地下空间环境艺术设计追求之目标

研究认为,人体舒适性包含两个方面,一是行为舒适性,二是知觉舒适性。行为舒适性是指环境行为的舒适程度,知觉舒适性是指环境刺激引起的知觉舒适程度(也称心理舒适度)。城市地下空间环境的心理舒适性,就是指:地下空间环境中人的"视觉、听觉、嗅觉和肤觉"等知觉刺激引起的心理舒适性。地下空间环境自身特点也会引起一些消极的心理反应,如:封闭感、压抑感、无安全感、担心自己的健康等,这对开发利用地下空间产生严重负面影响。人体舒适性,其生理和心理是相互依存的,当生理需求得到满足后会使得心理需求得到满意感。因此,地下空间环境中的"空间、形态、光影、色彩、质地、设施、陈设、绿化、标识"等要素既是构成影响人群心理舒适性的关键因素,也是地下空间环境艺术设计的核心内容。追求心理舒适性也就成为地下空间环境艺术设计需追求的价值目标。

2. 与时俱进和高新科技导入是地下空间环境艺术设计创新之本

伴随着经济社会发展与科学技术进步,人们努力去追寻和实现"梦想"。笔者曾特地踏勘了上海地铁 3 号线汉中路(1 号线、12 号线、13 号线)换乘站,在 12 号线与 13 号线换乘过渡空间中设置的"魔法森林"动态壁和柱的有序组合环境艺术长廊中,扑闪扑闪的蝴蝶,成群成列地飞翔在整面墙上,游动在粗大、茂密的树林柱里,构成了一副极其动人的美丽画卷,当人们通过时都会驻足观赏,不少人还会留影,尽管开通时日不长,但已成地铁汉中路车站中的一大特色景观。有达人说,这是模拟"丁达尔效应"(丁达尔效应就是光的散射现象或称乳光现象,柱内的蝴蝶就是这样闪出的)。我认为,该地铁车站地下空间环境艺术设计的最大亮点就是以自然生态中的"蝴蝶"为设计因素,运用色、光、电,加上智能控制等现代科技,进行自然生态景观的动态演绎,给人以全新的认知与感受,与绿色、生态、智慧等现代城市发展理念吻合,是一种新的发展方向,值得称赞和发扬。

3. 国际视野与民众参与是地下空间环境艺术设计多样化之源

据统计,2015 年 12 月底上海地铁运营里程已超 600 km,成为全球城市之首;地下空间开发利用总量已超 7 000 万 m²,成为全国城市之首。上海 2040 年规划纲要中确定的未来发展规划目标是建设"一座追求卓越的全球城市",其中,2040 年的地铁将超过 1 400 km,地下空间开发利用总量将超过 10 000 万 m²。可以想象,伴随着越来越开放的全球化,越来越多的国际化人士将集聚上海,如此庞大的地下空间设施将会让更多的人群潜入地下生产和生活。面对未来发展需求,地下空间环境艺术设计必然需要融入国际化元素与地域人文特色。笔者认为,地下空间环境艺术设计需要国际化视野,需要吸纳国际设计大师参与,需要市民参与,需要规划、建筑、装饰、景观、艺术、材料、科技等专业技术工作者进行协同创作。只有这样，才有可能实现地下空间环境艺术的多样性和国际化。近年来，我国北京、上海、南京、杭州等城市已经进行了有益的探索，这将会成为我国城市地下空间环境艺术设计与营造的必然趋势，也将成为地下空间环境艺术设计多样化和国际化的源泉。

5.2　展望

城市地下空间环境艺术设计是一项涉及规划、建筑、室内、装饰、环境、人文、景观、材料、设备及地下空间、工程施工、安全防灾、技术经济等众多专业知识、技能及设计工作者的综合性创作工作。需要协同，需要与时俱进，需要国际化视野，需要科学技术的集成应用，这对每一个专业工作者都是全新挑战。作为一个探索者中的长者，热切期望各位年轻工作者不断地学习知识、更新观念，修善技能、增强合作，勇于创新、协同创造，使中国城市地下空间环境艺术早日成为世界典范。

附录　地下空间环境艺术报章集萃

因为撰写《城市地下空间环境艺术设计》一书，搜检近 10 年来发表于报章的文字，整理多年来作者对国内外地下空间建设历程的观察与思考，翻开一页页的旧年文字，心中感喟不已、温暖不已。

进入新世纪以来，世界城市地下空间的开发利用进入到一个快速、高水平发展阶段，作为一名长期从事地下空间工作的学者，最近十数年我经常带领各地城市管理者、同行，还有媒体记者，访问俄罗斯、德国、法国、英国、美国、加拿大等国家，进入其地下空间，考察地铁站、综合体、下沉广场等地下建筑，介绍这些国家和地区的地下空间规划、建设情况。因为日本是我们的近邻，且二战后的六七十年代进入高速发展期，地下空间开发出现了很多新的特点，取得了突出的成就，所以我带大家到日本去考察就成了家常便饭，东京、大阪等地常常一年要去数次。

去得多了，介绍多了，我的思考也在不断深入：地铁不应该是冰冷的、幽闭的、毫无生气的空间，地下空间应该是"第二城市"（如果说地面城市是第一城市的话），这里一样应该有阳光，有水，应该有绿色植物，应该有富丽堂皇、川流不息、欢歌笑语。但是，因为人到了地下就没了方向，因为地下空间是没有外形的，因为这里的空气是缺少流动的，于是地下空间就更需要人文关怀，更需要艺术的规划和设计，地下空间环境的营造就更应该从"人"出发，想人之所想，急人之所急。

于是，这些想法就有了借报章一角广而告之，传而播之，为更多人所知晓的想法：

《画好城市的第二张地图》是发表在《光明日报》上的一篇文章，我认为应该把地下空间的开发利用纳入城市规划管理的整体大系统中来进行考虑；《抽取地下风给大楼降温》，一看标题大家都知道，是想缓解城市热岛效应，为城市的可持续发展、绿色发展鼓与呼的；《地铁建设地铁唱主角》是发表在《工程建设周刊》上的封面文章，是谈地铁建设有关问题的。

特别要感谢的是《新民晚报》十余年来对我的观点和看法敞开版面，有闻必发、有论必登，令我感佩不已。于是，关于地铁环境艺术的观点很多都是在这家媒体上走进千家万户广为人知的，她巨大的读者群让"地铁也需要环境艺术"、"地铁原来也和地面一样"、"国外的地铁原来这样争奇斗艳"……为越来越多的人所知晓，以至于国内甚至有旅行社组织国外地铁、地下游。

日本作为我们常去的国家，其地下空间开发被我们深入关注并连续跟踪，大阪钻石和长堀地下街、福冈、六本木、博多运河城、爱知世博会……我们谈论日本地下空间规划的系统性、人性化，更为其艺术美学追求所吸引，流水潺潺、花儿盛开，地下甚至还让人感到阳光明媚，日本的地下空间探索已经走在世界前列了。这些文字都在报纸上有详细介绍。

因为爱知世博会后就是上海世博会，所以我们特别关注日本经验对我们的启迪，绿色、可持续、零排放、环境品质……都成为本世纪头十年报章杂志的热门词语，我们的焦点对准上海世博会地下空间环境艺术的篇章也很多，像《2010 上海世博地下城会与地面环境一样健康舒适》《共同打造千米"世博轴"舞动起闪亮的"翅膀"》《改造后的外滩值得期待》《心之和，技之和》《美好地下将是一个永续模式》《新十六铺："城市"主题的后世博样本》等等都是围绕世博发表关于地下空间、地下空间环境与城市互动共生、地下空间开发让城市更美好等话题展开的。上海世博会，是一次云集当今世界智慧的展览盛会，无论是总体规划，还是公共建筑，一直到各国国家馆、各类专门展馆,都使出浑身解数,地下空间环境艺术的营造一样精彩绝伦,不说别的就说世博轴吧,它的精彩在晚报上有精彩的介绍。

上海城市建设离不开地下空间的开发,尤其是新世纪以来上海城市建设用地、交通压力及国际化大都市建设的综合作用,上海地下空间的开发进入一个全新的时期。《扫描上海地下空间》《唤回地下"第二春"》《地下文化,营养在城市里》《美好地下将是一个永续模式》《更重要的是发现和重塑》《地下空间,功能外还有视觉美》……我们的眼光始终聚焦在城市地下空间的环境设计美学追求上,坚定不移地为精彩点赞,为人性关怀欢呼。像外滩改造:"工程完工后,浦西外滩地区的地面车辆大为减少,外滩就真正成为了市民外滩、观赏者的外滩,为大家创造更多、更安全、更舒适的空间。空气好了,环境品质得到了大幅提升,世人便可以更好地亲近历史建筑和水体,孩子们也可以自由地跑了……城市确实可以让生活更美好"。"地铁将变身大型的地铁公共艺术馆,艺术馆将由小站点的艺术'细胞'、中型站点的艺术长廊、大型站点的艺术馆共同编成"。我还提出,城市应该有第二张艺术地图,说的就是把上海地下空间艺术景点标注出来,让更多的人知晓。

同时,我们还关注南京、杭州、武汉、西安、北京等城市地下空间环境艺术的特色营造,其亮点在报纸上都有所反映。

刊发的这些稿件,浓缩了我们对"城市地下空间环境艺术"所进行探索与多视角论道。它的刊发已经让原本不为市民注意的城市地下空间环境艺术渐渐有了知晓度,有些篇目也引起了上海市委主要领导的关注,更多的篇目成为报社、报业集团和上海市的优秀文章。这些都是令人高兴的事情,说明城市地下空间及人文艺术的公众关注度越来越高。

现在,我们把这些篇章集于一处,作为本书内容的重要组成部分,一是对这些年的思考做个总结,更重要的是想通过书籍的形式让我们的探索和思考为更多的人所关注,为历史所铭记。

1 主题鲜明　生机盎然

——束昱教授谈大阪地下广场空间艺术

新民晚报国家艺术杂志 2005 年 6 月 28 日（B47）

毅夫 文　束昱 周建平 摄

上周四、周五，一场"上海城市地下空间国际研讨会"一时间让"地下空间"成为大家注目焦点。与会的同济大学地下建筑与工程系束昱教授和我们谈起了日本大阪地下空间的广场空间艺术。

20 世纪 30 年代，日本大阪开始了地下空间开发。1970 年的大阪世博会，使这座城市的地下空间开发进入鼎盛时期，其成就为世人叹服。

大阪地下空间开发利用的特色是它的地下街，而地下街中最抢眼的就是地下广场。每一个地下广场都按不同的主题营造环境，在深数米甚至数十米的地下，主题鲜明的地下广场把人类非凡的想象力拓展至地下。

▶ 广场分布

在大阪，地下广场分布比较集中的地方是位于大阪市中心阪急区、北区的梅田及长堀桥等地。

彩虹街既是繁荣的地下商城，也是引人入胜的旅游景区。它位于大阪市中心阪急区地下，分南北两街上中下 3 层，号称日本最长的地下街。街顶离地面 8 m，总建筑面积 3.8 万 m^2，建有 4 个广场，著名的彩虹广场就位于地下街中心。

大阪市北区的梅田，是当地的经济中心。大阪站就位于这里。在日本规模最大地下街之一的梅田地下街，有美丽喷泉的"泉水广场"，广场周围一带俨然已成了一座地下小城市。

长堀地下街分布着 8 个主题广场，串联起 4 个购物区，形成著名的长堀八景。

大阪世博会后，该市进入地下空间开发的全盛期，有地下街的地方就有地下广场。至今，大阪这座 200 多万人的城市每天至少有 1/3 的人在地下生活、工作；加上络绎不绝的游客，地下人数每天达百万以上。

▶ 名目繁多

著名的大阪地下广场有彩虹广场、爱情广场、星的广场、泉的广场、绿的广场、火箭广场、游鱼广场等等，名目繁多、数不胜数。

1. 大阪虹地下街"光之广场"；2. 大阪虹地下街"虹之广场"；3. 大阪梅田地下街爱之广场；4. 大阪阪急三番街地下广场；5. 大阪梅田地下街"泉水广场"。

大阪是座水城,彩虹广场建有 2 000 多支可射高 3 m 的喷泉,在各色灯光的照射下,水柱变化着不同的造型,五彩缤纷、美不胜收;爱情广场则是以日本历史上流传甚广的一个爱情故事为主题,壁画、雕塑加上曼妙的灯光、悠扬的音乐,营造出浪漫的地下环境;星的广场由几千只灯泡汇聚到一起,预示着世界人民凝聚在一起,广场四周的一圈座椅上,游人悠然自得地坐着;泉的广场中,水从泉顶部漫下来,一层层、一叠叠,映衬着变幻的灯光,寓意着大阪的飞速发展,展示的是该市的勃勃生机;绿的广场位于一条地下人工水系的中央,各种各样的盆栽花红叶绿,红的鲜艳耀眼,绿的青翠欲滴,游人全然忘记这是在深数十米的地下;还有一飞冲天的火箭广场,尖尖的箭头直指地面,展示日本航天技术取得的成就。

▶ 广场理念

长堀地下街以"水和时间"为大主题营造了 8 个小的广场,每个小广场一个主题,8 个广场构成一个大主题,有机联系又相互独立,让人流连忘返。播音广场是长堀整条商业街的音乐主控中心,站在播音广场,游人不一会儿就变得心平气和;游鱼广场的水域中放置了各种海洋生物,鱼当然是主角,人与大自然在这里融为一体;位于地下街中心的地铁广场四周悬挂着大量浮雕作品,浮云漂游、奔马苍狗,群聚时的气势磅礴,游离时的奔放不羁,预示着大阪美好的未来;瀑布广场巧妙地将瀑布分布于扶手梯两侧,墙面被刻画出深浅不一的槽,垂直水流经过时活力四溅,旋律轻快而缠绵;占卜广场中庭一幅图景描绘了江户时代祭奠天神的景象;水计时广场的一座水钟替代了古代计时工具——漏刻,以水位变化记刻时间。在日本,传说招财猫会带来生意兴隆,不知道猫咪广场中的母子猫,会给大阪带来什么好运?

这些不同的小主题,共同组成长堀"水和时间"的大主题,需要游人静下心来细细体会,体会大阪地下空间的艺术追求,体会科技、艺术背后深刻的理念追求。

2　第三只眼看城市艺术地标

——对话东京六本木社区的视觉创意

新民晚报国家艺术杂志 2006 年 2 月 25 日（B16）

束昱 文　黄伟明 摄

"新艺术地标"这几年里已成为一个综合城市的关键词，实际上它是新城市的一种创意产业的结果。"世界上重视创意产业的城市最终必定是一个国际的设计工作室"（英国现任首相布莱尔如是说）。所以对于我们世博城市，尤其是马上要举办"世博会"的城市，在筹划过程中，怎样重视和利用城市现有基础，以及较低成本的规划设计出新颖别致的文化艺术地标（未必是建筑标志），这应该是很重要也应当尽快实施的事。最近记者走访了东京六本木社区，并与同济大学教授束昱产生了一段对话。

▶ 立体城市　用艺术定位

记者：走进六本木新城，首先跃入眼中的就是它的软硬件均为艺术化定位，一幢楼里处处是人们视觉享受的地方。我认为很多地方它的设计并不复杂，也不难，为什么它就能处处让参观者产生视觉上的新意之感？

束昱：六本木新城我去了四次，每次都有新感受。它是迄今为止日本最大的由民间投资的旧城区再开发项目。项目占地 89 000 m²，它通过一千多次恳谈会，说服了原住地 400 余位业主一起联合参与综合开发，最终用两年建成了这处总建筑面积近 80 万 m² 的 21 世纪初东京新地标城中之城。

该建筑群包括森大厦、东京君悦大酒店、朝日电视台、美术馆、好莱坞美容美发世界、榉木坂六本木综合楼等 10 栋建筑及附属设施，是东京第三处高楼群，其中最高的森大厦 238 m。可以说，这栋楼诠释了 21 世纪建筑与城市的全新关系——立体城市。

设计者通过原来的坡地与建筑巧妙结合起来，利用地形布置了屋顶庭园、露天剧场、室内共享空间、空中美术馆、空中 360 度观景回廊、街头雕塑、地下道路与车库、地铁车站等，共同组成工作、休闲、餐饮、观光、购物与交通枢纽相集合的城市综合体。以上这些在室内室外设计师的共同创意下，刻意让许多艺术与建筑、艺术与绿化、艺术与布置、艺术与生活用具等等有效结合在一起，人为制造了立体城市就是设计之城的气氛，这样就产生了你初进六本木新城的感觉了。

1. 森大厦前蜘蛛广场上蜘蛛雕塑高10 m、重 11 t,青铜制成,8 只巨大的蜘蛛脚恍若"行走"街市间; 2. 露天剧场位于森大厦西北角,高大的活动灯架覆盖着圆形、低凹的舞台,到夜晚,这里流光溢彩,是一处绝佳的文化活动场所; 3. 森大厦沿街还有各种颜色、各种造型的雕塑椅,它们共同组成了这片灵动的社区; 4. 森大厦的室内共享空间别具特色。从地铁站一出来,过街就到了。进门,粗大的钢架撑起高约20 m的玻璃屋顶;罗马风格的墙顶安置木制的灯,橘黄的光幽幽而亲切;暖气从地面密布的气孔中腾起,一派温馨可人的景象。

▶ 社区变身　有方寸春秋

记者:位于樱树坂六本木所有综合楼楼顶有花卉、山石、水池、小桥流水与雕塑等等,甚至还有菜园和麦田,真可谓是方寸之地有春秋,一看就是按日本造园习惯在设计庭园。而这些设计恰恰把所有屋顶平面都利用了,产生了一个个新颖的绿化装置艺术,供游人参观,我认为这种设计未必具有创意含义,但它则充分利用了,而且形成了空间价值。应该说技术上我们也能做到,却没有做,这是为什么?

束昱:实际上它是有科学技术含量的,屋顶造园和艺术绿化概括了不少设计与技术的紧密搭配,现在已不成问题,当地人称它们为"空中的美术馆",一年四季有展览,屋顶雕塑和街头雕塑上上下下连成一片,串联成讲解故事。这就需要人为地用心去造园、用脑去设计、用材来搭建,才能雕刻成给人享受的东西。

④

▶ 仲川晓美是耳麦导游

为什么要在这提到导游,不光是她的人性化的服务、热心仔细的介绍,而且是她全面的知识和理念。我们很清楚她的本职和身份,但规范的解释和合理的硬件配备,给了她方便也给了大家方便。

耳麦让所有人可以离开团队去拍照,但随时可以听到导游的介绍声音,捕捉到她的方向不掉队,甚至楼上楼下也可以在声音的带动下寻找方向,似乎让人感觉服务就在你的身边。束昱教授颇有感触说,从成本上讲,这些感应设备价格并不高,而他们已普遍用于观光旅游上,主要还是思维方式与服务观念上都得到解放。

3　浜松湖畔　地球之珠

——太阳能建筑之旅纪实

新民晚报国家艺术杂志 2006 年 3 月 3 日(B9)

束　昱　文

　　位于日本名古屋浜松湖畔的 OM 太阳能协会办公楼是一栋全新意义上的生态建筑,以"太阳能＋建筑与自然协调"理念加上现代科技集成技术手段完成的。

　　仔细看了这栋出自建筑师永田昌民和 OM 研究所之手、名为"地球之珠"的建筑介绍,我觉得至少有以下几个特色。

▶ 太阳能走向集成利用

　　太阳光的综合利用与集成技术相当成熟。建筑东西朝向可以保证一年四季充分获得日照;而布置在"阳光长廊"两侧的南北向办公建筑,其屋顶 V 形集热面、玻璃集热装置以及太阳能电池板细分了光、热及其不同的用途。这种细分已经超越了利用太阳能加热冷水洗浴、发电等单纯功能,走向了集成利用的大道。在这栋建筑里太阳能集热板、玻璃及其辅助设施可以实现建筑内空调、热水器、照明以及保持空气清新等多种需求;而夏天的集凉则在夜间进行,在排出室内热气的同时,还可以集聚冷能,白天用来降温。尤为值得一提的是,到了夏天,有了氧化碳涂层的屋顶、窗帘可以轻松过滤热量,留下光线,使室内光线明媚而且凉爽惬意。

　　在这里,一年四季,无论白天、夜晚,OM 都能通过太阳光的科学与综合利用,为建筑提供冷热能源,并且使建筑本身如同一个巨型空气调节、净化器,为人们营造了一个舒适健康而又时尚的工作居住环境。

▶ 生态化实施自给自足

　　生态理念贯穿在这栋建筑的每一个细节上。除了以上讲到的,这栋建筑的生态理念还表现为"用当地木材来造房子",以尽量节约能源、资源;疏浚湖中淤泥堆砌小山缓坡,采集原地附近植物恢复植被等等。我注意到,在房檐下或整齐垒放鹅卵石墙、或沿滴水槽安放深约 50 cm 的鹅卵石铺层,这是过滤雨水杂质,净化水质,实现水资源封闭自循环的第一步。再有就是生活用水的处理。生态化处理各种水源而实现的自给自足利用、与环境的协调是这栋建筑给我留下的深刻印象。

　　这栋建筑竟然如此"唯美"。空间造型上,采取了"丰"字形平面布局,以"木结构阳光长廊"

为这栋建筑的主轴线,布置在两侧的六个单元各自成章,皆是南北向。相对独立的部门都有自己的办公区、会客区,互不干扰;每个办公区之间的室外,顺坡就势,种草植树,墙角总是有一丛悠悠摇曳的芦苇;无论是办公室,还是会客室,这栋面积 2 000 多 m² 的建筑每一个角落都让人的眼光接触到绿色,感受到浜松湖的气息。

▶ 阳光廊让人心旷神怡

特别需要介绍的是"地球之珠"的主体"阳光长廊"。这条长约 50 m、高约 15 m、宽约 5 m 的阳光长廊,以经过 OM 太阳能风干的当地原生木头为主要构件,作人字形架构,密密匝匝排列支撑玻璃屋顶。阳光照射进来,幽深而又空旷的廊道立刻明朗生动起来,梁架的影子在廊道上一路整齐排过去,煞是好看。如果把浜松湖比成一座大园子的话,这栋太阳能生态建筑营造的就是一座小园子,透窗见自然,让人眼力所及心旷神怡,物我相融继而物我两忘。

去的那天,天气数小时内经历四季:刚到时阳光灿烂,浜松湖畔的这颗"珍珠"泛着宝石般的光芒;不一会儿风雨大作,房子就像汪洋中的一条小船;顷刻,雨变成指甲大小的雪片,沙沙作响拍打房顶,远远近近一团白,墙角的芦苇"呜呜"地响。此刻,看着这高高的、淡黄色的阳光长廊,我的心陶醉了。我相信:这种新型的太阳能生态建筑不久肯定会在中国诞生。

4 整合地下空间
——日本大阪钻石和长堀地下街建设艺术

新民晚报国家艺术杂志 2006 年 4 月 8 日 (B14)

束昱 文　兰天 摄

为迎接 2010 年世博会,上海正以每年 40 km 以上的速度进行地铁建设,预计届时将建成 400 多公里的地下轨道交通的网络系统。如何实现城市交通功能的地下化转移,让地下街实现将地铁车站及周边设施有序整合,营造出一个舒适、便捷、安全、美观的地下世界? 大阪钻石和长堀地下街的建设经验值得我们借鉴。

长堀地区是大阪中心城区最为繁华的地区之一。长堀街在历史上曾是一条流淌不息的河流,三条地铁线横穿街道,但车站间却不能互连互通。人乘地铁至此,便升至地面,造成这一地区人车混杂、分外拥堵繁忙。大阪市政府 20 世纪末开始筹划建设一条地铁新线——长堀鹤见绿地铁线,来连通原有的三条地铁线,构成新的地铁换乘系统。

我们现在看到的长堀地下街,就是一条连接四条地铁线路车站,它将商业、停车、人行过街等设施整合为一体,成功实现地区性人车立体分流的大型地下综合体。其地下分为四层:一层是集商业、饮食和人行公共步道为一体的地下步行商店街;二三层为地下车库,四层为换乘系统,最深处达 50 m。

在改造升级时,建设者为人们考虑得极为周到。

在狭小地下为人们营造了一个富有张力的环境。这条长达 2 000 m 的地下街建了 8 个大大小小主题不同的广场,瀑布广场、月亮广场等就是其中的代表,加上玻璃顶上流淌不息的"河水",人们走在地下街上,能目不暇接地移步换景,不容易感到疲劳。

留住历史的记忆手法也很高明。长堀地下街给人印象较深的就是水的艺术化造景,顶上再现该地区历史的"河流",加上地下不时看到的水的各种形态,设计者通过高超的手段告诉人们这里的历史:历史上的长堀河虽然没有了,但记忆却是真实而新鲜的。

上海大规模的地铁建设,一定也会碰到类似长堀这样的问题。我们能不能将眼光放得长远些,综合考虑好、安排好新建设施与既有设施的有机整合,功能设施与地域历史文化、环境相融合等诸多问题? 大阪长堀地下街的建设值得我们借鉴。

1. 月亮广场；2. 地下街局部；3. 造型别致的顶部；4. 地下街中的雕塑具有指示作用；5. 地下街的透明顶部设计。

5 扫描上海地下空间

新民晚报国家艺术杂志 2006 年 8 月 19 日(B15)

子樵文　金羊摄

上海地下空间的功能性开发与环境艺术的创造性实践展示了我国近年来地下空间开发中一个可喜的追求:人与环境的和谐。设计者试图通过艺术化的努力为人们创造一个温馨舒适的地下空间环境。

▶ 五角场:人性化的下沉式广场

每当夜幕降临,五角场广场就变成了璀璨的星河,数千平米的下沉式广场——"落水广场"由墙体向广场中心,水体、草坪、花卉随着曼妙的音乐喷洒、起舞,如梦如幻,让人欲痴欲醉。

同济大学地下空间研究中心副主任束昱教授介绍说,五角场下沉式广场主要是通过水体、灯光变换和音乐流的呼应,由音乐控制光和水营造出一个艺术化动态的空间,在目前上海市地下空间环境艺术的创造方面独具特色。

站在优雅而宽敞的广场圆形廊道里,听着《命运交响曲》、《茉莉花》、《小夜曲》……就看见面前的水幕或激情奔放、或袅袅依依地喷洒,本已被灯光映照得五彩斑斓的水面欢笑着、荡漾着,涟漪层层叠叠奔跑着。

▶ 火车南站:地下空间的大手笔

7 月 1 日,上海铁路南站开始使用。作为世界上第一座圆形站屋的大型交通枢纽,人们对她巨大的圆形屋顶印象深刻。其实,作为一座大型交通设施,上海铁路南站的地下空间的环境艺术更值得琢磨。

新落成的上海铁路南站是中国内地铁路建设中第一次融入"航空港"设计理念的现代化火车站。旅客到达层设有旅客出站地道、南北地下换乘大厅等设施,虽然各种车辆进进出出、拖着行李的人们川流不息,但这里一点也看不出一般车站常见的潮水般拥挤现象。束昱说:"就是因为采用了开敞式地下广场设计,将人分流到不同的三维空间中去,从而有效地缓释了平面环境带来的视觉压力。"

据了解,围绕着巨大圆形站屋,南北广场地下通道采用了环状放射形设计,长长的地下廊道能够快捷地与轨道交通 1 号线和 3 号线、长途客运及旅游专线等实现"零换乘"。

走在宽畅的一眼望不到头的地下廊道里,紫蓝色、深蓝色、橘黄色……小圆顶灯组成的灯河一路从头顶漫过去,犹如夏夜星空中长长的银河。

值得一提的是,为了缓解行人行走在悠长廊道上的单调感,设计者在途中安排了四处大型的过渡空间,竹子、玻璃屋顶,阳光进来了,绿色出现了,疲惫的行人乘坐电扶梯立即来到了地面,设计者在安排这样巨大规模的地下空间上还是动足了脑筋。

▶ **创智天地:建筑绿化完美和谐**

夜里到创智天地,别有一番境界。

创智天地在五角场巨蛋北边约 500 m 的淞沪路上。面积巨大的两栋五层楼房犹如古代宫门前的两座硕大的观阁,拥着中间同样面积巨大的下沉式广场,"朝拜"着北面宫门样式的江湾体育场。

漫步在方方正正、距地面约 10 m 的下沉式广场,地灯在脚下不停地变幻着紫、蓝、橘黄、红……难以尽数的奇妙颜色;新栽的树、竹,也分不清什么品种,但一律精神地昂着头,微风中晃着脑袋,在朦朦胧胧的月光中别样神秘;草也是移植的,灯光下绿得如翡翠一般,层层拾阶递上去,把绿意一直传递到江湾体育场的大门前。

创智广场是近年来上海市地下公共空间与周边建筑、绿化、景观环绕结合得相当成功的案例,她大气、简洁,独具匠心,为创智广场周边建筑群进行科技创新的精英们提供了一个相当惬意的休憩、交流的开放空间。

---

1. 五角场下沉式广场通道; 2. 五角场夜幕下的巨大"彩蛋"; 3. 五角场下沉式广场上的"彩蛋"; 4. 上海南站地下通道; 5. 上海南站下沉式候车大厅天棚; 6. 上海南站下沉式候车大厅; 7. 创智天地下沉式广场; 8. 创智天地下沉式广场北边连着江湾体育场。

6 可喜的设计追求

新民晚报国家艺术杂志 2006 年 8 月 19 日(B15)

束昱 文

五角场下沉式广场是以人为本理念的一次成功实践,具体说来有三大特点。

首先,景观动态化。无论是水体、光影,还是音乐,全部都实现了动态化安排。通过音乐流来控制水流、光影变化,这在上海地下空间开发中还是第一次,特色非常鲜明。

其次,环境生态化穿插在水体中间的各种绿色,如植物、花卉,配合灵动的水体,营造出非常有活力的生态环境。

还有一点就是设施人性化。每一个孔口的诱导系统十分醒目。下沉式广场四周布置了 5 条步道通达周边商厦、地面。广场与地面相衔接的每个出、入口均配有自动扶梯,出口处覆盖全玻璃幕墙屋顶以遮风挡雨留住阳光,为行人下到广场所必经的步道营造了良好的采光条件;而在广场的 5 个入口处,巨大而柔和的数字让人远远就能看到,很人性、很艺术。

火车南站给人印象较深的首先是地下空间环境的艺术化营造,可以看出设计者还是努力地试图营造出一个换乘便捷、感觉惬意的地下空间环境来。

站在站屋二层的地平面上,我们可以很容易观察到开敞式二层地下广场,那里较为集中地安排了汽车进站通道、人行步道等附属设施。由于这些功能性设施是在不同的三维空间里实现的,而且采取了开敞式设计,因此看不到一般火车站中熙攘人流和嘈杂拥挤。

再者,过渡空间环境的营造下了不少功夫。植绿、引入阳光……南北广场四处过渡空间的设计借鉴了国外常用的生态手法,可以较为有效地缓解人们行走在漫长地下通道中累积的压迫感。需要特别指出的是,这些过渡空间的设置,还能在紧急情况发生时有效疏散人流,起到较好的综合防灾作用。

地下廊道顶部的"银河"费了设计者不少的心思。"银河"弯弯曲曲伸过去,既可以起到一定的引导作用,还可以缓释逼仄环境中人们的心理压力。当然,如果在其中设置一个导引色彩更为强烈的色带,适当配一些简洁的文字,导引效果就更好了。

总的来说,这两处地下空间的功能性开发与环境艺术的创造性实践都展示了我国近年来地下空间开发中一个可喜的追求:人与环境的和谐。设计者都试图通过艺术化的努力为人们创造一个温馨舒适的地下空间环境,我们应该鼓励并且引导好这种努力。

7 抽取"地下风"给大楼夏日降温

新闻晨报 2006 年 8 月 20 日 2789 期　封面报道

谢克伟 文

一边是赤日炎炎的高温天,一边是日益紧张的能源供应,是否有一个既节约能源又让室内工作、生活和学习的人们能够清凉度夏的两全之策呢? 同济大学地下空间研究中心副主任束昱教授提出了一个大胆计划:抽取尚未利用的大楼地下室冷风,可使大楼降温 5 ℃以上,并足以使大楼内的居民、办公人员等清凉一夏。

据了解,在炎夏,上海地底下 15 m 深处的温度要比地面温度低约 10～15 ℃,即使地下 4 m 处的温度也要比地面低 5～8 ℃,因此若能合理地抽取地下一层的冷风,也有可能让大楼内的居民在炎热的夏日里享受到一定程度的清凉。

束昱教授的计划具体是:用抽风机抽取地下室冷风,送入大楼中央空调通风系统进行处理,用户只要打开空调就能享受到清凉的冷风;没有中央空调的大楼,也可以安装送风系统将清凉直接送到用户。同样,这一原理也可用于冬天取暖。

按照束昱教授的测算,若采用抽取地下冷风的方式降温,要比用空调节能约 20%;若采用地源热泵技术给建筑物供冷供热,则要比单纯用空调系统节能约 50%。

据了解,国外许多发达国家已经较普遍地利用起地下冷、热能源,从而大大降低建筑的能源消耗。如 1972 年慕尼黑奥运体育馆有一半建在地下,直接利用了地下冷、热能源;日本大阪市市立体育馆的进风管道埋在地下,通过地下风管抽风降温,节能 20%以上,降温 5 ℃以上。

有资料显示,上海目前约有 30%左右的住宅大楼地下室未利用或未全部利用。为此,束昱教授呼吁,上海应积极提倡地下天然能源的开发利用,夏天可降温,冬天可供热,这既有条件上的可能,也有节能上的需要,有关部门、单位、开发商应该积极采用,并不断加以推广。

8 地下自有好风光
——五角场副中心地下空间设计印象

新民晚报副刊国家艺术杂志第 90 期 2007 年 7 月 14 日　建筑物语（B15）
程国政 文　姜锡祥 摄

"随着'创智、百联、万达'三大公共商务建筑群的建成使用，五角场作为 21 世纪上海市副中心的面貌已经端倪初露。"同济大学地下空间研究中心副主任束昱教授介绍说。

顺着"鸭蛋"往里走，我们发现有两条标志清晰的通道分别连接着"百联和万达"的地下商城。沿着通向"万达"的地下步道往前走，大家的注意力一下子被头顶红红的"甜麦圈"吸引住：圆圆的麦圈层层叠叠组成指向明确的三角形；灯光从里面溢出来，洒在光滑的地面上、洒在栅栏状盆栽的棕榈、映山红上，煞是好看。"像这样的地下商城公共步道交汇处，在顶部用这种形状加以凸显指引，应该说是相当不错的手法。当然要是在与顶部对应的公共步道处将四角形盆景绿化改为曲线形（或圆形、或椭圆形）绿化景观，与上面'麦圈'的呼应就更有品位了。"束昱说。

①

1. 五彩斑斓的"鸭蛋"；2. "百联又一城"内部空间，地上地下融为一体。

"水在头顶流。"我们惊呼起来，循着响声，眼睛不由自主地顺着玻璃屋顶上水流的方向寻找水源：地面上，地下入口处放置了水管，层层跌落的水流在玻璃屋顶上越过三层玻璃顶后纵身跳入十字交叉处的水池里；细看，水中竟还布置了稀稀落落的水草，有的还开着淡紫的细花。池中，红色的小鱼摇着透明的尾巴，欢快地腾挪游弋，原本单调的地下空间立即生机勃勃起来。这里是"万达"地下商城中心处的主出入口地下十字交汇处。

位于华联商城北部的"创智天地"更是一派生机勃勃。阳光下，下沉式广场上的树、竹青青翠翠；青草如毡，翠色欲滴……

"可以说华联商城内部空间环境的营造，在地上、地下空间的协调技巧与艺术创造方面上了一个新台阶。"束昱说，高高的大厦，从地下到屋顶，一眼到顶，屋顶是优雅的椭圆形，宛如一只小憩的飞碟，"玻璃承天接地，天、地、人便相通相接，便有了气通脉应式的和谐。"

9 "改造后的外滩值得期待"

新民晚报国家艺术杂志 2008 年 3 月 22 日(B15)

程国政 文 姜锡祥 摄

外滩改造正在有序进行,专家眼里的地下通道与周边建筑群是什么关系,建成后能否与老建筑相得益彰。为此,我们采访了同济大学地下空间研究中心束昱教授。

一谈起外滩改造,束昱教授立刻兴奋起来:"外滩交通改造是浦西外滩、浦东外滩和北外滩共同构成的上海 CBD(中央商务区),核心区重要交通工程之一,其中地下通道就是整个 CBD 核心区规划建设'井'字形交通系统中的主通道。"

▶ 外滩改造与世博主题相呼应

凸显上海世博会的主题"城市,让生活更美好",作为近代上海起点与发展的外滩地区建筑群展现的是外来文明与本土文明的有机糅合、创新发展以及"海纳百川"的气度和文化。但是,客观地说,这些高品质的建筑群却由于外滩目前的环境难以让人们近距离接触和享用,而且日益巨大的车流量也加快了这些历史建筑的衰老步伐。

▶ 外滩历史风貌区"小憩片刻"

"改造可以让外滩历史风貌区'小憩片刻'。"束昱说,外滩的历史建筑年龄大都在数十年乃至上百年,由于长期的地面沉降、当年建造时材料和技术等因素,外滩建筑的"健康状况"都已经发生了很大的变化。特别是近十几年来,随着车辆的急剧增加,震动和尾气对建筑物的影响亦不可低估。

正在拆除并将运抵修理厂的外白渡桥已经超期使用 50 年,大修之后它还将服役 50 年,让人们在地下通道建成后可以更加近距离地享用和观赏这座意义特殊的"外婆桥"了。

按照规划,这次外滩通道改建过程中,将会同时对周边建筑进行必要的修缮和加固,使这些保护建筑更加健康。

令人高兴的是,外滩源修缮工程已经在紧锣密鼓地进行。圆明园路上老房子里的单位、住户如今都已搬迁完毕,原本热闹的街上现在只有忙碌的相关工作人员。阳光下,斑驳的老房子门、窗、墙,还有那厚重的铭牌……都在诉述着曾经辉煌的历史:英国领事馆、亚洲文会大楼、商行、出版机构……

▶ 地下通道与外滩建筑相得益彰

地下通道的修建可以有效分流车辆,但能否与外滩历史建筑在景致上相得益彰? 束昱的回答是肯定的。

他介绍,地下通道的最大交通功能就是让车辆在地下快速通过,使浦西外滩地区的地面车辆大为减少,为到达车辆和观赏人群创造更多、更安全、更舒适的空间。空气好了、环境品质得到了大幅提升,世人便可以更好地亲近历史建筑和水体,孩子们也可以自由地跑了……城市确实可以让生活更美好。

再者,这次改造中,科研设计人员还集成应用了不少高新科技,计划将阳光引入地下通道,提高地下通道视觉环境的舒适性。束昱教授还建议,如果能结合地下通道的装饰装修设计,运用空间环境艺术手法、创作反映外滩和上海文化艺术题材的壁画与彩绘、全面提升地下交通建筑的公共艺术品位,与地面外滩建筑和谐呼应、相得益彰,就可创造新的外滩文明。

1. 中山东一路 33 号,是上海现存最早的西洋建筑,已有 130 多年历史,原为英国领事馆; 2. 位于北京东路上的典型欧式建筑; 3. 位于九江路上的巨大的铜门; 4. 外白渡桥的钢梁宛如琴键,维修和改造后的"外婆桥"会是怎么样? 人们都在期待; 5. 虎丘路上的弄堂均透视着艺术美; 6. 富有韵律的建筑细部装饰; 7. 西洋式建筑柱脚细部; 8. 北京东路上欧式窗户; 9. 圆明园路上建筑细部。

10　地下空间环境怎样生态化

——2010 上海世博地下城会与地面环境一样健康舒适

新民晚报国家艺术杂志 2009 年 01 月 10 日（B15）

风清 文　云淡 摄　束昱 谈

"城市，让生活更美好"是 2010 上海世博会的追求，而地下空间资源的开发利用可以有效克服现代城市"交通、环境和土地"的焦虑问题。2010 年上海世博会将地下空间资源的开发利用系统作为世博园区建设十大系统之一，"通过我们的研究，世博地下空间环境可与地面环境一样健康舒适。"同济大学地下空间研究中心束昱教授在介绍他和彭芳乐教授共同领衔的"世博地下空间环境生态化综合指标与技术集成研究"时说。

▶ **地下空间做何用途？**

2010 上海世博地下空间有个统一的名字：世博地下城。它的主要功能将包括：世博轴地下空间、地铁、地下道路、地下车库、市政综合管沟、地下展示馆、地下公共步道、地下商业和餐饮街、地下文化娱乐设施等。

以世博轴为例，它是世博地下空间交通枢纽，四通八达。而其外形则如逶迤拖曳的长条形"遮阳伞"，"伞"下分布着下沉广场、步行街、阳光谷等多种形式的地下空间。

"这样规模庞大的地下，呈现出功能高度聚集、空间高度集约、人流高度密集、安全性要求严、便捷性要求高、舒适性要求特别等诸多特点。"束昱说，正因为如此，上海世博局对世博地下空间资源的开发利用提出了"人文、生态、绿色、数字化、智能化、安全、舒适、协调、和谐"等全新系统理念。

▶ **生态理念和技术焦点**

为了把地下空间环境营造得和地面环境一样健康舒适，甚至更为惬意，设计者从整体出发，注意整体系统的优化，能源和资源的综合利用。"宜人的温度、湿度和风速，清洁的空气，充沛的光照，良好的声响以及安静、洁净、安全、便捷、赏心悦目的环境，一个都不能少。"束昱说，"少占少用资源、减少环境负荷、高效率循环利用是地下空间环境生态化实施方案孜孜以求的目标。"

方案中，束昱和彭芳乐领衔的科研团队将地下空间环境生态化系统研究设定为生态化光环境、生态化通风换气环境、生态化声环境、生态化装饰装修、生态化绿化、生态化节能等 6 个子系统，先分别研究各子系统环境生态化指标与技术，在此基础上进行环境评价、系统集成，提出应用指南。

▶ 过程就是在享受艺术

令人欣喜的是,专家们已经找到了实用经济、绿色生态、安全健康、快速高效的技术途径实现世博地下空间环境的生态化。

以光环境为例,除了传统的高侧窗、开天窗等被动式采光形式外,还可以通过光导管、阳光采集器、光纤等主动式阳光导入系统把自然光传入地下。

主动式太阳光导入系统的基本原理是根据季节、时间计算出太阳位置的变化,采用定日镜跟踪系统作为阳光采集器,用高效率的光导系统将天然光送入深层地下空间需要光照的部位。如,超级反光的光导管收集自然光,弯头可调节,光线顺着可以自由弯曲、转动的光导管,温顺且准确地到达你需要的地方,从黎明到黄昏,甚至是阴雨天气,地下空间环境的明亮与地面同步。

固定种植池绿化技术、立面垂直绿化技术、移动容器组合式绿化技术、水体绿化技术……"选择耐阴性的植物是必要条件。"束昱说,比如绿萝、鱼尾葵、花叶万年青、沿街草、富贵竹、棕竹、鹅掌柴、漫长春花、巴西木等都不错,"栽种之后马上叶茂花繁,易于养护、便于观赏。"

长期潜心研究是一件非常艰辛的工作。但束昱表示:"娴熟、系统的新型科技集成,实现地下空间环境生态化的过程本身就是在享受艺术。"

---

1. 爱知历届世博会的太空船充分利用了光能;2. 水与绿色形影不能离;3. 大阪世博会盆栽与雕塑相得益彰;4. 彩虹映衬的植物风采别样;5. 水、植物、雕塑和谐共处;6. 水幕墙与绿色植物相映生辉;7. 大阪世博会宽敞明亮的地下街。

11　城市防灾，不妨先画张避难图
——专访同济大学教授、原上海防灾救灾研究所地下空间研究室主任束昱

新民晚报 2009 年 5 月 12 日（A10）

曹刚 文

同济大学教授束昱，58 岁，现任上海市城市科学研究会副会长、上海城市地下空间研究发展中心副主任，曾任上海市防灾救灾研究所地下空间研究室主任，多年来致力推动我国地下空间科学发展。参与"世博轴防灾疏散诱导及应急照明系统""世博地下空间阳光导入系统技术研究"等多个世博专项课题，著有《上海市地下空间安全使用手册》《国内外地下空间灾害实例》等书。

汶川地震周年前夕，束昱接受本报记者独家专访。他近日考察日本城市防灾减灾体系，结合自己援建四川的经历，特别强调防灾减灾软实力的重要性。

▶ **援建归来　呼唤加强防灾减灾软实力**

束昱坐在办公椅上，微微转身，背后挂着一面锦旗，触手可及。他小心翼翼地取下旗子，用手指轻轻擦拭表面的灰尘。锦旗上写着两行字——"千里驰援显真情，抗震救灾心连心"。落款是"四川省绵阳中学"。

记者：先聊聊这面锦旗吧，背后有什么故事？

束昱：去年 8 月，我和我的设计、建设团队去地震灾区，为绵阳中学校舍的震后破坏情况做安全评估，并提供房屋加固改造技术方案和施工。11 月顺利完工后，学校送来了这面锦旗。

记者：加固改造施工，与灾区重建过程中的大批新建工程，有什么区别？

束昱：加固改造，属于特种工程，涉及一系列特殊材料和工艺，要求设计、施工团队具有专项资质。

比方说，校舍部分房梁被震裂，有的缺了半边，有的大张虎口。这就需要先把房梁破损处清理干净，补一些填充材料，如混凝土加黏合剂，再用碳纤维等高强度材料包裹，保证填充物和钢筋合二为一，达到并超过原来的强度和抗震性。

记者：亲身参与了灾后重建，你对城市防灾减灾有什么感受？

束昱：我国防灾减灾的硬件实力进步很快。硬件设施的设计、规划、建设，都比较受重视。

一年来,灾区许多援建工程捷报频传,新建房屋的抗震性都能过关。和一些发达国家相比,我国在防灾硬件上的差距正越来越小;但是防灾减灾软实力上的差距还是很大,且容易受忽视。涉及灾害的危机管理、防灾运作机制和理念、全民防灾意识、知识和技能等多方面。

▶ **日本游记　市民防灾中心内体验"强震"**

　　束昱突然起身,一把抓起座椅靠垫,在办公桌旁迅速下蹲,右手抱头,左手紧紧握住桌腿。这是他第二次演示这一连串动作,上一次是在 2 个月前,距离上海 930 km 的日本福冈。

　　记者:去年援建时,遇到过余震吗? 感觉如何?

　　束昱:在绵阳经历过几次余震,虽然震级不高,但还是有明显的晃动感。今年 3 月,我去日本考察城市防灾减灾,没想到却体验了一回更强烈的"大地震"。

　　记者:恰好碰到日本地震吗?

　　束昱:不是真的地震,但感觉应该差不多。在福冈市民防灾中心,我玩了一回心跳。那是一座独立的白色三层楼房,免费开放,供市民学习防灾知识,练习灭火和急救技能,参观者还能在模拟室亲身体验恐怖的地震、台风、火灾等自然灾害。

　　我逐个感受了一遍,对"地震"的印象最深。

　　模拟室每次最多供 4 人体验。"地震"来了,茶杯在桌子上哗啦作响,地板剧烈晃动,根本站不稳。我牢记讲解员事先的指导,一边大喊"地震了",一边迅速钻到餐桌底下,抓住桌腿,用靠垫护头。大约晃了 30 秒,我晕晕乎乎地庆幸:"还好是模拟的。"

　　记者:类似的市民防灾中心在日本很普遍吗?

　　束昱:日本几乎每个城市都设立了市民防灾中心,全民演练防灾技能。由于地震和火山活动频繁,日本民众忧患意识强,相应的防灾减灾体系也比较健全,市民防灾中心就是缩影。在社区、学校、企业,防灾减灾的观念都很普及。

　　就拿我自己来说,只去过一次市民防灾中心,就有难忘的体验,还长了不少知识。比如,遇到地震时,等摇晃停止,要立刻撤离房间,但撤离前别忘了关煤气以防火灾等次生灾害。

　　我国要增强防灾减灾软实力,首先应该努力提高民众的防灾意识,普及防灾知识和技能。希望在上海,也能早日出现类似于市民防灾中心这样的公共场所。

▶ **读书有感　应急指挥部,临时能否变常设**

　　束昱的办公桌上,散落着好几本厚厚的日文原版防灾减灾类参考书,包括《东京地震灾害预测研究》《水灾风灾防灾规划》《防灾公园技术手册》等。他翻开其中一本,序言写道:"美国今年(2001 年)已建立专门的国家危机管理部门,日本什么时候才有类似部门呢?"

　　记者:序言中的问题有答案了吗?

束昱：如今日本已拥有中央防灾会议、安全保障会议、内阁应急事务和危机管理专门机构等常设机构。以中央防灾会议为例，主席由首相担任，成员包括防灾大臣等多名大臣，主要职能是制定《防灾基本计划》及《地区防灾计划》，发生灾害时，制定紧急措施并推动实施。

在美国，全国统一的行政管理部门为国土安全部，突发公共事件应急管理机构主要是美国联邦应急事务管理总署。国家应急工作被细分为交通、通信、消防、大规模救护、卫生医疗服务、有害物质处理等 12 个职能，每个职能由特定机构领导。美国应急体系已形成立体化的国家整体应急网。

记者：国外的经验，对我国有哪些启示？

束昱：我国要增强防灾减灾软实力，应该重视灾害危机管理，包括增设相应的危机管理部门和培养专业的危机管理人才，加大对灾害预判、预知、预防、预控的研究投入。

现在我国应对各类灾害，在应急反应和预案上，已经比较成熟，一般都能提前准备多套预案，及时采取多项应急措施。灾难发生后，前线应急指挥部常会在第一时间成立，怎样把这类机构从临时性变为常设性，值得思考。

▶ 看图说话　15 km² 有 50 多个避难点

束昱捧出一叠五颜六色的宣传资料，抽出其中面积最大的一张，介绍说，这是《福冈市中央区防灾地图》，既有专业性，又通俗易懂，最重要的是，图中标出了中央区所有避难点、医院、派出所等与防灾减灾相关的场所，实用性很强。

记者：能否更详细地解读这张防灾地图？

束昱：福冈市中央区，面积约 15 km²，略大于上海市黄浦区，略小于上海市虹口区。

在这么一个有限空间内，防灾地图共标出 18 处临时避难所，以"公民馆"为主要形式；19 所中小学校，规模相对较大，被辟作避难中心；公园、广场、绿地等大型露天场所，共 14 处，属于地区避难所；另有防水仓库 2 处、派出所 16 处、医院 10 处……

此外，在地图背面，还有不少漫画，介绍暴雨、地震等灾害的注意事项和应对措施。

记者："公民馆"平时的作用是什么？ 上海有类似场所吗？

束昱："公民馆"是战后日本普及发展的最主要的、数量最多的社会教育机构，为不同年龄和地域的居民提供学习机会及活动设施。开设社区防灾课程、普及知识和技能是它的主要任务之一。

上海目前没有类似场所。受"公民馆"启发，我觉得可以在社区文化活动中心上做文章。它遍布全市，有活动场所，也有群众基础，和"公民馆"有一些相似之处。如果进一步丰富社区文化活动中心的功能，配置必要的防灾设施及宣传人员，增加防灾知识、技能的宣传、培训，它完全有可能发挥比"公民馆"更有效的作用。

我想再次呼吁，从拓展社区文化活动中心的功能开始，逐步设立规模更大的城市防灾中心,从而构建整个城市的基层防灾体系。

记者:从防灾地图上看,相对于"公民馆",学校和公园的避难作用是不是更突出?

束昱:没错。我国要增强防灾减灾软实力,还应该充分发挥公园、广场和中小学的防灾作用。这些场所应该是城市最安全的地方,不但要提高这些场所自身的安全性,更要通过规划,配置防灾设备,把它们变成城市应急避难所。以学校为例,不仅应当让所有校舍达到足够的抗震级别,还可以适当改建学校操场,使它们成为灾后避难的首要选择。

▶ **寻找新路 城市防灾减灾,走向地表以下**

环顾束昱的办公室,课题展板、电脑桌面、书桌、书架上,有 4 个字随处可见,这也是他钻研近 30 年的专业领域:地下空间。

记者:地下空间和城市防灾减灾有什么关系?

束昱:开发利用地下空间,可以说是城市防灾减灾的一条新路。

地震死伤,大部分来自建筑物倒塌,这主要是由于地基受震后,引发地表上的房屋晃动,致使建筑结构遭到致命破坏。相比之下,地下更安全。地震时,地下空间跟随土层、岩层一起震动,受到的冲击力要小得多。1995 年日本阪神大地震,繁华的神户市顷刻间被夷为平地。瓦斯外泄、木质房屋密集,引起快速的大面积二次灾害——火灾。然而,神户市却有部分设施奇迹般地逃过一劫——市政管线设施由于存放在地下,得到完好保留。

记者:除了避震,地下空间能有效防治其他灾害吗?

束昱:针对火灾或空气污染等灾害,密闭的地下空间都是合适的避难场所。即便是暴雨洪涝灾害,地下空间也有用武之地。

从表面看,地下室可能成为水灾首当其冲的受害者。例如 2001 年 9 月,"纳莉"台风带来的暴雨袭击台北,短短几小时内,地铁站变为地下水城,隧道成了大水沟。其实,只需建立深层地下雨水调节处理池,问题将迎刃而解。在美国芝加哥、日本大阪,都已有这方面经验。

在地表深处建地下河流,把地面短时间内形成的大量积水,及时引到地下储存起来。有两个好处,一方面,解决城市排水系统的燃眉之急,另一方面,处理池的水可以再利用,作为中水回到地面,用于浇灌或冲洗。这也是城市主动防灾的一个重要措施,尤其对于一些资源型缺水城市,相当于雪中送炭。

12　谁铺垫"无声的呼吸"

——看北海道洞爷湖雕塑环境有感

新民晚报国家艺术杂志 2009 年 6 月 20 日(B16)

束昱 文　姜锡祥 摄

在日本北海道,有一座火山喷发形成的自然湖泊——洞爷湖。那里不仅有宜人的温泉,还有沿湖矗立的 60 余座雕像。在这个注重艺术环境设计的国度,雕塑品犹如生灵一样被珍视起来。记者与同济大学教授束昱的对话也是从雕塑的生存环境开始的。

记者:来到洞爷湖,你是怎么看待这些沉浸于自然怀抱中的雕塑作品的?

束昱:我们看到湖边雕塑大多是抽象的。从雕塑的特质来看,这样抽象的作品在现代城市已经屡见不鲜了,人们也能够用"宽容"的态度接受它们,并称它们为"无声的呼吸"。然而,在大都市中,雕塑作品往往会被商业气氛所包围,很少有人关心雕塑的生存环境,而洞爷湖的雕塑作品恰恰做到了这点。

记者:雕塑的"生存环境",这已经是一个敏感的老话题了。其实,雕塑艺术品的构成不仅是作品本身的视觉吸引力。就洞爷湖的雕塑来看,它们中的每一个雕塑占地的环境面积都达到 2 000～3 000 m²。这样的生存环境可以给人足够的想象空间,从而降低了对其本身艺术性的考量,从整体上提升了雕塑的视觉想象力。所以,雕塑与其生存环境所营造的视觉张力本应该是雕塑艺术具备的特质。

束昱:是啊,反观我们现在不少公园雕塑,由于雕塑与雕塑之间互相为邻,往往挤压在一个狭小或者不当的环境中,造成了视觉的瑕疵。这样,即便是一个精美的雕塑作品也很难有空间让人想象,就更不要提驻足欣赏了。所以,雕塑是需要环境去烘托其艺术价值的,而造就这种艺术环境可以是人为也可以是自然。

记者:来到日本,我们总能够感受到环境设计的别有用心之处,无论是街具、艺术标识还是地下空间的雕塑总是恰到好处,舒心自然。在北海道,东京这些地方,城市艺术总能令人信服,对此你怎么看?

束昱:这种特色首先源于日本艺术家对于环境的重视。据我的日本友人"日建设计"的艺术家说,艺术家在做雕塑的时候,习惯把作品的生存环境纳入创作过程中仔细思考。比如:雕塑是生存在楼宇下还是森林中?放置在学校的作品应该如何与之呼应?其次,雕塑家们注重

1. 石雕 峰；2. 钢管装置与雕塑 彩；3. 石雕 DSCO 1936；4. 钢管装置与雕塑 风之水面；5. 铜雕 循环；6. 大理石雕 回生。

雕塑空间氛围。他们不仅是艺术家,还是环境的造就者和监督者。他们追求艺术的表现力,对自己的艺术负责,同时也对自己的雕塑作品生存的环境负责。因此,我们可以感受到日本的艺术创作呈现出大都市作品截然不同的味道,在那里,雕塑艺术的表现力得以更好地展现出来。

记者:那你如何来看待我们的城市雕塑呢?

束昱:一个好的雕塑作品可以吸引众多的旅游观光者,同时一个好的雕塑作品也可以成为一座城市的标志。雕塑艺术无论是具象的还是抽象的,是现代的还是古典的,它们背后都有一个故事,这些故事便造就了它们更深远的价值。

记者:对的,我最有印象的就是哥本哈根的美人鱼,布鲁塞尔的撒尿小孩,它们已经闻名遐迩,成了整座城市的标志。甚至在某种程度上来说,它们成了一个国家的象征,而这些雕塑品体量并不大,都在 70 cm 以下。然而,它们都很好地融入了生存环境,成为城市的一个组成部分,吸引众多的观光者。

束昱:所以对我们的城市来说,应该紧紧抓住举办世博会的契机,用雕塑的艺术性和铺垫其环境来美化城市,提升城市的格调。

记者:那你对上海的城市雕塑艺术有什么建议?

束昱:艺术标志是艺术家的创作,是他们对历史、文化、艺术的加工。上海这样的一座城市,其实沉睡着许多历史故事,这些都可以用雕塑艺术来表现出来。作为老工业城市,上海的城市雕塑可以用新型工业雕塑或者工业留下的实物雕塑展现其独特的魅力。就像洞爷湖的雕塑作品,它们都依湖而生。无论是展现具象的人文生活,还是抽象的自然物体,空间环境使它们的艺术观赏价值提升。城市雕塑亦是如此。

13   日本艺术，让我们想起……

新民晚报国家艺术杂志 2009 年 9 月 19 日(B1)

束昱 文   姜锡祥 摄

日本馆的设计师曾表示，在日本馆内游览"重要的不光是你看到了什么，而是你感受到了什么"。不过两个动词的变化，让我们对日本馆本身的艺术性及它所要展示的作品充满兴趣。一件好的艺术作品所要诉求的，也不光是观者看到了什么，而是在内心深处是否有相同的感动，并能激发思考。当日本这个邻邦展现出对地球真挚的热爱，对自然探索的热情，带着在节能领域的优异成绩来到 2010 年的上海时，除了欢迎的掌声，我们更应该怀着一份超越往常的思考的热忱。

日本无疑是世界上最善于学习的民族，艺术亦复如此。从飞檐宫宇的营造、亭榭园林的布置，到茶道、书道乃至浮世绘，都是他们向古代中国学习的深深印记，学会了，发扬而光大之，于是至今还放射出灿烂的光。

西阵织被称为日本的国宝级丝织艺术，在日本已有 1 200 年历史。这种编织物利用各种颜色的丝线和金线来编织。由此编织出来的锦缎因为艺术价值极高而闻名于世。这门艺术便是在中国宫廷编织技术上演变过来的。在 15 到 16 世纪期间，中国端庄文雅的宫廷编织技术，包括金线、银线编织技术传入了日本。如今，纯手工的西阵织品依然是华贵与身份的象征。西阵织，2010 年将在上海世博会日本馆里"回娘家"。

明治维新后,日本学习的目光转向了欧美。1873年维也纳世博会,日本政府派出的77人代表团中,66人是工程师。这些专家在"世博会的工厂和车间"中尽情地徜徉、流连,写出了一份96卷的报告,日本从世博会中吸收了西方工业精髓。1877年,日本开始在国内举办相当规模的工业博览会。

那以后,日本开始了翻天覆地的变化,二战失败也没能滞缓其向现代文明挺进的步伐。城市建设、交通组织乃至人与自然关系的重新审视,日本人的创造力和艺术素养在这些每天发生的各类活动中淋漓尽致地挥洒,以至于人说"东京地底还有一座东京"、"在日本换乘等待不超过5分钟"……

正因为如此,日本成为亚洲举办各类世博会最多的国家,共5次。大阪世博会的"好大一棵树",千奇百怪的创意建筑让人眼花缭乱;爱知世博会"自然的睿智"人与自然和谐共生,人们生活得更加舒适,自然生态赏心悦目……日本用心地"吐丝",链接着世界、链接着自然。于是,"紫蚕岛"以"心之和、技之和"的日式微笑来到2010中国"娘家",用淡淡的紫色演绎过去,创造"未来"。

---

1. 名古屋因为世界博览会,感觉上整体进步许多,以太空船为设计概念的银河广场,顶楼有水池,从下往上看会有水产生的涟漪感。到了晚上,造型前卫的艺术太空船在绚丽的霓虹灯光照下,还真像是一艘神秘的太空舱漂浮在五光十色的闹区中,十分特别。

14 心之和，技之和

——不给环境添负担的创意和设计

新民晚报国家艺术杂志 2009 年 11 月 28 日(B9)

程国政 文

从杂乱的钢架还没成形，到紫色的"蚕衣"盖到屋顶，日本馆的营造虽然低调而平和，但一点也不弱化我们关注的目光。用雾降温如何进行？"凸"出去的"触角"、"凹"进去的"鼻孔"如何呼吸？我想知道的是，心与技如何通过这座安静的展馆微笑着链接时空。

大家都知道，世博会日本馆因在上海建造，朱鹮、西阵织、蚕宝宝乃至鉴真……一切与中国有关的东西都被展示在这里，中日两国本来就是一衣带水的友好邻邦，不是吗？

和其他发达国家走过的道路一样，日本也曾经历过大气、水质污染，绿地减少，水质下降，赤潮绿藻频发……钢铁、水泥等等技术高度进步带来的境不和、人不和乃至心不和让这个民族痛定思痛，治理了包括琵琶湖在内的一大批"受伤"环境。

什么样的技术才是"和"？心和之人会提供怎样的技术、运用怎样的艺术手段？20 世纪 80 年代以来，日本人自觉地寻找"心之和，技之和"。

爱知世博会至今让人津津乐道，原因就是因为这里有雨天不湿鞋的路面，涂有隔热涂料的路面能把温度控制在 40 摄氏度内，竹子编制的展区外壳，碎块、沙砾掺合铺设的园区道路……鞋子干爽的参观者当然喜欢这种高技能铺装技术，感觉凉快的人们当然喜欢这种"采菊东篱下"的自然野趣。还有更奇的：农田铺上一层保护膜，一番加工以后就成了停车场，世博结束后，农田还是农田，但"履历"多了一笔；厕所也因为技术人员添加的微生物和臭氧，排泄物少了污秽腥臊，多了静洁清透，一路"十八变"的水也成了花草树木的灌溉用水。在爱知，"技之和"让当地环境世博后"鸟儿已经飞过，天空依然湛蓝"。

不给环境添负担，于是，上海世博园区的紫蚕岛凹凸分明，饱满圆润，薄薄的紫衣吸收阳光，吐呼吸纳，让每一位走进去的"观者"神清气爽。紫蚕岛是一座建筑，是一个生命体，会呼吸、会吐纳。"凹槽把雨水引入馆下储水空间，通过水的蒸发，带动空气更快地流通，降低馆内的温度。凹槽是展馆内的换气系统和制冷系统中枢，是办公室的光源，还是支撑房顶的支柱。"日本馆设计总监彦坂裕就是这样设计构思的。他还说，紫蚕通体紫色是因为内嵌在膜中的太阳能发电装置是深紫色的；作为屋顶的每一块膜的形状都模仿树叶，能量制造和传输的原理也和树一样。

不给环境添负担,于是彦坂裕笔下的日本馆"轻些,再轻些"。不打地桩,不用混凝土。"紫膜,与水立方外衣一样,重量比常规场馆减轻一半。材料轻,运输卡车就少,二氧化碳排放就少;膜有自洁功能,清洁的人力也省却了。"彦坂裕如是说。

彦坂裕是"默默无闻"的设计师,是日本国民的"沧海一粟",但他的和谐之技展现的却是这个民族发自内心的与环境和谐共生的理念,表达的是与世界朗朗灿烂的"微笑相连"。届时,我们就会看到一个和谐连接着过去、现在和未来的日本馆;夜幕降临时,就会看到紫蚕岛的灯光一起一伏在"呼吸"——蚕宝宝是活的!

心和,技艺温暖世界。

1. 这是六本木一栋宏大的构筑,具体名字叫什么已经不重要了,重要的是这些健硕的"钢树",支起的屋顶为人们挡住了风雨、挽住了阳光,于是,工业文明的投影就编织了甜甜蜜蜜的生活之网,洒在夏日的小广场上,凉爽而惬意。

开敞的大屋顶下,那树、那椅,还有图片外树林里那野趣盎然的块石……六本木这栋建筑把环保、节能与和谐环境演绎得淋漓尽致。

蚕宝宝的"根"就在这里。

2. 这是东京新宿的"蚕宝宝"——设计学院大楼,把环境打扮得精致、前沿并恰到好处。

我们是在地下一层往上看,不影响紧贴着楼面的金属网筋放着光、潇潇洒洒在天空集结成一个"圆点"。

设计需要激情,更需要汩汩的灵感,于是,设计学院就成了这曲线玲珑的样子,"同样周长,圆的面积最大",且圆润可亲:看着从下面圆弧中生出的一条又一条曲线,我们在想:2010年上海世博会的"紫蚕岛"构思是否是在这里诞生?

3. 安静而且平和,凹下去的是呼吸的"鼻孔",翘起来的是"羊角辫",蚕宝宝用一半是火焰、一半是海水"孵化"成这样一个"淑女"身。

这是一栋关心环境的建筑,节能、低碳、可持续……你能想到、见到的各种"人-境"和谐的词语在这里都有精致的答案。于是,2010 年上海世博园中的蚕宝宝低调而新锐、平和而浪漫、悦目可亲且可敬:建筑,设计扮靓生活!

4. 样子是原生态了一点,但"六本木"的印记是那样的鲜明,你说呢?

这就是施工中的"紫蚕岛",这边还是钢筋铁骨,那边已经"浪漫"初露。紫色外衣与钢筋铁骨的中间不久就会装上同样是紫色的发电设备,紫蚕岛是个自给自足、不给环境添负担的"生命体"。我们期待着,"蚕宝宝"早日开始"呼吸"!

5. 当你看到这个似圆又扁,还张着幽幽郁郁圆圆的嘴的石头时,第一念头是?

这是东京六本木一处地下小广场道路交汇处的雕塑,简简单单、圆润安静地就这样趴在那里,仿佛对来来往往的过客行注目礼,张着的"O"形嘴似乎在说:别那样脚步匆匆,停下来看看,看看这阳光,多好! 还有投影,三层呢!

还有,这里还是巧用自然光照亮地下的例子呢! 节能,心思很巧妙吧? 生活需要片刻的停驻,于是你就发现了"风景"。

15 千米"世博轴"舞动起闪亮的"翅膀"

新民晚报副刊国家艺术杂志第 302 期 2010 年 3 月 13 日 封面报道(B1)
束昱 文 姜锡祥 摄

中外设计师精心设计、共同打造的世博轴是人类世博会历史上第一次完美地将功能、空间、技术及可欣赏性艺术完美结合的精品。

▶ 办博史上的空间利用

世博会的历史上,给人印象深刻的利用地下空间"文章"只有 1878 年和 1889 年的两届巴黎世博会,主办方在世博园区废弃的地下矿穴中修建了水族馆,还成功设置了被称作"地下世界"的大型展馆,向人们展示世界各地的地理、考古和历史奇观,如中国和印度的庙宇,以及埃及、古意大利和古罗马的墓穴等,创造惊奇,引起轰动。

此后,世博园区对地下空间的利用鲜见佳作,直到本届上海世博会。上海世博会在中心城区举办,且承办方试图将其与老工业区、老城区改造结合起来,于是世博园区的功能、空间、技术乃至可欣赏性艺术的追求便格外"挑剔"。

▶ 地上地下集约而有序

功能上,世博轴是世博园的立体发展轴,地上地下各二层,集交通、展示、商服、观光、防灾、市政、能源供给等七大功能于一体。世博轴营造出的是四通八达的立体交通枢纽,参观人群从入口广场经安检匝道进入园内后,立刻可以顺畅地分层、分向循指示牌所指方向而去;世博轴内空间可依据人群流动特点布置展览,提供多种购物、餐饮和休闲服务,更值得称道的是它本身就是一个展示未来城市地上地下立体化和谐发展的案例;位于浦东园区的世博轴又是园区的核心主轴,沿着轴线布置的世博主题馆、中国馆、世博中心、文艺中心共同构成地标性建筑"一轴四馆",是人群最密集的区域,作为应急疏散通道,一旦有事,四馆中大量观众便可通过世博轴四层立体空间快速疏散和隐蔽……世博轴成功地把地上地下空间整合得集约有序而安全舒适。

▶ 喇叭口变成了风漩涡

技术上,关于阳光谷把阳光、雨水、空气尽收于"囊"中的报道甚多,但不只如此,阳光谷还把地能、水能和风压、热压等自然要素完美结合到一起。比如,雨水收集到地下二层大水池中储存处理后,不仅是浇灌冲洗等用水,这个大水池还是一个天然大空调,轴内气温都能受其调节;又比如,只要有风,阳光谷上部巨型"喇叭口"就变成了一个风漩涡,其虹吸作用使得轴内空气流动,空间环境得到净化,而这样的现象每时每刻都在发生……

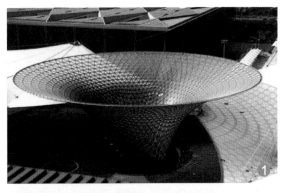

1. 俯瞰世博轴巨大的阳光谷实景；2. 世博轴地上地下过渡绿化坡道实景；3. 世博轴上的索膜结构顶棚实景，长约 840 多米，最宽处达近百米，膜展开面积达 7 万多平方分米；4. 世博轴效果图。

世博轴的空间营造特点也大不同于以往。首先是地上与地下的过渡，地上一层与地下一层，通过开敞式坡道原本闭合的地下一层豁然开朗，地面与地下的"过渡"也变得模糊；而且，坡道上绿莹莹的青草、葱翠的树木、斗艳的花卉……大自然就在身边；场馆连接的廊道直通世博轴地上一层，于是这条千余米的轴又添了舞动的"翅膀"。

▶ 下沉庭院展绿地生态

数年前，我便开始呼吁营造生态地下空间环境，应把阳光、植物、水体等自然要素导入地下。当我参与世博轴方案评审时，对中外规划设计师的努力由衷地敬佩且深感欣慰。

现在呈现在世人面前的世博轴，地上地下各两层，入口广场、阳光谷、遮阳帷幕、空中走廊、下沉开敞式庭院绿地等与世博轴体结构结合得那样完美，6 个阳光谷就如 6 只喜庆的喇叭，将在今年 5 月 1 日吹响，这是世界的节日；站在世博轴平台上，感受天光日影、霓虹异彩，其景其情，真"不知天上宫阙，今夕是何年"了；纵观世博轴，长长宽宽的轴与周边空间的过渡，其韵律、其节奏、其视野、其欢喜……届时你一定要上上下下享受一回；由地下往上，你没有了局促、没有了逼仄，也没有了限制，有的只是自在的脚步、开阔的视野和满眼的绿意。

世博轴，为未来城市的立体化与集约化、综合性和艺术性化空间环境营造提供了一个经典范例。

16　美好地下将是一个永续模式

新民晚报国家艺术杂志　2010年6月12日(B2)

黄伟明 文并摄　束昱 谈

　　地下空间是个受到特殊限制的封闭环境。可是,在上海世博园区,如果不提醒,你在世博轴的地下一层以及世博园唯一一个建在地下的国家馆——墨西哥馆很难想到这是在地下。世博轴地下空间设计方案评审专家之一,束昱教授直截了当地告诉我们——

▶ 地下休闲让人惬意

　　"当你们走累了,就在地下避避阳,当然觉得有点凉还可以晒晒太阳。"随地下空间研究者束昱教授走在世博园内,他却开门见山地对我们说。

　　上海世博园1 000余米长的世博轴,其6个巨大阳光谷的阳光、水、空气全收自不必多说。"我希望观众如走累了,就到这地下一层的石砌长凳上坐一会儿,感觉一下晒晒太阳,看看风景,顿时就会觉得心旷神怡。"束昱介绍,当初参加评审时,就对这一拖着长长草坡的地下"长凳"给予了高度赞扬。

　　夕阳西下时分,在地下餐厅用好餐,按照束教授的指点坐到这长长的石凳上。说是石凳,其实是石砌的护坡栏。抬头,一眼望不到头的世博轴顶棚因了夕阳的泼洒色彩斑斓着、变幻着;远望,鸟巢? 还是堆放的木棍? 原来那是世博轴雕塑,这样的雕塑沿世博轴还有不少。

　　不一会,夜色上了世博轴,奇幻的灯光已经让人目不暇接、幻如仙境了。我自然不会忘记拍下此景的瞬间。

1. 一层、二层、三层,三层上面就是电梯间了,不告诉你,你肯定想不到底部就是地下一层;2. 风筝下面就是墨西哥馆的入口;3. 光与影、黑与白在游弋,它是墨西哥馆内一个展示影像装置;4. 绿色的阳光谷、绿色的地下空间,夜幕下的建筑就像生命一样生机盎然。

▶ 地下展馆风光特别

墨西哥馆是上海世博园内唯一的全地下式展馆。"地下展馆一样风光无限。"束昱告诉我们,五颜六色的风筝把我们带进地下之后,寻宝之旅就开始了。

入口处的大钟,依稀让人们感受到遥远的墨西哥和古老的中华民族说不定是"邻居";那古老的玛雅柱,不远万里从墨西哥运来的柱子距今已有 2 000 多年的历史,柱子上刻着魔幻般的玛雅文字和"鸟人"图形,这是玛雅人对宇宙和航天的见解,至今难以破译。还有众多高贵、神秘的展品,三维影像传达出的墨西哥的民族文化和艺术,不一而足,精彩纷呈。

墨西哥馆把珍贵的地表空间留给了游客,风筝广场变身游客休憩广场;而把自己埋入地下,风筝覆盖着的馆舍内敛中透着优雅。你要解读玛雅文化,了解墨西哥的历史以及文化和艺术,那就进入地下去寻找宝藏吧。

▶ 地下环境低碳品质

束昱预测,随着世博会展示理念的不断进步,地下空间的开发利用会越来越普遍、越来越赏心悦目。"世博轴、墨西哥馆带了一个很好的头。"他说,随地下着技术的不断拓展,地上地下的界限已经越来越模糊。

上海世博会园区通过地下空间的大规模开发利用,释放出更多地面空间营造绿地、广场,不仅提升了土地空间利用效率,改善了环境品质,还提升了本届世博会"低碳世博"的理念。

不仅如此,地下空间的开发利用,阳光、水、空气的引入,空间变大了,环境宽敞了,人感觉更舒适了,上海世博园区为人类城市提供了一种全新的绿色低碳化永续发展模式。

"这种模式在日后的世博会肯定会发扬光大。"束昱说。

17   探索城市另一个平面：那些截面有着视觉艺术的独特语言

新民晚报国家艺术杂志 2010 年 10 月 30 日（B2）

白丁 文

对于大部分旅行摄影家而言，拍摄的主体通常都是地表之上的风景——辉煌的神庙、如画的山水、熙熙攘攘的街道、自由自在的生灵……那些出色的摄影作品成为我们阅读当地的书签，当自己身临其境时，总希望见到照片里的种种，才觉不虚此行。而日本艺术家内山英明的地下摄影作品为我们提供了认识一个地方的另一种可能和视角。

在国土面积有限的日本，人们运用智慧，最大限度地开拓地下疆域。只要去过东京，就会叹服其便捷的地下交通和繁华的地下空间。但在内山英明看来，只触及这个平面，依然"肤浅"。他要更深入地探索这个城市，那个城市根须的末端所在，一个常人几乎不会关注的平面。

自 1993 年开始对"地下空间"这个拍摄题材产生兴趣，近二十年来，内山一直在作没有藏宝图的"探宝之旅"。他发现的拍摄对象，有室町时代的考古遗迹、有布满钟乳石的天然岩洞、有已被废弃的铁矿山、有正进行试验的研究所……连日本人都感到惊讶——他们从来不知道自己所熟悉的土地下有那么多东西。在内山的作品中，那些地方都那么漂亮——或闪耀着迷人的灯光，或拥有颇具设计感的形状，甚至在几百米的地下，墙缝间还盛开着娇嫩但顽强的花朵。内山耐心地寻找地下空间的美好之处，把那些截面用艺术的语言一一呈现给世人，如同一个父亲将小女儿可爱的样子拍下来与朋友们分享。

坐在咖啡店里观察路人，固然能深度了解这个城市，但那是文学家的做法。这个摄影家，内山英明，扛起相机还有各种照明器械，又要向地下出发了。

---

1. 东京都新宿区的变电控制室，令人联想起巨大风琴内奇谲的空间；2. 在神奈川县横滨市深达 64 米的地下隧道内，水珠在灯光的折射下滴落；3. 摄自东京都港区，地下 42.5 米的通道，等待离站的地铁头的灯光反射在隧道墙上，形成神秘的光晕；4. 摄自东京都新宿区光缆室，纠缠交错地光缆和管道共舞，在底下造就了一个沉默而静谧的科幻世界。

18 温馨、怀旧、浪漫

——北海道小樽老建筑印象拾零

新民晚报国家艺术杂志 2010 年 11 月 13 日(B2)

束昱 程国政 文 黄炜 姜锡祥 摄

如果说东京是车水马龙的现代符号,那小樽到处都是怀旧的历史音符。这个音符就如人们熟知的八音盒发出的,很温馨、很怀旧,也很浪漫。小樽还有"坡城"之称,城内多坡路,其中有取名为"地狱坡"的陡坡和斜而弯曲的舟见坡。和众多北海道的地名一样,"小樽"缘自爱奴语的发音,原是"沙滩中的河流"。那条并不知名的水已不复存在,小樽的名字却流传了下来。

▶ 城市的历史:很怀旧

北海道西部、面临石狩湾,小樽百年前作为北海道的海上大门发展起来。数不清的银行和企业纷纷到来,数不清的皮肤各异、声音迥别的人们接踵而至,于是,来此淘金的人们纷纷以各种方式建造起风格各异的建筑,蓝天白云、清凌凌的水面、干干净净的街——房子的墙,红的、灰的、浅褐、麻黄……房子的窗,窄窄长长、宽宽大大、圆券弧顶,甚至戴上尖削而高耸的红色"帽子"。行走在安静的小樽街道,我们忘记了时间,穿越了时空的隧道,百年前的小樽——日本"北方的华尔街",醉人。

昔日运河如今已归沉寂,但河中两岸仓库的倒影分明告诉我们:百年前的小樽就在我们眼前。

▶ 建筑的感受:很温馨

红红的房子,黛青的顶,有的还戴上俏皮的"瓜皮帽"。一栋标记为小樽市历史建筑物的"旧大家仓库"建造于 1891 年,修缮后钉上的铭牌上清楚地写着房屋原为"木架石造","外墙采用札幌软石,高出的小屋顶和入口部分的双层拱门为其特征"。2002 年,小樽市对这栋房屋的外墙和屋顶瓦部分进行了维修。这样修旧如旧的仓库在小樽很普遍,修过的房屋不是用来开商店就是作为办公及协会组织用房,也有的变身成了博物馆,如"北一哨子"。

"北一哨子"的主人浅原 20 前把手中的旧仓库局部略作改动,一部分成了咖啡馆,里面不用电灯,点上 167 盏煤油灯照明;仓库的另一部分,做了玻璃精品的展销厅。

浅原的做法启发了其他旧仓库的主人。随后,一家家店铺在旧仓库中开了起来,玻璃制品、八音盒纪念馆、礼品店……仓库古朴厚重的外观与里面色彩繁复、节奏明快的现代产品相映成趣,于是小樽在现代日本很温馨、很好看。

▶ 细节的胜景：很浪漫

运河墙、深青的石头上镌刻的乐谱、每天薄暮点燃 63 盏煤油路灯的点灯人、二月的"雪灯之路"……这都是关于那千余米小樽运河的记忆。入夜，点点灯火摇曳着清清浅浅的河水，酝酿出浪漫迷人的异国情调。

放眼望去，河岸的"旧小樽仓库"被改造成"运河广场"，周围聚集的方巾裹额、斗笠在头、麻布为衣、腰束布带的人力车夫，硕大而夸张的银色车轮、花色不一的车上凉棚仿佛时光倒流的错觉中流淌的还是浪漫。

"你好吗？我很好！"小樽的浪漫不由分说地浸润在拙朴的石头、灵性的玻璃、笨笨的蒸汽钟、粼粼的河水、神秘的石柱、古老的邮筒之中，不经意地寄出了那封经典的《情书》，于是小樽浪漫地拥抱了世界。

1. 小樽街上华丽的欧式建筑；2. 小樽街上到处都是当年的老仓库、老建筑；3. 窄窄的窗户上顶着尖尖的帽子；4. 老房子戴着两顶"瓜皮帽"，异国情调浓极了；5. 不同色彩、不同风格，小樽街上的房屋反差巨大，强烈冲击着我们的眼睛；6. 小樽街运河边上当年的仓库，今天外表不变，里面是餐馆、商场、博物馆；7. 门口高大的锚链让人联想顿生：船上旧锚？港口标志？不得而知……8. 图腾柱？很神秘，很迷人；9. 这就是那名闻遐迩的蒸汽钟。

19 新十六铺：“城市”主题的后世博样本

新民晚报副刊国家艺术杂志第 340 期 2010 年 12 月 4 日 封面报道（B1）

束昱 文 兰翔 摄

进入世博园游览过的人，肯定都会对那六个巨大的阳光谷印象深刻。它作为上海世博留给人类的遗产对世博城市、对当今和未来城市发展的影响必定会深刻而持久。这不，在上海十六铺码头，又见“阳光谷”。

▶ 这里有创新的传统

十六铺码头的名字源于防御太平军进攻而实行的联保联防制度——铺，久而久之就成了地名。

成了地名的十六铺创新的传统一如既往。1982 年，上海把晚清时李鸿章创办的招商局仓库拆了，建造了十六铺新客运站。新客运站有三大亮点：一是自动扶梯；二是摄像头监控；三是造了 7 个小候船室。候船室里落地门窗、空调、沙发，附近的市政府各委办常常过来借用，因为它“灵光”。

这时候，候船的人们在十六铺江边、路边熙来攘往，川流不息。

▶ 世博让十六铺华丽转身

世博会落户上海，给一度落寞的十六铺码头华丽转身的机会。

占地 3 公顷的临水场地，经过设计师们妙笔改造，往日一眼望尽码头的印记毫无踪影，它们全都隐身到沿江绵延 600 m 的地下去了，岸上只布置了 3 座体量小巧、线条简洁，层高不超过四层的小楼，大片大片的岸边空间漂浮的是片片“浦江之云”，生长的是青翠的树木鲜艳的花，且地下直通城隍庙，这里的总建筑面积竟有 6.73 万 m^2。

十六铺华丽转身，不仅把地面打造成极富现代气息的大型公共滨江绿地，而且，把原十六铺客运码头的功能与大型商业、餐饮、公交、停车、人行过街等功能整合在一起，创造了上海乃至中国第一的水陆交通枢纽新样板。今天的十六铺，更是绝佳的远眺、近观黄浦江、百年外滩的亲水观景平台，正应了“收景在借”的那句造园老话。

▶ 世博主题的园外样本

“城市，让生活更美好”，随着上海世博会的成功举办已成为大家耳熟能详的理念。世博过后，如何延续这个主题？尤其是在世博城市，这是一个任重而道远的话题。

应该说,十六铺码头的华丽转身就是世博主题园外实践的又一成功样本。

就码头的原有功能而言,改造后的码头地下空间很好地处理了交通集散、餐饮娱乐及观光路径的关系,阳光、雨水、空气的综合利用也很高效。简单地说,虽然地下空间面积有数万平米,但无论你走在地下一、二层,还是三层,白天时阳光都能照射到。所以有人把这里叫"小阳光谷"。

随着交通功能的弱化,十六铺码头的观光、游乐功能随着这次改造大为强化。亲水平台的大面积留置,餐饮美食和购物休闲的空间安排,都让"生活更美好";游客徜徉在宽敞的平台上,江水粼粼、笛声阵阵,浦东陆家嘴的金融区风采、浦西百年外滩的万国建筑尽收眼底。这种结合地区特点,通过环境的创造性设计,把历史、文化、城市风光集于一身的做法,很好地体现了"城市,让生活更美好"这一世博主题,很好地提升了上海的城市品质。

---

1. 步道上飘来"浦江之云";2. 要看风景"歪戴帽";3. 十六铺的地下出口之一,抬头就见浦东风光;4. 小阳光谷;5. 亲水平台上看到的风景;6. 步道,旁边的圆玻璃下有"机关"。

20　缘水重生　续写空间传奇
——直击"北外滩"局部景观创意设计现状

新民晚报副刊国家艺术杂志第 351 期 2011 年 2 月 19 日　封面报道(B1)
姚伟嘉 吴佳静 文　姜锡祥 摄　束昱 谈

黄浦江作为上海的母亲河,见证了上海成长的整个过程。在发展初期,江岸,尤其是北外滩这段,被成片的码头掩住了曲线,黯然失色。上海申博成功后,"北外滩"成为政府着力打造的城市新名片,用环境改造更新的实例,演绎"城市,让生活更美好"的世博主题。当跟随曾参与该区域地下空间开发利用研究与规划编制的束昱教授走在这段崭新的水岸,听他将先进规划理念和独特设计思路娓娓道来,我们似乎已能想见"北外滩"充满希望的未来。

▶ **上下求索——大众享受水岸**

如今的北外滩是对现代城市灵魂的大范围探索实践。地上环境与地下空间的协调和谐定义了新城市的设计特色,将现代化的建筑,原生态的环境留给百姓。这里的建筑群退离江岸,在面江而立,满足住客的视野需求的同时,又能让市民更亲近江水。临江的草坪也经由人工打造成小土坡的形状,这样匠心独运的绿化设计更能给人一种置身大自然的感觉。

另外,北外滩的设计建造遵循了现代城市的发展趋势向地下延伸。束昱老师向我们介绍说,这里的地下空间全面贯通,规模宏大,大部分公共服务功能区域,比如国际客运中心的邮轮登陆大厅、出入境安检、商业服务、票务中心,以及周围建筑群的地下停车场、休闲、餐饮区域都移居地下。

为了避免由于长时间停留在地下空间造成的压抑和不安全的心理负担,设计者安置了大量采光井,明媚的阳光穿过晶莹的玻璃,让人感到温暖和通透,侧面的百叶窗用于通风,它可以通过机械运转进行工作,也可以让室外空气自然地对流。这样一举多得的设计为地下空间的节能环保和环境生态化提供了案例参考。

▶ **三张"名片"——呈现城市发展**

沿着江岸行走,迎着微微拂面的江风,束昱老师非常兴奋地说:"如今的北外滩可以在现代中看到历史的脚印,可以随处抓到艺术的影子,而且看不出人造景观的生硬。"的确,现代化的邮轮静静地依偎在曾经沧桑的码头中,人工的坡度草坪与周遭棵棵樱树相互映衬。

1. 地下空间的入口处有装饰着五线谱护栏，跳跃的音符似乎正是这片土地奏出的华彩乐章；2. 正因为有大面积的采光口和照明设施，地下空间一样能明亮绚丽；3. 三个巨大的建筑装置"缀"在大楼的户外通道上，海蓝色、螺旋桨，仿佛是对"北外滩"历史的感怀；4. 江边的建筑都套上了船舶造型的流线"外衣"，既防风防尘，又有隔音功能；5. 钢结构的曲与直，好似一段音符，又如起伏的海浪。

近代西方文化与中国传统经典融合的浦西外滩,改革开放后华丽展示海派文化的浦东外滩,作为当时"最文化"、"最金融"的中心,至今仍为不少新老上海人所津津乐道。但是,伴随着不断提高的生活水平、市民素质和审美情趣,在后世博时代,能够完美演绎世博主题的北外滩应运而生。在21世纪第二个十年的伊始,驻足黄浦江北岸,让人不禁感叹,风格如此迥异的美景怎能不让久居此地的上海人兴奋,怎能不让南来北往的过客驻足停留? 浦西、浦东、北外滩,黄金三角正是上海不同阶段的三张精彩名片。

▶ **航运元素——渗透人文艺术**

北外滩是个艺术性和人文性的综合体,是规划设计师们"天马行空"的理念下紧扣发展主题的专业精神的集中体现。

地面上这13幢建筑展示了现代化设计的质感和细腻。在这里,我们随处可见与江河、邮轮部件相关的设计元素仿船形外观的大楼,螺旋桨形的装饰贴画,旋涡状的楼梯。特别是江边的商住综合楼,除了流线型的全玻璃建筑外墙,还有一面兼具挡风、遮尘以及隔音效果的波浪形外罩。住宅单元的彩色玻璃阳台更为幽静的北外滩沿岸点化出一道绚丽的彩虹。

像北外滩这样处于沿江地带,将休闲娱乐观光和交通商务居住等功能性设施完美结合、地上地下一体化成片规划建设,在世界范围内也很难找到类似的成功案例。这是后世博时代的一个开始,更是上海向世界展示的又一座新地标。

21　日子在这里蹦蹦跳跳

——地坑院讲述着建筑设计与文化的故事

新民晚报国家艺术杂志 2011 年 5 月 7 日(B1)

刘艳丽 文　上官钟眉 摄

只有土和极少量的木材,如何建造房屋?而且这种房屋要求低碳、环保,防震、防风、防寒,讲究阴阳风水,要求天人合一,你能做到不?我们的祖先做到了,他们挖就的是历史,是建筑的记忆。

地坑院也叫天井院,三门峡当地人更喜欢称为"天井窑院"。据说,这种源自我们祖先穴居方式遗存的"地下四合院",已有约四千年历史了。

"进村不见房,闻声不见人。"描述的就是河南三门峡地坑院的情形,那里至今仍有 100 多个地下村落、近万座天井院,较早的院子有 200 多年的历史,住着六代人。

地坑院是一种奇妙的建筑形式。行走在里面的我们常常迷路,因为从空中看下去的一孔孔"眼"就是一个个院落,这样的院落里每一个都"藏"着七、八间房,在平整的黄土地面上先挖一个正方形或长方形的深坑,六、七米深,然后分期分批在坑的四壁挖窑洞,儿子多了,窑洞也就多了,直至主窑、客窑、厨窑、牲口窑、茅厕、门洞窑一应俱全,水井当然是要挖的;长辈的主窑一门三窗,其他窑一门两窗,主次分明、尊卑判然。这样的院落是独门洞独院,也能是二进院、三进院,甚至更多。

彰显着中华民族与黄土深深依恋之情的地坑院讲述的是大智慧、大艺术。

众所周知,房屋都要建在地上的,可是,我们的祖先就把房子"建"在地下。在今天看来,这是建筑史上的一种逆向思维,而这正是现代建筑孜孜以求的"低碳、环保且宜居"境界;底下的"家",留住了温暖、舒适,辞别了酷暑严寒。

地坑院除了极少量的木材,几乎不需要任何的现代建筑材料。它四周蓝砖蓝瓦砌城的"拦马墙""落水檐",弧形的抛物线在周正的院落上仿佛跳跃的音符,蓝天下把生活的韵味烹炒得明快而鲜亮;恰如其分的窗花,望过去,日子在这里蹦蹦跳跳、红红火火;打造"家"的就是土、砖、瓦、木头这几个建筑"音符"。

如果你懂些周易,"东震宅""西兑宅""南离宅""北坎宅"等院落形式肯定会让你流连不已、乐而忘归;如果你仔细观察穿山灶(我更愿意称之为"长龙灶"),老祖宗把炸蒸煮炒和保温集热整合得如此地简单明快而情味足足;如你运气好,赶上婚嫁场面,那震天的锣鼓、噼啪的鞭炮、红红的洞房,"日子就应该这样汤浓浓、艺秾秾(音 nóng,盛美貌)",肯定是你由衷的感叹。

1. 俯视地坑院,星星落落(资料照片); 2. 在地面往下看地坑院,另有一番情趣,这是沿袭原始社会洞穴栖身演变而来的一种民俗住宅的形式; 3. 地坑院就地挖掘,省工省料,冬暖夏凉,地坑院的窑洞一般八孔、十孔的偶数构成,门口具有当地民俗风格; 4. 地坑院窑洞中的土炕,在这里能体验当地人们的生活; 5. 地坑院的出入口,这是连接地上与地下通道; 6. 地坑院窑洞窗户上的窗花,体现当地民间剪纸艺术; 7. 地坑院窑洞的油灯,能勾起人们的回忆,又能营造气氛。

22　唤回地下"第二春"

新民晚报国家艺术杂志 2011 年 5 月 7 日（B1）

束昱 文

30 多年后的今天,我再次访问了河南的地坑院。应该说,地坑院还是过去贫穷人家"不得已"的选择,但其体现的"天人合一,共生共养"的和谐理念却是走了很长弯路的我们又想回归的现实样板,正因为如此,地坑院成了新时期的"国宝"。

随着生活水平的提高,百姓再回到地坑院的可能性已经不大,但地坑院的窑洞穴居与大地连成一体,自然图景与生活图景浑然天成的生活态度却告诉我们很多。因此,陕县顺势而为迁出居民、接盘再造,让"院"外的人经常来的做法,我相信很快就会唤回地坑院的"第二春"。生活的、艺术的地坑院"钥匙"其实能开多把生活的锁。

固然,地坑院有较为原始、现代设施不足、光线较暗、通风不畅等弱点;再者,虽然占地很少,但地面未能充分利用也是其不足。可是,现代地下空间的成熟技术,解决这些问题可谓是举手投足、轻而易举。到那时,太阳光电进入窑洞、汽车开进地坑院落、龙头一开就有热水,走进地下院落,泡桐花盛开的上面就是碧落苍穹、眨眼的星星;上到了地面,枣林和牡丹芍药成片成片地摆着手欢迎您,地坑院就让生活诗意盎然起来。

节地的、安全的、低碳的、环保的、舒适的、充满艺思的,地坑院应完全可以作为破解城市难题的"钥匙",并退去"城市病",生活一定会向奇趣和娱乐性发展。

23　地下空间，功能外还有视觉美

——同济大学地下空间研究中心副主任束昱教授谈"一滴水"

新民晚报国家艺术杂志 2012 年 1 月 14 日(B1)

程国政 文　兰翔　李佳卿 摄

▶ **地上和地下协调发展**

今天，城市里的地下空间已经告别了封闭、潮湿、阴冷的时代，功能便捷、采光敞亮、环境宜人早已为城市中人所熟悉、所认可。城市广场绿地和大型建筑物的地下，更有三十余座城市规划建设地铁，数十座地下综合体的建成使用，都把我国城市地下空间的功能拓展推向一个新的高度，把城市地上、地下的协调发展推向更宽的广度。

1. 充满线型感的上海港国际客运中心候船室；2. 十六铺高大的"阳光谷"，为滨江景观添色；3. 阳光下，建筑的线型富有韵律与节奏；4. 连接地面上下的北外滩螺旋形楼梯。

　　但是，"地下空间除了功能和安全的要求外，视觉美的追求更应上层次"。同济大学地下空间研究中心副主任束昱教授近日告诉记者。

▶ 一滴水渲染文化天地

　　"上海城市地下空间营造已经全面进入'美时代'。"束昱教授开门见山，无论是十六铺码头地下空间的文化营造，还是北外滩国际客运中心的文化渲染，无一例外地都是大手笔。

　　先说十六铺，筋骨高张与玻璃作顶的透明大伞，让我们依稀又见世博轴的风姿；从地下往上，东方明珠居然尽收眼底。再说国际客运港，大颗的水滴，湛蓝的立柱、柔曼的藤萝、大块的绿荫，客运港的地下空间美不胜收，配上浦江边港口候船室那颗硕大无比的"一滴水"，这"一滴水"竟收揽了一个世界。

　　"这都是近年来上海城市地下空间注重环境美的经典之作，它们让我们看到设计者和建设者对地下空间环境美的追求与创造。"束昱说。

▶ 艺术审美不能够缺席

　　"地下空间的审美追求对一座城市的文化建设至关重要。"长期从事地下空间规划设计研究的束昱强调。

　　如今，每一座大中城市的地面都被塞得满满的，"我们的地下空间不能重蹈地上城市建设的覆辙。"束昱说，从规划开始，地下空间里，阳光、新鲜空气、活水和绿色植物，都是一个也不能少的；不仅如此，"一座城市的文化、历史积淀当然也要艺术地进入，这座城市的性格、理想和追求也要自然而然地融入。"

　　"提升城市文化品质，地下空间的艺术审美与营造不能缺席。"束昱指出。

24 "空间是会呼吸的生命体"

——地下空间专家束昱教授谈日本福冈博多运河城创意与设计

新民晚报国家艺术杂志 2012 年 2 月 18 日(B1)

姜锡祥 文/摄

▶ 这是世界上第一

"福冈博多运河城是世界上第一座大型商业综合体。"束昱教授开门见山,在相对逼仄的空间内把商业、酒店、餐饮业集中到一起,这在"20 世纪 90 年代中叶是一件具有里程碑意义的创意与规划"。

"更难能可贵的是,综合体还将舞台、喷泉、市民集聚空间设计汇于一体。"指着眼前巍峨而又多彩的高楼,束教授兴致勃勃,舞台设在水中央,看台"嵌"在楼道上,"你们看,多宽的廊道,每层都是这样;再从对面看,楼道是圆形的,像不像音乐厅里的弧形观众席。而且,这里观众席的形态、舞台的位置,收纳声音的效果一流。"

▶ 水引进建筑体内

"博多运河城除了空间营造的匠心外,更大的亮点是将水引入建筑结构之内。"束昱说,水是充满灵性的物质,灵性、生命、活力,有了水,世界就碧波荡漾,生机盎然。"博多运河城之前,世界上没有谁在建筑设计中把水引进建筑体内。"

有了水,就有绿。墙上挂的藤萝彩蔓、地上植的花卉乔木,有了水的滋养,个个光鲜水灵。"1996 年以前,水和绿与钢筋水泥玻璃共生的创意设计未见大的作品。博多运河城开创了这一艺术手法的先河。"束昱说,有了水,有了绿化,人在狭小空间里,就不会感到枯燥烦闷了。

▶ 声光柔化了空间

围着运河城内外反反复复地走,周围的城市街道空间还是让我们倍感挤压;运河城内,空间同样十分紧凑,站在"剧场"的环形廊道上,对面的酒店伸手可触,但我们没了被挤压的感觉。问束教授,他说:"是运河,是水分割并柔化了空间。"

天渐渐暗了下来,喷泉伴着曼妙的音乐翩翩起舞,灯光让她抛玉撒银,越发袅袅婀娜起来。让我们惊奇不已的是,虽然我们就站在二层的看台上,但高高扬起的水珠却溅不到身上。"这些细节,设计者都考虑到了。"束昱说。

再看，杆子上四只大小不同、层层同心的圆是"太阳"，细细的光芒说明了它照亮了这里的空间；那边，弯弯的月亮像条船，黄黄的光还有些羞答答。"设计者艺术灵感的泉源是他们把这里的空间看成是会呼吸的生命体，然后点化它们。"束教授告诉我们。

1. 以"河"为主题的博多运河城，其球形的巨大建筑，构成一个时尚商业中心；2. 一弯月亮，与环境构成和谐的色彩；3. 设计新颖的运河喷泉；4. 城中央是条长约 180 m 的人造运河，河水在城内缓缓流动。

25　在地下激发艺术灵感

新民晚报国家艺术杂志 2012 年 2 月 25 日（B1）

陈守文 千鹤 文　兰翔 黄炜 国政 摄

走在宽敞的地下街，除了能欣赏两边的店面，还有脚步匆匆；如在地面上遇到强晒阳光你就会躲；可是在地下见到"阳光"、见到璀璨的灯光那叫艺术，也会叫地下空间生态化。

▶ "8"字跟着你心思摇动

这尊地下街入口处的"8"字让我们凝视、琢磨了很久。它就这样慢悠悠地转着，大约两分钟转一圈；它的外表黄灿灿的，虽然外面的阳光不是很好，它照样黄得风生水起、明暗分明，雕塑感极强；上面的接合部一口一柱、阴阳合契：这是一件装置作品。

为何采用"8"字？为何是接而未合的"8"字？把它放在地下街入口处且不停息地转动，为何？久久伫立且凝视的我们想："8"在日本也是幸运数字？接而未合是作者认为此"幸运"的机缘还未到？我们可以肯定的是，远远地，坐地铁的人们看到金灿灿的"8"字，肯定会心一笑：车站到了，"8"字点头招手了，这里往下走就可以坐上地铁了。

日本的上班族每天看着这抽象的"8"字，肯定会天天想着，结合着自己的心思想，经常还会扩展开来想，所谓浮想联翩，其实这"8"字就是心思摇动的"生发器"。

▶ 装置在地上地下互动

应该说，随着地下空间开发的速度、规模的不断提升，地下空间的生态化、艺术化和舒适性营造也在快速地进步，每每走在地下，一抬头我们就看见嫩红黝棕的砖墙上流水潺潺，就见颇有皇家风范的大挂钟"堵"然在前，我们原本烦闷的心情立刻大为改观。

地下空间大有可观，随处可见的藤萝蔓菁、花草乔木，甚至摇摇游曳的红鱼绿龟、昆虫飞禽都进入地下，水中游、空中飞。地下容易迷路？别怕，人家早在交叉路口为你设计了一尊指路女神，喏，就立在那里。驻足，仔细看，就一定能找到你要去的地方；当然，女神的模样也很"in"的，你可别只顾看而忘了赶路。

▶ 智慧在地下放出异彩

虽然，如今地下空间的营造意境意识已经大为进步，但是与地面的环境装饰艺术水平比较起来，还是有着相当大的差距。

1. 福冈地下街入口转动装置；2. 福冈天神地下街环境装置。

　　应该说，科技进步到了今天，地下空间技术已经相当成熟了，可谓是"不怕做不到，就怕想不到"。关键是，我们要把地下空间的人文氛围、艺术氛围和生态氛围营造看作是人居环境不可或缺的组成部分，看作是地面空间的"兄弟"，我们的智慧就会在地下愈加放出异彩。

　　想起了上海外滩观光隧道，那是多年前建起的一条纯粹的观光游乐隧道：声光电集于一身，短短数十分钟的游览、回到地面的你，"回味"、"陶醉"、"有意思"肯定是你关于这隧道情景描述的常用词。

26　让阳光照耀地下世界

新民晚报 2012 年 3 月 23 日(B24)
青云 文

随着世界人口的增长,人均生存空间越来越小。为此,人们在修建高楼的同时也把目光投向了地下,修建在地下的铁路和商城越来越多。然而,地下建筑的采光和通风是个大问题。美国研究人员认为,可用光导纤维来解决这个难题,并准备开建一座示范性的"地下阳光公园"。

▶ 光纤让阳光拐弯

如何让阳光进入封闭的空间? 在古代人们就知道用透明屋顶和窗户来让屋子变得亮堂。美国研究人员设计"阳光地下公园"的思路其实也是这样,他们打算为地下城市设计窗户。不过,靠传统的窗户难以完成这个任务。研究人员用科技来助力,设想出用光导纤维把阳光引到地下的新方法。所谓光导纤维,就是我们熟知的光纤,它们在目前的网络信息传输中扮演着重要角色,不少地区已经实施了"光纤到家"的工程。

光纤可以远距离传输阳光,而且损耗很少,这样地面上的阳光就可以传输到几十米甚至几百米深的地下空间。除了远距离传输的优势外,光纤传播阳光的更大好处是可以让阳光"拐弯"。我们都知道,光只能沿着直线进行传播。如果前进的路上有不透明的遮蔽物,光就越不过去了。光在光纤里是按照反射和折射的模式向远处传播,这使得光可以被"关"在光纤里而不会中途漏出来。这样一来,原本不会直线传播的光也会随着光纤而"拐弯"。也就是说,在光纤的引导下,阳光可以像电流一样"流向"地下城市中的每个地方,让整座地下城都亮堂起来,植物也可以在其中茁壮地成长。

▶ 试验性的"地下阳光公园"

美国研究人员准备开建的"地下阳光公园",是为未来建设大规模地下太阳城积累经验的试验性项目。这座公园将建在美国纽约市曼哈顿地区一座废弃的地铁站内,占地面积约 6 000 m²。按照研究人员的设计,这个项目的创新之处就是光导系统,包括阳光搜集器、光纤和阳光扩散器。

地面上的搜集器聚集阳光,沿着光纤传导到地下所需照耀之处,再通过扩散器把阳光分散开来。地下分布的一个个阳光扩散器,就如同一个个小太阳,令地下城市也能植被茂盛、生机勃勃。如果这个试验性项目能够获得成功,研究人员将进一步改善技术并推广到已有的一些地下建筑中,最终建设一些人们可以常年在其中生活和居住的地下阳光城。

1. 阳光扩散器如同小太阳照耀着地下城；2. 未来的地下阳光城处处阳光灿烂；3. 人们在地下阳光城的广场上休息；4. 地下阳光城生机勃勃。

▶ 地下阳光城优势很明显

美国研究人员表示，未来人们更愿意居住在地下阳光城中，因为未来地下阳光城的环境会更好。生活在地下阳光城中，人们可以感受到像在地面上一样的灿烂阳光、清新空气和鸟语花香。人们现在不愿意居住在地下是因为没有阳光，通风也是问题。如果地下有了阳光，通风也就不需要了。因为有了阳光，人们就可以在地下栽种植物，包括花草、粮食和树木。这些植物可以吸收人们活动产生的二氧化碳，并产生人们所需的氧气，地下阳光城最终可成为一个自给自足的生态系统。

地下阳光城中的昼夜温差和季节性温差要比地面小得多，人们的生活环境会变得更加舒适。人们在地下城中生活，也不会受到风吹雨打的烦扰，可以免受龙卷风、暴风雪等气象灾害。当然，地下阳光城也并非是消除了所有自然灾害的乐土。比如，在地震、地陷等地质灾害发生时，地下城的损失会更大；如果发生难以预料的洪灾和海啸，地下城可能会遭受灭顶之灾；火灾、爆炸等人为灾害发生时，地下城居民受到的伤害更大。

研究人员表示，现在的技术已经令传播阳光变得可能，大规模的地下阳光城是早晚的事情，应该在近 20 年内就会出现。在未来 50 年内，全球各地将出现千座以上面积超过 100 km² 的大型地下阳光城。如果这个雄心勃勃的计划能够实现，地球难以养活更多人口的忧虑或许可以变成历史了。

27　是环境配角　也得艺术出彩

新民晚报国家艺术杂志 2012 年 12 月 15 日（B17）

程国政 文　姜锡祥 钟媚 摄

　　如果你在闻名遐迩的国际展览中心前看到一线品牌的包包，很休闲的样子，配上古铜质感、泛着肉红色的提带，西装革履走出写字楼的你是否想来一段"城市 Style"？行走在城市里，环境装置在大都市里是个什么状态？装置艺术对中国城市环境艺术的发展有何影响？对于设计之都呢，加分还是减分？

　　眼前的这些装置都是淘来的，虽然它们的"真身"现在依然散处世界各个角落，但在这里的新形象却让我们怎么也平静不下来。"正装肃静"的写字楼前，放几块流行的土黄色、乡野的、闪亮的石头，用铜作纽带，一只时尚的休闲包就成了，路人看了只想拎进楼内的商场买东西；写字楼里出来的"精"们，看见它了，心情立刻松弛下来。望一眼，眼前的水池里芦花荻荻、水泛涟漪，漫漫碎银翻欲飞。

　　还有，从地下钻出来，骨感而穿越的灰管子，神秘得叫人浮想；甲壳虫模样，圆脑袋、肥屁股，卡通得叫人只想跟着一块儿爬。于是，躺在暖暖冬日草地上的你，看着管子便心生："莫不是 21 日飞向法国比加哈什山的飞行器经停这里？"

　　在设计之都中，作为环境艺术重要组成部分的装置现状其实很不乐观，虽然这些年在街头巷尾，看到的小物件——装置作品渐渐多了起来，像淮海路上一家商场墙上的灯光秀装置就颇能吸引夜行人们的眼球。但现实是，我们街头的装置，具象模仿的多，抽象过头的多，恰恰好的少。何谓恰恰好？就是指既不是特具象地模仿小猫小狗，也不是插根棍就说是"天路"，放个旧轮胎说是"时光"那样的不着边、不着调；而是巧妙地用有腔调的形态拨动市民想象力的弦，供大伙儿一乐呵，如果能吸引着大伙停下步、眯眼、嘴角上翘，然后会心一点头、张嘴一大笑，说："有才！"那你的装置为大家洒下的就是"一路阳光一路歌"了。

1. 绿地广场上的现代铝合金装置，与环境形成反差，成为东京六本木的一个艺术地标；2. 巨大的、构思巧妙的"名牌包"石头装置，能引人注目，让观者产生联想；3. 红色的装置很醒目，八个从小到大的排列，产生韵律与节奏感。

28　地下文化，营养在城市里

——上海市城市科学研究会副会长束昱谈地铁环境艺术

新民晚报国家艺术杂志 2013 年 2 月 2 日（B9）

陈守文 文　姜锡祥 摄

现代城市中的地铁运行在深达十几米的地下，其 2 号线环境气场要让乘坐者感觉很美，当然是件挺难的事情。所以，将地铁艺术作为一门公共艺术纳入艺术评比的"盘子"里，当然是件大好事。前不久，武汉地铁的环境艺术和出口设计获得第二届国际环艺创新设计大赛（北京）一等奖，就很令人欣喜；今年元月，上海正式启动了"地铁公共文化建设（2013—2015）三年行动计划"。

▶ 创建地铁视觉风景线

"武汉地铁修建伊始，决策者、建设者和艺术工作者想到了一起，要把地铁 2 号线的 20 多个站点打扮得漂漂亮亮。"长期从事地下空间工作的束昱教授开门见山。于是，教育局、地铁公司、艺术学院都行动起来了，"把武汉'画'进地铁里"，全市儿童开始画着心中的地下长龙；美院的师生用陶瓷、用装置、用雕塑、用灯光开始打扮建设中的地铁，江城百姓一起用心浇灌养育着还未出世的"2 号线"。

漫长的孵化后，去年底，130 余万块瓷砖"画"成的长江大桥到二桥的"江城印象"成了：夜晚，波光粼粼的江水摇荡着龟山电视塔，两江汇流处的武汉灵动而曼妙；巨画前面还"飞"来四只黄鹤，与水中的莲荷嬉戏玩耍。小朋友们的画作那是要在"绿色的苹果树上结出沉甸甸的果实"的，脱颖而出的画作总共是 36 幅。还有江汉路站的卖报儿童、人力车夫、扇子舞、滑板少年等取自商埠实景的"时尚江城"浮雕，以及宝通寺站的白铜浮雕"菩提树"。光谷站则声光电齐上阵，展现楚汉文化。地铁出风口如何设计？"树叶"、"梅花"、"佛手"送"福寿"，一座风亭就是一道风景线。武汉地铁 2 号线因此也被直接称为"艺术地铁"。

▶ 身在地下感觉着城市

"令人高兴的是，这些年各地开通运营的地铁普遍重视'身在地下，感觉阳光'的地铁环境艺术营造。"束昱告诉我们。

束昱介绍，根据计划，上海在原有 52 个车站装饰的 60 幅大型浮雕壁画的基础上，新建的 11 号、12 号、13 号线的上海游泳馆站、自然博物馆站等 18 个车站的装饰设计中都安排了具有本市风貌特点和历史文化特质的大型浮雕壁画项目，形成 70 座车站近 100 幅大型浮雕油画的地铁文化艺术氛围。最近开通的 13 号线，将世博的记忆运用到站点的装饰之中，世博园里的新加坡馆、俄罗斯馆"垫"在了站名的后面，就是行动计划的时鲜例子。

束昱说，国外，这种将城市特色元素、生活元素艺术化进地铁的案例也不在少数。西班牙巴塞罗那足球队当然是一支足球劲旅了，于是地铁里硬朗朗线条，热烈而喜庆的橘红、棕酱色把站点装扮得热血沸腾，很足球；莫斯科地铁，走进去的人稍一恍惚，就以为自己到了皇宫了；斯德哥尔摩的地铁，很岩石、很洞穴，雕塑和绘画仿佛就是从岩石中生长出来，月台和铁道俨然也是破壁而来。在斯德哥尔摩坐地铁，色彩鲜丽的树叶枝桠、光怪明朗的照明效果，乘客们在其中迷幻着就穿越到了远古的洞穴之中。

▶ 记忆中的每一个细节

"考察世界各地正在蓬勃兴起的地铁环境艺术，虽然还是以艺术工作者的激情挥洒为主旋律，但是，这些已成形的公共艺术作品的题材、内容源泉都在城市里，营养都出自生活。"

"艺术源于生活"。艺术理论家车尔尼雪夫斯基认为，任何艺术创作的源头都在生活里，从生活中汲取营养，让生活激发创作的灵感，就可能产生伟大的作品。就如莫言，东北高密乡的生活，少年的饿饭、红萝卜的记忆，都是他的艺术创作源头。公共艺术也是一样，假如创作者背离了生活，忘记了周围的风土人情、文脉历史，而是一味追着艺术流派、想着某件名作，最后弄出来的很可能就是效颦的"东施"。

束昱认为，作为一门公共艺术，地铁环境艺术创作的土壤就是城市，城市的风貌、历史、文化，记忆中的每一个生活细节。

1. 在地铁车站上下空间中，敞开式的地铁车站，透亮的建筑空间，改变了马德里地下车站给人压抑的感觉；2. 武汉地铁 2 号线洪山广场站，壁画《楚风古韵》画面色彩对比强烈；3. 横滨地铁车站，利用管道的红、蓝、黄色彩，丰富原本单调的车站色彩；4. 地铁车站站台走道用灯光透出片片树叶，为地下空间营造绿色的文化和环境，也是设计一绝。

29 画好城市的第二张地图

光明日报 2013 年 4 月 11 日(14)

周洪双 文

"城市地图应该有两张,一张是地上的,一张是地下的。"

在我国,很多城市正在兴奋地绘制着第二张地图:北京的地下空间正以每年 300 万 m^2 的速度增加,预计将在 2020 年达到 9 000 万 m^2;上海已建成地下工程 3 万多个,总面积已直逼 6 000 万 m^2;武汉也计划在 2020 年前建成 2 000 万 m^2 地下空间……应该如何画好地下地图的每一笔,成为当前我们迫切需要思考的问题。

▶ 地下空间开发的黄金期到来

在城市的第二张地图上,最浓墨重彩的一笔恐怕非地铁莫属了。据不完全统计,我国目前在建的地铁有 70 多条,还有 14 个城市已获准上马新的地铁项目。面对新一轮地铁建设热潮,同济大学地下空间研究中心教授、上海城市科学研究会副会长束昱说:"与国外相比,我们现在的发展速度的确是非常快的。按照这个速度,我们用 30 年就能走完很多国家 100 年才能走完的路。"

束昱告诉记者,发展快是因为我国历史欠账多。现阶段我国对地铁的需求量很大,交通难已经成了大中型城市普遍面临的重大民生问题,地铁作为一种高效、低碳、安全、准点、舒适的通勤方式具有明显的优势,成为这些城市发展必然的选择。

从国际经验来看,当城市人口达到 100 万时就会产生对地铁的需求,而我国现有标准是城市人口须达到 300 万。我国已有很多城市的人口都已远远超过 300 万,对地铁有着非常迫切的需求。很多城市地铁"人进去,相片出来;饼干进去,面粉出来"成为这种需求最生动的注脚。

另一方面,地铁建设需要大量投资和先进的技术支持,国际经验表明,只有当一个国家的人均 GDP 达到一定程度时,才具备高水平开发城市地下空间的实力和条件。同济大学城市规划系教授、上海同济城市规划设计研究院规划设计九所所长汤宇卿估计,以现有物价水平,当人均 GDP 超过 3 000 美元时,城市将进入开发利用地下空间的黄金时期。国家统计局 2012 年发布的报告显示中国人均 GDP 已达 5432 美元,而不少城市人均 GDP 都远超此数,据此判断,我国很多城市都已经具备了开发地下空间的条件和实力。

束昱认为现阶段我国地铁快速发展属情理之中,与此同时,地铁建设还必然带动沿线土地的综合开发,特别是车站地区的高强度开发。地铁所经之处汇聚的大量客流能吸引众多商家的目光,往往使地铁沿线尤其是站点地区成为高强度商业开发的汇聚点,与地铁直接相连的地下空间综合开发更会明显升温。

▶ 独立开发必然留下遗憾

"我国已经是地下空间开发和利用的大国,发展速度快、增量大,但规划的协调性和前瞻性明显不足,与国外相比还有很大的差距。"束昱说。

据了解,国外在规划地铁线路时,基本上都会先做好地上地下协同开发的综合规划,通过统筹考虑,把地铁与周边地区地下空间成片联网,把公共系统与非公共系统、公共用地与非公共用地都衔接好,并为近期和远期的建设做好预留保护。

在我国,政府赋予地铁规划建设运营管理机构的职能单一,缺乏与城市国土资源及房地产开发等政府职能的统筹,尤其是地铁沿线土地利用与地下空间综合开发的统一规划还普遍没有得到重视,往往造成国土资源的严重浪费。

"我国的地铁建设是一个单独的系统,与城市规划和其他单位关于地下开发的沟通并不多。而涉及地下空间开发利用的单位又不止地铁一家,燃气、热力、自来水、电力、通信等都会用到地下空间。各个系统独立的开发利用把地下空间弄得支离破碎,现在连市政管委都不清楚地下有什么东西了。"全国政协委员、九三学社中央研究中心研究员许进说。

上海市人大代表陈兆丰也发现,上海的地下建筑呈分散化、碎片化状态:"地下空间大约有3.1万余个单体,但彼此之间并不连通。这不仅浪费资源,也为城市的基础设施建设带来很大阻碍。"

尽管近些年已有部分城市开始着手研究编制地铁周边地区土地综合开发利用的规划,但由于缺乏事先的综合考虑,这种补课式的规划和建设往往受到很大束缚,已有的建筑规模越大,受到的束缚就越多。一个明显的例子就是,新地铁与旧地铁连通时,不得不迁就现有的地下空间布局,导致有的地铁线路换乘时要上上下下甚至"上天入地"好几回。

"地下空间的开发具有不可逆性,而且改造成本会非常高。地面上的建筑可以推倒了重盖,地下空间却几乎不可能重新建设。"汤宇卿表示,城市地下空间的开发主体很多,如果没有统筹的、长远的考虑,有些开发机会错过了就很难再补回来,留下许多遗憾。

▶ 如何破解机制障碍

不能回避的是,新一轮城市地下空间开发正在驶入快车道。这是很好的发展机遇,但各自为政、缺乏统筹等问题,又严厉地拷问着政府对地下空间开发这辆"快车"的驾驭能力。

记者在采访中了解到,多头管理是造成地下空间开发规划统筹不足的重要原因。目前,我国城市地下空间开发利用分属国土资源、城市规划、建设、电信、电力、民防、公安消防、抗震、水利防洪、环保、文物保护等多个政府职能机构管理,而这些部门之间尚缺乏有效的沟通渠道和信息共享机制。日前有媒体报道,长沙一个下水道井盖就涉及15家责任产权单位。

同时,与地下空间开发管理相关的法律法规又散见于物权法、城乡规划法、人民防空法、城市地下空间开发利用管理规定等法律、规章之中。为适应地下空间开发快速发展的需要,目前已有超过 30 个城市颁布了相关法规,其中甚至包括一些地级市,但国家层面的专项法规还只有住建部于 1997 年发布的一个部令《城市地下空间开发利用管理规定》(2001 年修订),法规的层次还比较低。

"地下空间的开发利用涉及很多领域、很多主体,综合性很强。除了加快立法之外,我们还需要在各个方面尤其是政府各个职能部门之间形成共识,统一规划,综合开发,有序地组织城市地下空间的开发利用,"束昱说,"这需要打通体制机制上的障碍。"

在这方面,上海走在了前面。早在 2006 年,上海就建立了地下空间综合管理联席会议制度,把涉及地下空间开发利用的十几个委办局组织起来,在市政府副秘书长的直接召集下,创建了一个共同议事、决策、协调的平台,并设立了专司日常事务的管理办公室。这样一来,一些有交叉的、需要协调的问题以及法律上尚未涉及到的问题都可以通过这个平台和管理办公室来快速应对。

"联席会议制度多年来运行效果很好,但目前还只有上海创建了这种机制,我认为应该推广。"束昱说,"早在 20 世纪 70 年代,日本就针对地下街的规划建设与安全运营管理建立了全国性的联席会议制度,几十年来,从国家层次扩展到地方层次,联席会议制度在地下街的科学化管理方面发挥着显著作用。中国发展很快,应该充分地学习和借鉴国际上的成功经验,然后结合我们的国情来做。"

30 地下美景"求关注"

——城市应该有第二张艺术地图

新民晚报国家艺术杂志 2013 年 5 月 18 日(B2)
束昱 文

地图,有它在手就可以对要去的地方一目了然。现在很多城市开始编制起艺术地图,如北京、上海等城市,甚至珠三角还编有《岭南艺术地图》,每周都在网上介绍珠三角各大美术馆、纪念馆、音乐厅、歌剧院的展览、演出等信息。

我国城市地下空间开发利用正呈爆炸式增长。在我国,很多大城市正在有条不紊地绘制第二张地图,即"城市地下空间开发利用规划图"。在开发利用城市地下空间资源的同时,我们的众多大中城市都非常注意引进文化艺术元素,布置愉悦身心的地下空间环境。行走在北京的地铁里,你就会看到荷塘月色,不仅荷叶田田,还有老北京的叫卖场面、鼓楼大街的暮鼓晨钟。所以在很多乘客眼里,地铁及地下空间环境艺术是城市公共艺术的重要组成部分,是一种态度、一种眼光、一种体验、一种生活方式,甚至是一种独到的城市境界。

正因为如此,公共艺术的许多元素都被引进了地下空间。武汉地铁 2 号线就是艺术的大世界,64 幅学生画作拼成《书山有路》、134 万颗马赛克拼成 40 m 长的《江城印象》,2 号线的 21 座车站中有 6 大车站被确立为艺术特色站。而今,进 2 号线享艺术大餐已成为众多武汉市民的周末选择。成都地铁 2 号线环境艺术的川味极浓,图案繁华、织纹精细、配色典雅的蜀锦,蜀山蜀水一站一景的精心打磨,让成都市民津津乐道。

上海市文化广播影视管理局制定了《上海地铁公共文化建设(2013—2015 年)三年行动计划》,在原有 52 个车站装饰的 60 幅大型浮雕壁画的基础上,在 100 座车站实施 120 项地铁公共文化建设项目,初步形成具有"时代特征、上海特点、地铁特色"的上海地铁公共文化体系,使上海地铁公共文化成为"城市文化的新品牌,公共艺术的新空间,群众文艺的新平台,社会文明的新能量",为乘客创造一个古典与现代融为一体的艺术环境。

需要指出的是,地下空间环境艺术的营造主力军都是艺术院校或专业机构。牵头北京地铁公共艺术研究的是中央美术学院,他们先后完成了"北京市轨道交通站点公共艺术品全网实施系统研究"以及北京地铁 8 号线、9 号线的公共艺术品设计;担纲武汉地铁 2 号线艺术环境设计的是湖北美院,杭州地铁环境布置交给了中国美院,等等。高水平的团队保证了高质量的艺术作品,更加上市民的广泛参与,我们城市的地下空间环境就能较好地反映市民的诉求和城市的品格,这些诉求和品格最后便物化成了充满艺术灵感的地下空间。也正是在这个意义上,

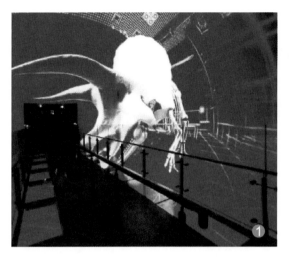

1. 东京台东区的地铁空间艺术　内山英明 摄　地处日本东京台东区的地铁空间艺术,把影像作品呈现在民众眼前,让独特的动物浮游感觉使每个人产生身处地下世界似的真实趣动环境的幻想;2. 在山口县的锦川铁道,萤光石的人工装饰,为地下壁面营造了一种天然矿物自然体的神秘感。

广州地下空间艺术环境的相对贫乏受到不少市民的批评,被指"没有打造成充满人文情怀的公共艺术空间"。

　　既然有如此丰富的地下美景,何不制作一张《城市地下空间环境艺术地图》呢? 配上地铁线网及车站引导,放在城市的地铁口、景点处、报亭里免费获取,让大家按图索骥,循着南京地铁来欣赏名城遗韵、云彩地锦、水月玄武、六朝古都、民国叙事等雕塑、壁画;去杭州地铁看向日葵、车轮、潮水、年轮,过《坊巷生活》,传统和时尚就这样被串联起来。这样的地图将是多么精彩!

　　至于地下空间环境艺术地图的形式,我看既可以是依据一定的数学法则,使用制图语言,绘制出来的图形;也可以是依据事件、物理空间列出的图标;还可以是像《岭南艺术地图》那样的网页,一打开,各城市、各种环境艺术类型尽收眼底,还具备站内搜索功能,一分钟观光客就能全搞定。

　　艺术地图于城市,肯定是加分的,艺术分、品质分;那第二张地下空间环境艺术地图呢,不仅是加分了,更具有弘扬中华文明、建设美丽中国的战略眼光。

31 大流动"细胞"艺术宫
——记上海地铁互动艺术化进程

新民晚报国家艺术杂志 2013 年 10 月 12 日(B1)

程国政 文　姜锡祥 摄

今年,上海地铁发展已经走过 20 年的历程。上海地铁起步不算早,但短短的二十年里,建设速度却是世界第一。现在它除了每天承担着整个城市近半的客流运载量,还有逐渐成为了上海地下美术地图的一大亮点。

▶ 从"细胞"开始生长,地铁艺术走向互动

将来,上海地铁站会是什么模样?业内人士介绍,它将变身大型的地铁公共艺术馆,艺术馆将由小站点的艺术"细胞"、中型站点的艺术长廊、大型站点的艺术馆共同编成,比如徐家汇站、人民广场、浦东国际机场站、迪士尼站、虹桥火车站、中华艺术宫站等都适合建设中等艺术馆;而"细胞"型艺术馆的规模在 5~12 m,并且争取公共艺术的覆盖率达到 100%。与此同时,艺术种类也将大幅增加,还将与上海双年展、上海国际设计展、上海国际电影节及艺术家们联动。

传统的地铁艺术包括雕塑、壁画、小品、装置等,但近年来它们渐渐互动起来,就连壁画海报也有互动。后滩站的"炫彩新潮"是一套玻璃媒体互动装置,以通透的玻璃圆管矩阵与漂浮的彩球为基本组合。客人经过时,管内小球就会呈现出波浪状的优美律动,晶莹的玻璃里就开始潮水起伏,看着心里很舒服。

让艺术互动起来的驱动力当然是政府。今年元月,首届上海地铁公共文化周让人印象深刻。启动文化周的一个标志性事件就是人民广场车站大厅的音乐角,上海交响乐团的音乐家与音乐学校学员甚至盲童同台演出。在 1 号线徐家汇站台上的发泄柱也很有意思,任你打任你踹,广告词说得还美:"每年有 1 824 分钟你在站台上等待,别浪费来打几拳。"

▶ 天赐良机流动升级,设计跟上建设步伐

众所周知,地铁里空间狭小,客流众多,如何让熙来攘往的乘客待着舒服、看着养眼?当然需要艺术跟上。随着地铁建设,地下空间的环境艺术受到决策者、设计者的重视程度越来越高,艺术化的环境营造在地铁线路上逐步经历了"点—线—网"的演变发展过程,而现在更是形成了政府主导、专家唱主角、全民积极参与的良好氛围。

1. 上海轨交 2 号线静安寺站,进站大厅内的大型浮雕《静安八景》; 2. 上海轨交 4 号线海伦路站,进站大厅的墙面装饰。

这一时期,市委市政府响亮地提出了"让地铁车站成为城市风景点"的口号,随之而来的就是地铁车站全面铺开"公共艺术新改建系列工程",上海地铁新老线路等 8 条、51 座车站全都被纳入。随后不久,大家就能在 7 号线龙阳路站看到"花间飞舞"田园风光铜板壁画;9 号线徐家汇站看到"海上印象"大型丝网印刷壁画;还有 10 号线上海图书馆站看到"知识之梯"大型浮雕,看到高校的"LOGO"站名,整条 10 号线一站一花卉的营造国际上也不多见;而 8 号线更是出现了清水混凝土这样"天然去雕饰"的时尚车站;10 号线"颠覆了我对地铁的印象,不再使用单调的颜色标识,而用缤纷的色彩在乘坐途中带来不同心情,且柱体上的四季花卉栩栩如生,简直将地铁变成了一座地下艺术长廊"。天天乘坐这条线路的同济大学郝老师描述着他看到的地铁艺术变化,感慨万千。

在上海,有哪一种地下空间超过地铁? 虽然地铁建设的初衷是缓解城市交通压力,但在经历了 20 年的发展后,如何将这个"大舞台"琢磨得诗情画意就成为更迫切的需要了。所以,地铁车站空间环境的艺术化是本世纪初以来,尤其是上海获得世博会举办权后大张旗鼓开展的工作,可以说,世博会为地铁环境的艺术化升级提供了天赐良机。

32   地下"文化大院"

新民晚报国家艺术杂志 2013 年 10 月 12 日（B1）

束昱 文

上海地铁 20 年的飞速进步让人梦想成真，上海地铁的艺术化环境营造成绩同样让人欣喜不已。

上海地铁环境艺术化进程中，政府功不可没，处处强调亲民。今年元旦启动的"地铁文化周"项目，规模大，参与人数多，标志着沪上公共文化新一轮设施建设的全面启动。而《上海地铁公共文化建设（2013—2015 年）三年行动计划》更是雄心勃勃，它是 4 个方面的立体布局：新建的 18 个车站，装饰各类大型浮雕壁画，布置 70 座车站近 100 幅大型浮雕油画；标志性枢纽型车站，"上海好儿女"形象和事迹上"广告黄金地段"灯箱，新建地铁车站预留 30 m 长的公益宣传长廊；开设"上海地铁音乐角"，布置文化展示长廊；车厢内的展板拉手，布置中外诗歌、城市新老八景、名家名画名言等等，打造"上海地铁文化列车"。这些具体切实的文化艺术建设措施，不仅让上海地铁在理念、科技手段上，地铁与周边开发的结合上，水平在国内领先，艺术环境的营造水平使上海地铁在国内的领导地位更为巩固。

应该说，上海地铁艺术是在分享了国际地铁文化的基础上向前进步的，由于加入了上海海派文化的地域特征，相信未来也成为国际潮流中的一个重要艺术流派。

将地铁加入地下艺术空间的"大家族"在上海刚刚起步，因此不得不关注的重点是，上海地铁百尺竿头可否再进一步？随着地铁空间的越来越大，地铁站越来越宽敞，我们当然可以为市民创造更多的艺术和休闲空间，地铁站更可以建设成为附近居民的"文化艺术活动站"，使之成为市民休闲娱乐的好去处。在这里，大家可以谈天，听书，演节目，琴棋书画，样样都可闪亮登场，那时，地铁站就成了大家的"文化大院"了，引领世界地铁文化艺术潮流当然也就水到渠成、顺理成章了。

这也需要我们的政府有组织地规划、引导和扶持，还要找好领头羊。

33 更重要的是发现和重塑

新民晚报国家艺术杂志 2014 年 6 月 7 日（B3）

程国政 文　姜锡祥 摄

　　我们的城市能否成为自然环境的朋友，而不是无休止消耗自然的怪兽？低碳、节能、便利、舒适、江南园林的精致与淡雅能否在建筑中融为一体？上海世博会曾经做了有益的探索，阳光谷将阳光引入地下并试图将园林景观引进建筑体内，但这只是兼具交通组织功能的公共建筑特性，而不是我们日常的办公或者居家建筑形式。

　　其实，将可持续理念运用到永久性办公建筑中早就有成功的案例了。

▶ 好东西躲在"深闺"中

　　这处构筑早在 2006 年就建成了，建筑所用的材料就三样：钢、玻璃和清水混凝土，间有装饰性的木头。

　　这处名叫罗森堡的创意园原来是座花园，满眼缤纷苍翠的枫树、樟树、海棠、芭蕉……高高矮矮地把院子张罗得姹紫嫣红，看得人心儿想飞。映山红刚刚开过，花蒂儿还"赖"在树枝头不走；谢了的樟树叶落下，橙黄地残存在矮矮的树冠上、亮绿的草丛里，早晨的阳光下润润地带着湿气，很生机很耍酷；稍远处，绿得晶莹的树冠上"浮"着一层亮亮的橙红，那是新叶，像雾像云又像袅袅云烟。

　　既然靠近宝钢，钢做的齿轮、废弃的钢板钢管碎钢片就变成了院门迎头墙上的钢画，端详了半日，是繁忙的车间，还是寓意你中有我我中有你？往里走，远远地就看见路的拐角处，一只硕大的抓斗为主角的装置"一夫当关"，院子的主人季宝红说："这只抓斗原是上钢三厂的，机缘巧合到了这里。现在，它既是雕塑，也是指路牌，还是挡风辟邪之石。"

　　草地上，一块块垫脚方砖把我们引到了停车库又到现代艺术馆，一圈下来，正如上海市城市科学研究会副理事长束昱教授所言："这里大有看头"！

▶ 身心放松合二为一

　　急急走进地下室，不深，当然是使用方便的车库。但在我们眼里，这处车库的长相与传统的地下室车库区别极大：没了终日不歇的灯光，没有了霉潮味混合着汽油的气味，有的是透进来的朗朗阳光，满目葱翠的树木。居然，还有一座小庭院，大约两三百平方米吧，一棵顾长硕大的樟树周围，散布着各种各样的树木、花草、竹子。阳光下，金灿灿明晃晃心中欢喜得燕儿飞蝶儿舞。

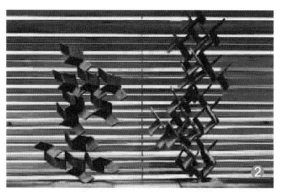

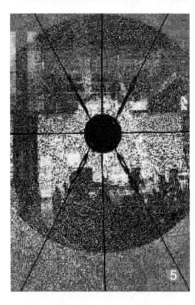

1. 简洁而充满线形感的雨棚；2. 利用废铁制作的装置与环境很协调；3. 地下空间透出花园般的感觉；4. 简洁的地下的入口；5. 半透明的玻璃，隐隐透射出艺术气息；6. 立体空间配上长条的画幅，营造一种氛围；7. 废弃的抓斗，成为园区的艺术装置。

走进艺术中心，满目的清水混凝土墙，圆圆的钉眼那是浇筑时用于固定沟槽的，拆去后就这样一排排整整齐齐看着每位进入者；楼梯是清一色的钢构，轻、牢、施工速度快，还有工业化的优点——干净简洁；灰青的墙上挂着现代感强烈的抽象画，倒也相得益彰，品格自然高大上。

进入地下一层，这里哪是地下，分明是江南人家常有的庭院光景：一棵高高大大的银杏树是院子里的"男一号"，它的影子拖到坡上去了；周围的绿蔓藤萝、翠竹红花，或偎在墙角，或贴着玻璃墙，摇曳着、摩挲着。是地下？就是！你看那边就是车库，可以存放几百辆车呢；是花园？肯定了！这么美的庭院，屋在景中，景在屋中。在地下会议室开会，灯是肯定不用开了，累了还可以眺望稍远处的小小山峦，那都是挖车库时铲出的泥土，现在变成了山，成了红花绿树罗而列之森然立之的"堡"了。

功能、使用、心理和环境如此协调、如此惬意的构筑，其中奥妙在何处？束昱介绍，在上海，这种半地下车库比较常见，但罗森堡把车库放在院子的中央，开挖后回填土就堆成了中央绿地，并形成小山丘；将车库与艺术馆、园林艺术融在一起，规划中融进江南园林匠意，做成了中央花园，整体创意相当独特且酿就出人意料的诗意。地下车库专利发明人季宝红说，车库四周设置四道通风带；顶上安排拔风口，加点简单的亭子，放张桌子、几张凳子，亭子里喝咖啡品香茗就颇有"把酒临风"的意境。

"绕半地下车库一周，都有通风天窗，阳光下来了，风也下来了，采光、通风都解决了，世界上没有比自然通风更好的了。"束昱介绍，这是一处典型的绿色低碳地下建筑，在做车库时往下少挖一点，顶上再堆一点，既可减少环境扰动，又可把地下水脉连起来；建筑采用清水混凝土省工、省时、省材，降成本；在绿化率超过 50% 的园区环境里，建筑的素净与清爽很好地烘托了花园的环境品质，尤其是金秋时节，黑白分明的房子作为黄澄澄的稻田背景，酷毙了。

▶ 回到 2010 年阳光谷

节能减排、绿色低碳、环境友好、中国经济发展的 2.0 版，凡此种种，都是在告诫我们，环境已不容再破坏了。人的智慧能够破解发展与环境保护这道题，关键看我们的发现能力。

清水混凝土又称装饰混凝土，因其极具装饰效果而得名。它属于一次浇注成型，不作任何外装饰，直接采用现浇混凝土的自然表面效果作为饰面，表面平整光滑、色泽均匀、棱角分明、无碰损和污染，只需在表面涂上透明的保护剂。所以，业内专家纷纷表达对它的青睐，"是混凝土材料中最高级的表达形式，它显示的是一种本质的美感，体现的是'素面朝天'的品位"；"它所拥有的柔软感、刚硬感、温暖感、冷漠感不但影响人，而且让建筑也有了情感"；"它是一种高贵的朴素，看似简单，其实比金碧辉煌更具艺术魅力"。所以贝聿铭、安藤忠雄等纷纷采用，贝聿铭喜欢让光线在他的作品里做设计，素净朴素的"纸面"最适合色彩跳舞了；华盛顿国家艺廊、中国驻美大使馆、伊斯兰艺术博物馆、住吉的长屋、光之教堂、水之教堂、兵库县立博物馆、冈山直岛美术馆，甚至国际儿童图书馆也是清水混凝土墙、几何风格，安藤忠雄眼里它们也都是光的舞台，都有梦的翅膀，不定哪天就飞了。

2010 年的上海世博阳光谷至今在我的记忆里光彩四射。极具视觉冲击力的钢结构，就像一把倒着放的喇叭。因为这个喇叭,加上开敞的空间结构,自然光、雨水和风都到了"谷底",进入地下空间;因为空气流动,即使身处地下二层,同样神清气爽;而那些顺着喇叭口进入地下的水,处理后都被用来浇花洒道了。

问题是,贝聿铭、安藤忠雄是清水混凝土大师,但想到将材料、环境、节能和舒适综合考虑并整合利用没? 阳光谷,作为展会型运用,离我们的生活有多远? 反正至今还没看到世博后的城市运用案例。但,罗森堡早在 2006 年就结出硕果了。

34　为艺术氛围,地铁"蛮拼的"

新民晚报国家艺术杂志 2015 年 3 月 21 日(B2)

刘艳丽 尹颖 文　姜锡祥 摄　程国政 束昱 评

春节过了,上班族们又要回归天天挤地铁的生活中,不过只要稍加留心就会发现,地铁环境正变得养眼起来,国内拥有地铁的城市纷纷用艺术装点车厢、站台,得到了网友们疯狂转载和点赞。地铁艺术正不知不觉来到我们身边了。

这些年,我国的一线二线甚至三线城市掀起一股"地铁热"。现在的地铁建设不光是拼进度、拼长度了,还得拼舒适、拼环境,拼艺术品位。上海、北京就不说了,就说杭州、宁波、南京地铁就能感受到。

杭州地铁的艺术精品已经小有名气,应时开花结果、枯萎凋落的"四季葵园"装饰于墙,正应了人生的轮回流转绵延,彰显的是四季分明的美丽多彩;"莲湘节拍"属于杭州民俗故事,40位身着窄腰藏青色衣服女子,手持"莲湘",在充满江南韵味的建筑前,围绕桂花树翩翩起舞,跳起"打莲湘"。打莲湘雕塑宽 40 m、高 2.2 m,渲染的是杭州特有的节庆气氛,表达杭州人的热情好客;壁画中还有"西兴古渡"、"跨湖问史"、"盛话交通"等历史故事;另外,"坊巷生活"则是杭州百姓故事。这些地铁艺术作品,纷纷斩获近期的城市雕塑大奖。

展示乡土风情,展现城市历史似乎成了新时期地铁的一致行动。宁波地铁充分调动了梁祝、天一阁、宁波帮等历史资源,扮靓梁祝站等六个大站。远远地,你就看到颜色鲜艳的蝴蝶趴在站棚上,那就是梁祝站;东门口(天一广场)站是海上丝绸之路重要遗存之一——庆安会馆所在地,站内壁画安装了许多三角柱,柱的右侧绘制的是三江口唐宋年间码头繁忙的景象;画中,古城门清晰可见,江边人头攒动,江中商船往来穿梭;三角柱的左侧是现代三江口繁华夜景图,夕阳未尽、火云烧天的背景下,华灯初上的三江口舞动着炫目光影,绚烂夺目。这是画家金林观的作品,你有时间尽可从左侧看过去、再从右侧看过来,效果大不同。

南京地铁则把述说历史上升到了民族节庆层面。也许因为南京是六朝古都的原因,艺术工作者们把传统节日中的元宵节、国庆节、中秋节、清明节、端午节、春节、重阳节、冬至、元旦等等都化作了地铁环境艺术作品。其中最为浪漫的当然要数首蓿园站的"七夕节"了。"一边是暖色调,一边是冷色调,通过冷色过渡为暖色的渐变手法,暗示牛郎与织女之间的'天国'爱情故事。"主创者说,牛郎采用了暖色,以表现他给织女带来温暖;织女用冷色,以表现她被王母娘娘打入冷宫的遭遇。鹊桥如何展现? 地铁站台中间的日月型天桥就是,艺术工作者们在天桥周边镶刻了12个传统的玉璧纹样,表达"一年聚一次"的概念,牛郎织女的爱情如天与地遥不可及、悲切婉约。首蓿园站两侧立柱上画的爱情故事,如罗密欧与朱丽叶、西厢记、红楼梦等等,烘托的都是该站的爱情主题。

最近,南京的3号线更是将眼光瞄向了世界。主题定的是"红楼梦",包括太虚幻境、元春省亲、宝玉见宝钗、湘云眠芍等9个场景,一一用雕塑、绘画等形式展现于地铁文化墙上。不过这回,南京想走国际范儿。业内专家说,策划团队在全球征集壁画绘画方案,试图融汇外国人看东方的主题,这一提议得到外国朋友的积极响应,不少外国人前来投标。"五塘广场的《太虚幻境》就是法国一位画家画的,在造型、色彩和构图方式上,有西方特征;有的画是三四个人合作完成的。"

看来,地铁环境艺术,可不仅是看上去很美,更要有城市文化打底。

▶ 地铁环艺,传达的是正能量

当你坐在上海地铁上,说不定你就能在窗外撞见"游弋的鱼"、奋力登山的勇士、美味的饼干,可口的葡萄酒,一个个小视频随着地铁运动而播放起来。那都是地铁艺人扮靓暗黑隧道的艺术方法,利用视觉原理,通过一张张照片,巧用地铁速度,"放电影"给赶着上班或者拖着疲惫的身躯下班的人看。

看着这些画面,乘客可以暂时放下手机和报纸,接受一下地铁环艺来带的正能量。

需要指出的是,这样用艺术手段传出的正能量还不止这些,我们的艺术家们、地铁规划者们,还有我们的市民们都在共同努力做得更好。武汉地铁洪山广场站的壁画就是征集并甄选出全市儿童百幅优秀画作,以《书山有路》的主题镶在地铁站一整面墙上的。"色彩鲜艳、张扬让人看了愉悦,而且,定制的画变成彩釉瓷砖后,即使在地下潮湿的环境里,也不易褪色。"策划者如是说,而且这对上榜的少年又能起到激励作用,一举两得。值得期待日后在更多地方看到这样散发正能量的地铁环艺作品。

▶ 就该专业点

地铁环境艺术在中国,这几年可谓是突飞猛进,已经不是当初的可有可无、附着点缀了,现已与规划设计同步,在投资建设中的占比也与国际同步了。

近几年,我参加国内城市地铁的规划设计咨询,发现决策者们都把"看上去很美"作为地铁建设十分重要的内容,要求专家们坦言直说,这是一件令人欣慰的好事。所以,我们无论是在宁波、杭州、南京、西安、武汉等城市乘坐地铁,无不眼前一亮,感到美不胜收,大为欢欣,心生"时间允许,再坐一回"之念。

因为新造的地铁都重视文化艺术氛围的营造,于是,市民也好游客也罢,稍稍放慢脚步,就可在地铁里读到这座城市的历史、风土人情,比如西安永宁门站的《迎宾图》;那是一面长14 m、高2.65 m金碧辉煌的天然花岗岩材质、高浮雕塑造技术与金属锻造的质感结合的大型壁雕。驻足、抬头、环视,就会发现大明宫、唐代侍女在喜迎外国使者,以"喜"迎宾客为主题,在花团簇锦、彩灯高挑的情境下,盛唐气象跃到眼前。

我们还欣喜地看到,现在的地铁环境营造,各地都是请艺术专业人士做专业的事情。上海请的是上大美院、杭州请的是中国美院团队、武汉请的是武汉美院、南京请的是南京艺术学院;宁波还让当地高校与清华合作,既提升艺术品位又提升当地艺术创作的水准,可谓一举两得。

艺术专业人士的艺术能量从策划开始,一直浸透到每一个艺术细节。南京地铁3号线,专家们不仅向国际艺术家们发出邀请,而且还定下"之前没画过《红楼梦》的不考虑;不知道南京为红楼梦故事发生地者不考虑"的规矩,问为什么?专家以《元春省亲》为例,说:"元春

1. 地铁中华艺术宫站的"世博展"。可爱的海宝还在这里传递着世博会的欢乐;2. 外滩观光隧道的灯光效果,如同置身海底世界,梦幻迷离;3. 地铁环境艺术之隧道灯光秀美轮美奂,不断变化中让人有了全新的观感;4. 像矿井?不,是地铁入口;5. 这是山顶洞人的家?彩虹色的点缀简单却生动,地铁环境艺术就这么酷。

省亲时穿的衣服应该是什么颜色,作为皇帝的女眷,她在什么场合才能露面,都有讲究,不能马虎。这幅画的作者是中国红学会的会员。"

因为请专家做专业的事情,中国地铁环境艺术上台阶的速度肯定会大大加快,无论是讲述城市历史、乡土风情,还是展现国际范儿,都不会再跑调。因此,我要为这种好做法点个赞! 当然,如能进一步吸纳民间智慧就更好了!

35 丹阳石刻园里看天地

新民晚报国家艺术杂志 2015 年 4 月 18 日（B6）

束昱 程国政 陈明建 文　黄炜 摄

▶ 这里，万石吹响集结号

对于很多上海市民而言，丹阳的"天地石刻园"还是个较为陌生的名字，虽然它就在距上海一小时高铁路程圈内

但，这并不妨碍石刻园展露出的天地霸气：40 万 m² 的展览面积、1.5 万 m² 的建筑面积，室内室外陈列着 8 千件大大小小的古代石刻艺术品，它们包括文臣武将石像、真武帝君石像、麻姑献寿石屏、关公像、牛王菩萨、铭文碑刻、门当（面子）龟趺，光是拴马桩就乌压压将近 6 百根，风一吹，稠稠的草丛里立刻万马嘶鸣，铁蹄匝匝有声。

这些石刻珍宝上至西汉，下至民国，跨越 2 000 余年，从室内蔓延到室外，汇成了面积 1 200 亩的浩瀚露天（室内）博物馆：一厅七馆的室内石刻主题区，石塔石佛荟萃，麒麟天禄成群，石兽碑碣林立，小的几十斤，大的重至 20 多吨，个个形态逼真、呼之欲出。

走过石狮迎宾大道，进馆，一抬头，我们猛然见两层楼高的金刚怒目下视，一惊，那边还有一尊；藏在金刚身后的则是一条浅浅淡淡的黄色灯光带，那就是曲曲长长的展廊了。是展廊，更是石窟，每个石窟里都"藏着"一尊石像，它们从何时何地何方来到这里，墙不言石不语，廊道便沉默成一条塞满了故事、盛满了阅历的时光隧道。怪不得一位南京的游客感慨："不去丹阳走一走，怎知石头会唱歌。"

▶ 相当高超的展示艺术，让石头在这片齐梁故土上起舞唱歌

这里是齐梁故地，为何？ 齐朝开国皇帝萧道成、梁朝开国皇帝萧衍（多次舍身佛寺、创梁皇忏）的老家传说就是这里；再者，丹阳地名民间还别解为"丹凤朝阳"，多美妙！

有着 6 000 年文明史和 2 400 多年的建城史的丹阳文化底蕴深厚，至今丹阳的田野里还蹲着沐浴了近两千年风雨的天禄（古代传说中的神兽，多雕刻成形以避邪，谓能被除不祥，永绥百禄）。

8 000 件文物当然大都是无法复制、精美得很的艺术品，好好保护它们并让其发挥应有的审美、教育作用就成了丹阳市的头等大事。专业的事找专业的人，中国美术学院就成了肩负这一使命的艺术团队。

1. 石刻博物馆拴马桩阵；2. 露天展示的三百年石马雕刻形态；3. 石刻园当家之宝，千年石狮；4. 石刻雕塑竹林七贤；5. 博物馆内石碑雕刻印记。

"采用凤凰意象，将展馆设计成为一主七羽的样子。"团队设计出主体展馆作凤身，七支羽翼作凤尾，这样就形成了"凤凰展翅"的独特造型，馆馆之间用弯弯的、长长的走廊接续相连，丝丝相扣；连接廊道用玻璃廊房呼应外面的绿树碧水、草中石狮。这样，空中俯瞰，红红的展馆与竹林石凳、小桥溪水绘成的就是"万绿丛中一点红凤"的意象，构成的就是一幅石刻与自然浑然一体，圈而不隔、藏露呼应的恢弘展图。

驴友直言石刻园适合小雨的天穹下细细观赏："微微的细雨里，信步走去，随意便可以发现，湿漉漉的花草丛中有一只石马静静站立，仿佛等待着它的主人然后向远方奔去；前面那尊石俑就是它的主人吗，他在想什么呢？我们就这样在雨里、在草地里任性地走着，那些历史的石迹就在我们伸手可触的地方。"你能想象出，室外文物艺术品超过 6 000 件是何等气象！

▶ **捐赠者的资料十分稀罕难寻,但8 000件珍藏一朝捐献的慷慨足以说明一切**

终于,发现了捐赠者名字叫做吴杰森,他是一位加拿大籍台商,目前在大陆做生意。他多年来醉心收集各种石刻作品,小的巴掌大小,大的有数十米高的千佛塔,至于石碑、石门当之类,那更是数不胜数了。

渐渐地,宝贝越收越多,吴先生就想着为这些珍宝找个"家",这消息被丹阳市有关领导获悉,立刻反复前来商讨,最终确定都放在石刻园里。2008年,吴杰森将其收藏的6 000多件石刻全部捐赠,当年石刻从上海运到丹阳,连运几个月;2009年,他再次为未来的石刻园捐赠了近1 400件石刻文物。

如何保管好并让这些珍贵的东西发挥滋养作用?精明的丹阳人联手中国社科院为文物量身裁剪,在馆内馆外让艺术品各安其所,"有些还未弄清它们的身世,还希望海内外方家前来探奇鉴美。"丹阳市委宣传部的同志说。

至于吴杰森是做什么的,身世如何,一概不知。不信?你上网查查,晓得了,告诉我。因为我除了石刻园,只知道他有年冬天给山西运城贫困家庭送去了近万元的生活用品。不知道他是何方神圣又有什么关系?上万件艺术品就是他最好的"名片",因为这让我明白了一个简单的道理:热爱就要学会放弃。

▶ **博物馆当然可以是露天的**

吴杰森当然是酷爱痴迷石刻艺术,要不然那些原本散落在天南地北五彩缤纷的石刻如何能够揽入怀中,那是需要长时间投入、不畏艰辛搜罗并具备相当的艺术鉴赏力才能完成的。当热爱成痴,痴而持满,吴杰森终于让自己也淹没在数千年的"石头传奇"大海里了,于是,终于到了必须为成"海"的石头找个稳妥的家的时候了。

可是,即使再大的博物馆也纳不下8 000之数,石刻园的设计者就让好多石头就在夕阳古道的草丛里看斜阳、唱大风,浅唱低吟那秦时明月汉时关。

原来,博物馆本就可以露天的。不信,你上网,输入"露天博物馆",跳出的网页就有数十万条,大多是属于欧美等国,大多是建筑、地质或者先民生活遗址之类;但华盛顿却有许多博物馆也把展品布置到了馆外,和丹阳石刻园一样。

选择那些能够经历风雨阳光的展品,让更多的人前来欣赏,让老人在这里打盹、让孩子们在这里嬉闹或者临摹,艺术岂不是更得一片广阔天地?期盼更多的露天艺术场馆。

36　地铁,用艺术为劳动者放歌

——城市环境建设请多给高等院校机会

新民晚报国家艺术杂志 2015 年 5 月 2 日(B1)

程国政 尹颖 文　姜锡祥 摄

一座城市用什么样的方式庆祝并铭记"五一"劳动节?新落成的杭州地铁用环境艺术很好地回答了这个问题。最近,我们跟随地下空间专家来到杭州,看到中国美院师生共同装扮这座城市地铁里的精彩艺术世界,也给我们的地下空间建设带来不少启发。

都市青花、阳光葵园、火车巨轮、坊巷生活……都是中国美院的艺术家们辛勤劳动的艺术作品,它们现在都成了水云杭州的一部分。

熟悉中国美院艺术家风格的人们一看就知道这是许江他们的作品。"作为劳动者,搞艺术的人当然可以服务社会、服务地方,这是责任更是使命。"艺术家们这样表述自己参与杭州地铁艺术环境创作的心情。于是,从 2008 年,地铁建设还在酝酿时,他们就欣然接受指挥部的邀请,开始了长达数年的调研、孕育和创作。

37℃的夏天,沿着 1 号线的 37 个车站考察,"亲历环境才能寻找到合适的视觉元素,挖掘地域人文因子",艺术家们如是说。为了杭州,他们每天挥汗不已、四处奔波,真的蛮拼的。

最终,艺术家们根据地理位置选择了 15 个站点,分为重点站、次重点站和特色站三类,安装公共艺术墙。"城市文脉是一代又一代劳动者延续下来的,并且还要传承下去,艺术能为这种传承做点贡献是我们的福分,也是常说的机遇。"艺术家们说,机遇来了就应该抓住。

一色一象征、一物一关怀、一站一故事、一线一人文,艺术家们用色彩、用材料、用理念装扮每一片精彩的空间。

调研、创意、设计,最终中国美院的这些艺术家们撷取了 156 项杭州的意象珠玑组合渲染1 号线的地铁环境。创作团队结合杭州山水历史文化,提出一色一象征,一物一关怀,一站一故事、一线一人文的设计方案。采用朱砂、桃红、墨绿、贵紫、藕白、秋黄、湖蓝、靛青等传统色彩,塑造一色一象征;以青瓷、漆器、篆刻、书法、剪纸、折扇、石雕、竹编等当地物产,塑造一物一关怀;以历史、人文、都市、自然等,表现一线一人文。

《都市青花》是美院周刚的作品,长 40 米,宽 2.2 米,要布置在客运中心站的站厅里。据了解,仅仅 5 米的长度就让周刚和助手花了 20 天的时间;为了防止泥稿开裂,工场大厅里没有空调,艺术家只有一边擦汗一边细细勾勒。

正因为创作不易,艺术家们把日后公共艺术墙的维护都想好了:"所用材料都是防裂、防火、抗砸的,清洁时用布擦擦就行了。"

忙碌的上班族、滚滚向前的车轮、欢快的城市节拍……杭州地铁的环境艺术展示的都是劳动者的精彩生活。

杭州地铁公共艺术以"一站一故事,百站一部史,一线一表情,十线城市景"的手法尽情展示杭州人的丰富生活,被专家誉为"杭州劳动者的精神运河";被熟悉杭州历史的人称之为"光看画面就知道是哪",比如看到向日葵就知道到了曾经的红太阳广场、今天的武林广场了。可见作为公共艺术的地铁壁画,被艺术家们研磨到了何种境界。

难得的是,这些艺术布置都是"近水楼台",杭州地铁充分利用了身边的资源——位于杭州的中国美院的师生,请他们在这众多地下空间发挥自己的特长。一方面,师生们可以利用地域优势达到更方便的协作;另一方面,院校学生也有了更多实践机会,可以借此了解杭州地方文化,同时向广大民众展现自己的艺术创想。他们在地铁里以老百姓的生活为主题创作,而他们又何尝不是光荣的劳动者呢?

1.《城郊交通》杭州地铁 1 号线、4 号线火车东站大型立体壁画,人们在地铁车厢内情景。在地铁站内的艺术设计和具有美术感的作品,吸引着许多乘客的视线; 2.《阳光—葵园》杭州地铁 1 号线武林广场站,向日葵美丽的四季景色。

37 请 走 出 来

新民晚报国家艺术杂志 2015 年 5 月 2 日(B1)
束昱 文

作为特殊劳动者,艺术家们为历史、为未来奉献精品,都是使命感的体现方式。但,中国美院的一群艺术家们走出了画室、工作室,他们用艺术服务我们的城市,点亮我们的平常日子。同时,这也给我们这些长期从事地下空间建设研究的人很多启示:既然身边就有那么多资源,就该多加利用起来,让更多艺术人才走出来。

每座大城市都有不少艺术院校,这些师生的力量正适合公共空间艺术这样范围广、发挥空间大的创作活动,他们可以集体或个人创作一些为城市量身定做的雕塑、装置、绘画乃至更多形式的作品。同时,这些工作也给了艺术工作者们更多、更广泛的走出画室、教室的机会,不但能美化我们的环境,提升城市艺术品位,更是很好的锻炼机会,也让艺术人才有更多机会与社会接触。像杭州地铁 1 号线这样的艺术环境,毫无疑问成为提升城市艺术品质、增强城市软实力的厚重砝码。

点赞中国美院的艺术家们,为我们的城市而奉献,当然是新时代"美的劳动者"。当然,我还希望更多的"美的劳动者"加入"让城市环境艺术美起来"的队伍:艺术家真的可以打造一座真正艺术的城市。

38　从历史中汲取艺术灵感

——南京地铁空间设计探访纪实

新民晚报副刊国家艺术杂志第 571 期　2015 年 6 月 20 日　城市话题(C2)

程国政 文　姜锡祥 摄

　　目前,各地"十三五"规划正在火热制定中,地下空间越来越成为城市开发开放的重要内容。如今的地下空间早已走出人防设施、避难场所的视域,成为了市民品质生活的一部分。因此,在规划之初,就将地下空间的艺术化与生态化、节能化综合考虑起来,是十分必要的。地下空间环境营造艺术如何展现城市独特的魅力,不妨从南京地铁站打造中反思一二。

　　与地铁开行较早的城市不同,南京地铁 1 号线开通已是 2011 年 9 月了,吸取了世界地铁运营智慧的南京人,自觉地把艺术环境的营造与地铁建设综合考虑在一起。

　　考虑到人性化、绿色环保和可持续南京地铁把垃圾桶挂在"墙上",乘客们经过时举手就能把纸盒、包装袋扔进去。"垃圾桶高度按照人体工程学设计,扔垃圾一点都不费力气,真可谓举手之劳",工作人员还给我们做起了示范。人性化还包括椅子的设计:联排有靠背的候车椅经常被人占住睡觉,于是 2 号线的椅子变得没有靠背,一排三个,中间有扶手隔开,"这下一人只能一个了"工作人员说。停电了怎么办? 万一在地铁里碰上停电,车站墙壁马上就会出现一道绿色带箭头的荧光带,你顺着光带往前走就到出口了,它的原理就如手表指针上的荧光。

　　但是,地下空间的环境如何能艺术得有个性,这是个颇费思量的问题。经过反复斟酌,南京最后是从历史中寻找艺术题材与灵感,然后将之贯彻到各条线路的环境的营造之中。

　　"烟笼寒水月笼沙,夜泊秦淮近酒家。"这是唐代大诗人杜牧的《泊秦淮》中的诗句,秦淮与酒家、歌妓、灯会是人们关于明清时南京繁华的印象符号;云锦素有"天上云霞地上锦"的美誉,而南京云锦自元、明、清以来都是皇家御用之物,号"东方瑰宝""中华一绝";宋齐梁陈等六朝时期,南京生发出中华文化的许多萌芽,还有中华民国择都南京,都是这座古城区别于任何一座历史文化名城的独特个性。

　　还有,漫长历史长河中形成的传统节日,像元旦、清明节、端午节、中秋节、冬至节,还有国庆节、五一劳动节、七夕节等等。汉代以冬至为"冬节",官府要举行祝贺仪式称为"贺冬",官方例行放假,官场流行互贺的"拜冬"礼俗。还要挑选"能之士",鼓瑟吹笙,奏"黄钟之律",以示庆贺;并吃好的。中国地方广大,北方饺子江南糯米饭,汤圆、麻糍、擂圆都是美食,所以钟灵街站的壁画以传统节日入题,采取传统石雕的方式表达了祭孔拜师、祭天、消寒、贺冬、做汤圆包馄

1. 编竹篮编到了地铁站的屋顶上了；2. 钟山风雨起苍黄，起在虎踞龙盘之地；3. 青花瓷烧制的壁画，都是南京风物；4. 六朝、汉字都是艺术创作的素材；5. 民国时的城市符号，你得仔细辨认。

饨等传统民俗活动。横卷构图、青灰色调,既体现冬季的静谧清冷,又传达这一节气应该"安身静体"的中华养生意蕴。

还有些乍看平常,凑近前还是让历史照进了现实。《喜上眉梢》这幅图景如今就在地铁花神庙站。原来,它以南京市花为主题,围绕花神庙展开。历史上,花神庙以育花为业,明朝时成为皇家御花园。主题墙创作者以中国屏风式的构图,把历史场景、民间习俗和自然的梅花串在一起,再加上穿梭其间的喜鹊,一幅喜鹊欲登梅的祥和气象。还有"东山再起"紫铜锻铸主题墙,在河定桥站。故事讲的是东晋谢安的故事。谢安为家族利益,舍弃在东山舒适的隐居生活,40岁时接受征西大将军桓温的征召,走出东山,出任桓温的军司马,东晋与前秦国的淝水一战,让苻坚的百万大军觉得"八公山上草木皆兵"。虽然胜利的消息传来,他跨门槛生生踢断木屐鞋底的钉子而不自知,但画中的他文韬武略、气度不凡并且淡定从容。

徜徉在南京地铁里,回想着上海、杭州地铁的情景,被南京深厚的底蕴和独特的地域风情深深吸引。无论是1号线的金陵揽胜、水月玄武、六朝古都、民国叙事、彩灯秦淮、明城遗韵,还是云彩地锦,让人体会到的都是"坐看青山流水去,我自云卷云舒"的南京式淡定。艺术表现手法也很多样,有雕塑、有浮雕、有铜蚀、有陶瓷、有电子画,虽然画面、意境、手法有的还有上升空间,但艺术家们都很努力。关键是,这群艺术家们抓住了南京独特的牌:六朝古都,风韵摇曳,这是别处没有的艺术风景。

39　不妨来点国际视野

新民晚报副刊国家艺术杂志第 571 期 2015 年 6 月 20 日城市话题(C2)

束昱 文

南京地铁因为其独特的历史意蕴出现在艺术环境的构建之中,让人印象深刻,但有的作品艺术表达还有提升的空间。

从公共艺术特性的角度看,不少的题材,其构成元素的提炼、构图的铺展、手法的运用及其艺术效果的达成,艺术家们难免也有预估不足之处。从观瞻的效果来看,有的画面适合室内而不适合公共艺术来表现;有的手法适合艺术家的私人表达而不适合这种公共环境;有的颜色适合画展而在这种公众环境里显得灰暗了些,等等。

因此,我想到了,要想好的初衷最后达成好效果,应该发英雄帖,延请海内外艺术家,并请第三方把好艺术关。

据我所知,南京地铁 2 号线的艺术墙就邀请了日本、新加坡的艺术家参与,被称为"红楼专线"的 3 号线全线 29 座车站中,有 9 座车站是以红楼为主题的,吸收了法国、加拿大艺术家参与创作,虽然由于文化的差异他们的作品被录用得较少,但外国艺术家创作的五塘广场站的"太虚幻境",画面很吸眼球。3 号线在表达手段上,也一改先前的石头、砖雕之类不太适宜地铁公共环境的材质,转用彩雕艺术玻璃、色彩鲜艳的天然石材马赛克,所以当您一进到这条地铁里,你立刻就会被那些明丽的画面吸引而不愿再作玩手机的"低头族"。

法国人设计的五塘广场站"太虚幻境",鲜艳无比的正能量色彩,宏大广阔的场面,离奇诡异的构图,让人颇有些怀疑是幻还是真,是盛唐还是浪漫法国? 作品采用的是彩雕艺术玻璃,场面大有咄咄逼人、非看不可的牛气冲天。南京站的"元春省亲",场面同样宏大,颜色同样鲜艳,制作材料是进口天然石材马赛克。南京地铁 3 号线的制作材料也高度统一,看上去就热烈、明艳,而不再是视线收缩、色调灰冷的风格了,相当养眼。

艺术是文化的体现,找国际人士是为了开阔我们的视野,正所谓他山之石。但是,根还是在中华文化里。"曹雪芹笔下的《红楼梦》中的场景,大部分都在南京,可以说,《红楼梦》也是南京的文化遗产之一"。业内专家说,3 号线站点中的鸡鸣寺、夫子庙、大行宫等都在《红楼梦》中有所体现,与金陵文脉交相呼应。

国际范儿朵朵绽放,还是要从历史底蕴中去找艺术的食粮。

参考文献
REFERENCES

［1］Jacques Besner 著,张播译.总体规划或是一种控制方法?——蒙特利尔城市地下空间开发案例［J］.国际城市规划,2007,22(6):6-20.

［2］徐永健,阎小培.加拿大蒙特利尔市地下城规划与建设［J］.国外城市规划,2001(3):25-26.

［3］阮如舫,赵晟宇.台北捷运公共艺术的发展与启示［J］.城市轨道交通研究,2012,15(12):10-13.

［4］张志彦.城市更新背景下公共空间整合研究［D］.南京:南京工业大学,2006.

［5］章萍芳,卢杰.地域文化特色的地铁车站空间艺术设计研究［D］.南昌:南昌大学,2008.

［6］鲍宁,董玉香,苏涛.北京地铁车站导向标识系统调查分析［J］.都市快轨交通,2009,22(6):23-28.

［7］李睿,秦丹尼.上海市人民广场地铁站空间环境中标识系统的调查与分析［J］.城市规划·园林景观,2010,28(2):140-143.

［8］黎权.浅谈雕塑与环境设计的整体性［J］.艺术科技,2013(23):375-375.

［9］黎志涛.室内设计方法入门［M］.北京:中国建筑工业出版社,2004.

［10］张笛.当代壁画艺术的"公共性"与公共艺术［J］.广西教育学院学报,2012(4):140-143.

［11］叶倩.人文化的地铁壁画——以北京地铁4号线为例［D］.北京:中央美术学院,2010.

［12］齐雪松.地铁壁画艺术研究［D］.北京:中央美术学院,2011.

［13］张笑甜.中国地铁壁画设计现状研究［D］.延吉:延边大学,2008.

［14］孙明.城市轨道交通地下车站标识导向系统研究［J］.铁道标准设计,2008(4):118-120.

［15］章莉莉.城市导向设计［M］.上海:上海人学出版社,2005.

［16］李娟.地铁中的"阳光"——地铁壁画艺术探微［D］.上海:上海大学,2006.

［17］侯宁.从乘客的感官焦点看地铁公共艺术位置与形态的设置［J］.装饰,2007(3):13-14.

［18］侯宁.地铁站内公共艺术及作品位置与形式研究［D］.济南:山东师范大学,2006.

［19］吴晓,施梁.斯德哥尔摩的"地下艺术长廊"浅析——以地铁站点的艺术陈设设计为例［J］.华中建筑,2007,25(7):122-134.

［20］李艳.地铁内部空间照明设计研究［D］.南京:南京艺术学院,2008.

［21］刘莉.浅谈城市地下空间中的景观营造［J］.福建建筑,2011(5):24-26.

［22］童灿,黄智宇.城市地铁车站环境艺术设计要点探讨［J］.艺术与设计(理论),2010(8):136-138.

［23］周丽莎.浅谈地铁车站公共设施人性化设计分类与设计基本原则［J］.企业导报,2012(21):261.

［24］王剑锋,贾斯睿.俄罗斯地铁艺术［J］.公共艺术,2012(4):86-93.

［25］张伟.城市下沉式广场景观设计初探［J］.低温建筑技术,2010(8):25-26.

［26］张伟.城市下沉式广场景观研究［D］.哈尔滨:东北林业大学,2010.

［27］邢戒.城市公共空间中的休息设施设计研究［D］.北京:北京工业大学,2008.

［28］温馨.城市公共信息设施设计的场所精神［J］.装饰,2011(7):27-30.

［29］李露.浅议公共卫生设施设计的两个基本原则［J］.现代商贸工业,2007,19(7):186-187.

[30] 嵇立琴. 我国城市公共环境卫生设施设计——以垃圾桶设计为例[J]. 学术探索·理论研究,2011(11): 145-147.

[31] [联邦德国]H. R. 姚斯,[美]R. C. 霍拉勃. 接受美学与接受理论[M]. 周宁,金元浦,译. 辽宁:辽宁人民出版社,1987.

[32] 让·博德里亚(Jean Baudrillard). 完美的罪行[M]. 王为民,译. 北京:商务印书馆,2000.

[33] 束昱,侯学渊,王璇. 上海城市地下空间的发展与展望[J]. 地下空间,1998,S1:257-264.

[34] 束昱,王保勇. 地下空间方向诱导设计的研究[J]. 同济大学学报:自然科学版,2002(1):111-115.

[35] 束昱,侯学渊. 地下环境与人体的相互作用[J]. 地下空间,1989(3):18-24.

[36] 束昱,王保勇,侯学渊. 地下空间心里环境影响因素研究综述与建议[J]. 地下空间,2000,20 (4):276-284.

[37] 王璇,束昱. 国内外地铁换乘枢纽站的发展趋势[J]. 地下空间,1998(S1):387-390,394-453,456.

[38] 束昱,王璇. 国外地下空间工程学研究的新进展[C]//中国土木工程学会隧道及地下工程分会第九届年会论文集. 中国土木工程学会隧道及地下工程分会,1996.

[39] 束昱,侯学渊. 地下环境与人体的相互作用[J]. 地下空间,1989(3):18-24.

[40] 王保勇,束昱. 从方向诱导设计看上海地铁人民广场换乘站[J]. 上海建设科技,2001(3):23.

[41] 王璇,束昱,侯学渊,土井幸平,赤崎弘平,桥本孝正,方明. 大阪的 Nagahori 地下街[J]. 中国勘察设计, 1999(8):28-31.

[42] 侯学渊,束昱. 论我国城市地下综合体的发展战略[J]. 地下空间,1990(1):1-10.

[43] 王保勇,束昱,董雅萍. 上海市人民广场地下商场心理环境调查分析[J]. 同济大学学报:自然科学版, 2001(4):458-463.

[44] 王保勇,束昱. 影响城市地下空间环境的因素分析[J]. 同济大学学报:自然科学版,2000(6):656-660.

[45] 王保勇,束昱. 城市地下空间环境设计中人的因素的考虑[J]. 人类工效学,1998(4):54-56.

[46] 束昱,彭方乐. 地下空间研究的新领域——地下环境心理学[J]. 地下空间,1990(3):205-209.

[47] 侯学渊,束昱. 论二十一世纪我国城市地下空间发展战略[C]//中国土木工程学会隧道及地下工程分会第九届年会论文集. 中国土木工程学会隧道及地下工程分会,1996.

[48] 王保勇,束昱. 探索性及验证性因素分析在地下空间环境研究中的应用[J]. 地下空间,2000(1):14-22, 78-79.

[49] 王保勇,侯学渊,束昱. 地下商场心理环境影响因素关系的分析[J]. 同济大学学报:自然科学版,2001 (6):724-728.

[50] 王璇,陆海平,侯学渊,束昱. 上海地下街的建设现状与发展策略[J]. 上海建设科技,2003(3):56-57.

[51] 尾岛俊雄,许雷,王健,龙惟定,范存养,束昱,吉田公夫,生沼哲,增田康广,吉本哲史,米村贵信. 2010 年上海世博园能源系统规划的研究——能源基础设施的基本规划理念[J]. 暖通空调,2005(5):107-111.

[52] 龚解华,张金水,束昱. 上海城市地下空间开发利用战略研究——兼议日本地下空间开发利用立法实践 [J]. 上海城市管理职业技术学院学报,2005(2):33-38.

[53] 童林旭. 地下空间与未来城市[J]. 地下空间与工程学报,2005(3):323-328.

[54] 束昱. 地下空间资源的开发与利用[M]. 上海:同济大学出版社,2002.

[55] 束昱. 城市地下空间使用安全与防灾[M]. 上海:同济大学出版社,2008.

[56] 胡贤国,束昱. 地下商业空间设施使用安全的评价体系研究[J]. 地下空间与工程学报,2010(S1):1335-1338,1403.

[57] 束昱. 第三只眼看城市艺术地标——对话东京六本木社区的视觉创意[N]. 新民晚报国家艺术杂志,2006 年 2 月 25 日(B16).

[58] 束昱. 整合地下空间——日本大阪长堀地下街建设艺术[N]. 新民晚报国家艺术杂志,2006 年 4 月 8 日 (B14).

［59］束昱.可喜的设计追求［N］.新民晚报国家艺术杂志,2006 年 8 月 19 日(B15).

［60］束昱,柳昆,张美靓.我国城市地下空间规划的理论研究与编制实践［J］.规划师,2007(10):5-8.

［61］束昱,路姗,朱黎明,朱宇宁.我国城市地下空间法制化建设的进程与展望［J］.现代城市研究,2009(8): 7-18.

［62］束昱,赫磊,路姗,吴月霞.城市轨道交通综合体地下空间规划理论研究［J］.时代建筑,2009(5):22-26.

索 引

INDEX

■ 后 记 ■

    历经两年时间，集中了同济联合地下空间规划设计研究院多位科研设计人员，配合我采集汇总、素材整理、分析提炼，终于完成了这本《城市地下空间环境艺术设计》书稿。一本书的出版，凝聚着很多人的智慧与心血，得到不少友人、伙伴、同事的具体参与、帮助和关心，参考借鉴、引用了不少专家学者和环境艺术设计师的研究成果。在本书的创意构思、资料采集、章节体系、内容编写、文字校核到出版过程中，需要特别感谢上海新民晚报国家艺术杂志主编黄伟民先生，同济大学姜锡祥先生、程国政先生和周建平女士，由于 2010 上海世博会的机缘，使我们有机会围绕城市地下空间环境与人文艺术主题进行长达十余年的系统探索与协同研究，为本书的成稿提供了丰富素材和研究成果。

    在本书成稿之时，我要特别感谢太太陈国蓓女士，是她一直支持和鼓励我不断前行；感谢留学日本的女儿束忻海陪同我在日本考察调研。感谢我的导师侯学渊教授引领我进入地下空间殿堂；感谢王保勇博士协同我开展相关研究。同时，对于为本书付出辛勤劳动的史惠飞、李栋、彭俊杰、阮叶菁、徐冲、隋菲等年轻同事也表示衷心感谢。

    衷心期待此书出版后能够得到广大读者的认同与共鸣，希望广大读者能贡献自己宝贵的意见和建议，因为您的认同是作者及全体参与者前行的动力，您的建议是我们全体参与者前进的方向。城市地下空间环境艺术在我国还刚刚起步，需要我们共同的创造与分享。

束　昱

2015 年 12 月